초등 수학 필독서 45

일러두기

• 책과 대부분의 시리즈 제목을 《 》로 표시했으나 시리즈 제목은 상황에 따라 작은따옴표로도 표시했다.
• 소개된 책은 모두 국내 출간작이라 원어를 병기하지 않았으며, 저자 및 책 제목 표기는 국내 출간작에 따랐다.

필독서 시리즈 | 21

중학생이 되기 전에

꼭 읽어야 할

# 초등 수학 필독서 45

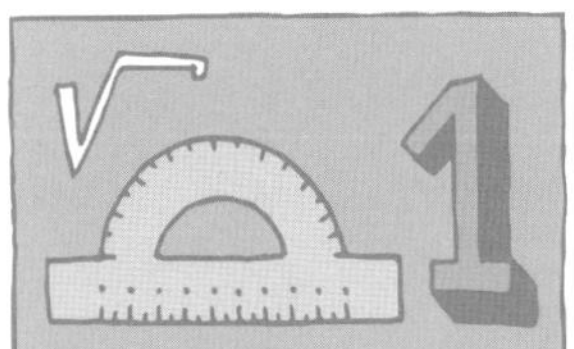

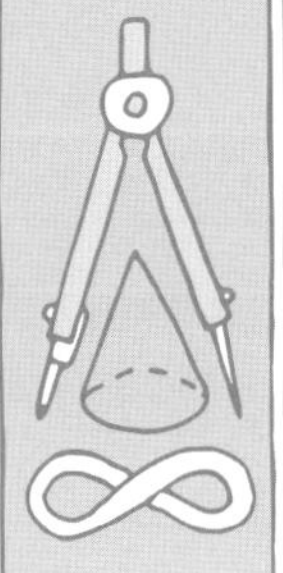

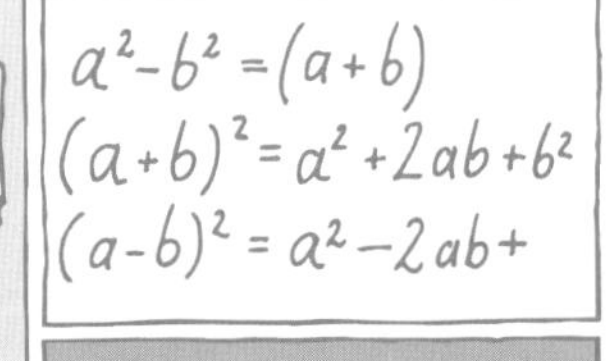


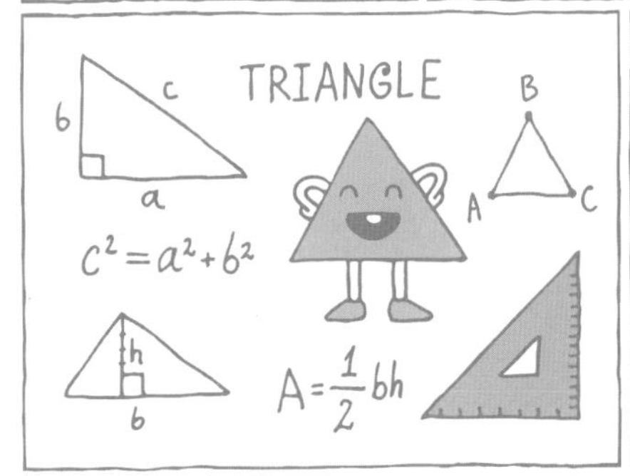

센시오



이억주 지음

서문

# 수학의 재미, 책에서 찾자!

저는 초등학교 때 주판을 뒤집어 킥보드처럼 타다가 아버지께 혼난 적이 있답니다. 아버지에게 주판은 지금으로 치면 전자계산기였지요. 저는 새로 사 온 주판을 가지고 놀다가 수학을 시작하게 되었어요. 아버지가 해야 할 계산일은 제 몫이 되었지요.

중고등학교를 다닐 때 자신 있던 과목이 수학과 과학이었어요. 자연스레 대학교 때 물리학과에 들어갔고 평생 수학과 과학을 공부하며 글을 쓸 생각에 수학·과학 기자가 되었답니다.

기자가 되어 수학이나 과학 관련 기사를 기획할 때마다 어렸을 때 읽은 책들이 많은 도움이 되었어요. 수학과 과학에는 재미있는 것이 참 많아요. 과학은 원리나 현상을 눈으로 직접 보는 재미가 있죠. 반대로 수학은 눈에 보이지는 않지만 어려운 문제일수록 풀었을 때의 기쁨이 이루 말할 수 없지요. 그런데 문제가 풀리지 않으면 엄청 짜증 나는 것도 사실이에요. 머리에서 열이 나지요. 이런 일이 반복되면 수학이 재미없어지고요. 많은 학생이 이러한 악순환을 거쳐 끝내 수학을 포기한 사람, 즉 '수포자'가 되고 말죠.

수학에 관한 재미있는 이야기는 참 많지만 수학 문제 푸는 건 어렵고 재미없다고 느끼는 학생이 많죠. 재미있어야 포기하지 않고 계속할 수 있을 텐데, 수학을 재미있게 공부하려면 어떻게 해야 할까요?

우선 재미있는 이야기를 읽는 거예요. 즉 흥미로운 수학책을 읽어야 하죠. 무턱대고 '수학 문제만 잘 풀면 되겠지' 하고 생각했다간 오래가지 못해요. 수학이 어떻게 생겨났고, 어떨 때 수학이 필요하며, 수학적 사고력이 어떤 도움이 되는지 알게 되면 수학이 문제 푸는 게 다가 아님을 알게 될 겁니다.

우리가 1만 년 전에 살던 원시인이라고 생각해 볼까요? 친구랑 셋이서 토끼 20마리를 잡았는데 어떻게 하면 똑같이 나눠 가질 수 있을까요? 이처럼 수학은 원시시대나 지금이나 꼭 필요하답니다. 다시 말해 수학을 내려놓는다 한들 수학에서 결코 벗어날 수 없고, 슬기롭게 살아가려면 수학을 더욱 알아야 해요. 피할 수 없으면 즐기라는 말이 있지요? 재미있고 의미 있는 수학책을 많이 읽으면서 수학의 재미를 되찾고 수포자에서 벗어날 수 있기를 바랄게요. 수학적 사고력도 얻으면서요.

이 책은 초등학생이 읽었으면 하는 수학책을 네 분야로 나눠 정리했어요. 1부는 '인류와 함께해 온 수학'으로 수학의 시작과 본질에 관한 이야기예요. 2부는 '위대한 수학자들'로 수학자에 관한 이야기를 담았죠. 3부는 '재미있는 수학 이야기'로 흥미진진한 수학 이야기와 여러 분야에 스며든 수학을 배울 수 있어요. 4부는 '수학을 왜 배워야 할까?'로 수학을 공부해야 하는 이유와 어느 때에 필요한지 알 수 있는 책들을 소개하고 있답니다.

수학이 사는 데 왜 필요한지 모르겠다고 하면서도 우리는 수학 속에 살고 있어요. 이 책이 수학에 쉽게 다가가는 발판이 되면 좋겠네요. 수학이 재미없다는 생각을 없애는 것만으로도 수학에 이미 발을 들여놓은 것이나 다름없답니다.

어린이들이 반짝이는 눈망울로
수학책을 읽고 있는 도서관에서
이억주 씀

## 목차

## 1부 인류와 함께해 온 수학

## 2부 위대한 수학자들

## 3부 재미있는 수학 이야기

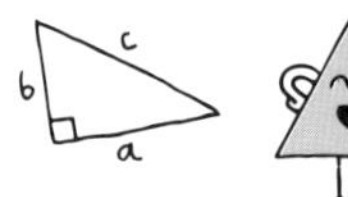

## 4부 수학을 왜 배워야 할까?

# 1부

# 인류와 함께해 온 수학

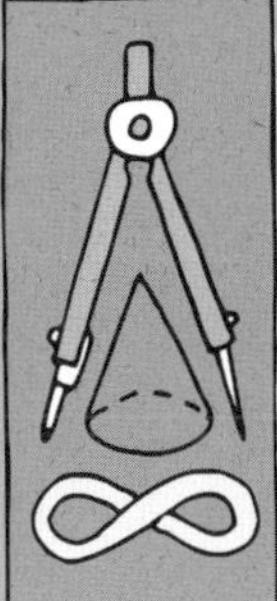

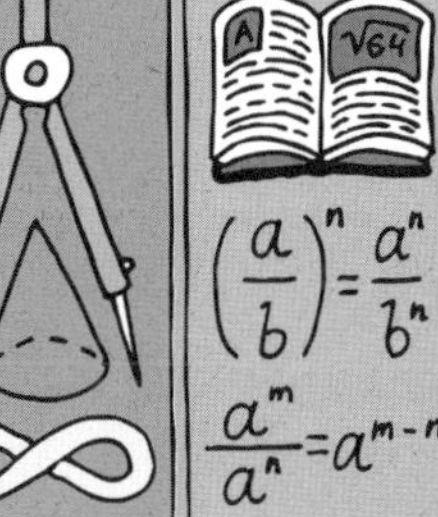


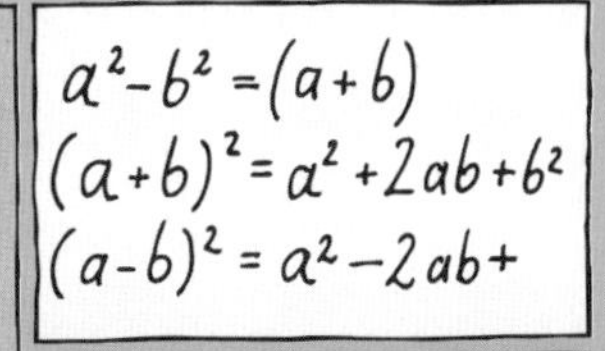

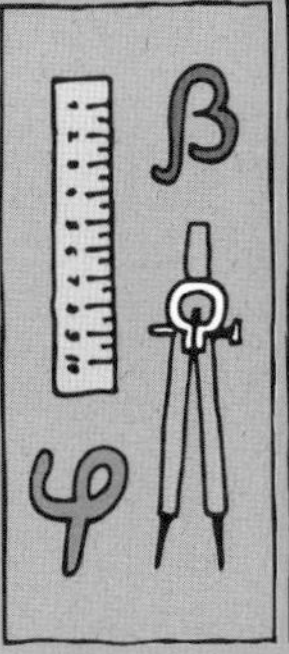

**Mathematics book 01**

2-2 네 자리 수

# 수와 숫자는 어떻게 다를까?

# 《오밀조밀 세상을 만든 수학》

김용준 | 봄볕(2019)

## 수와 숫자의 차이

"우리 학교 전체 학생 숫자는 200명이에요."

"어떤 시계는 인도-아라비아 수 대신 로마 수가 쓰여 있어요."

두 글을 읽고 뭔가 이상하다는 생각이 드나요? 아니면 무슨 말인지 잘 이해했나요? 여러분은 수와 숫자의 차이를 잘 알고 있나요? 두 글은 모두 수와 숫자의 개념을 혼동하고 있어요. 첫 번째 문장에서 '학생 숫자'는 '학생 수'로, 두 번째 문장에서는 '인도-아라비아 수'는 '인도-아라비아 숫자'로, 또 '로마 수'는 '로마 숫자'로 고쳐야 해요.

그렇다면 왜 우리는 수와 숫자를 헷갈려할까요? 혼동해도 문장의 의미가 전달되기 때문이지요. 그래서 평상시에 많은 사람이 수와 숫자를 섞어서 쓰기도 해요. 수는 물건의 개수나 양 또는 순서 등을 나타내는 개념이고, 숫자는 수를 문자로 표현한 것이지요. 그러니 학생의 수는 어느 나라나 비슷하지만 숫자는 인도-아라비아 숫자, 한자 숫자, 로마 숫자 등이 있는 거예요. 우리가 보통 쓰고 있는 숫자는 인도-아라비아 숫자이고, 특별한 곳에 로마자나 한자를 쓰기도 한답니다.

인도-아라비아 숫자가 처음 사용된 기록은 825년 페르시아(지금의 이란 지역에 있었던 왕국)의 수학자 알 콰리즈미(780년경~850년경)가 쓴 책에 나와요. 알 콰리즈미가 쓴 책에 대해서는 뒤에서 자세히 설명할게요.

그렇다면 우리나라에는 인도-아라비아 숫자가 언제 들어왔을까요? 이 숫자가 들어오기 전에는 한자를 썼을 텐데 말이지요. 우리나라 최초의 신부인 김대건 신부가 1842년 쓴 편지에 인도-아라비아 숫자로 날짜가 쓰여 있는 것이 우리나라 최초의 기록이라고 합니다. 김대건 신부는 16세부터 중국 등으로 유학을 하면서 인도-아라비아 숫자를 접했던 것으로 보여요.

이후 우리나라 공식 문서에 처음 인도-아라비아 숫자가 쓰인 것은 그로부터 40년이 더 지난 1882년 '조미 수호 통상 조약'을 체결할 때예요. 지금으로부터 약 200년 전에 우리나라에 인도-아라비아 숫자가 처음 들어온 것이죠.

## 가장 신비하고 오묘한 수, 0

《오밀조밀 세상을 만든 수학》은 수의 탄생부터 우리나라의 산학(수학을 일컫는 옛 이름) 그리고 수학과 관련된 재미있는 이야기들이 담겨 있지요. 여러분은 가장 신비한 수가 무엇이라고 생각하나요? 저는 '0'이라고 생각해요. 0은 아무것도 없는 것을 수로 나타낸 거예요.

아무것도 없는데 어떻게 수로 나타낼까요? 물론 0만 있으면 아무것도 없는 것이 되지요. 그런데 0은 어디에 있느냐에 따라 얼마든지 다른 수를 만들 수 있어요. 10처럼 1 뒤에 0이 한 개 있다면 1이 10개 있는 것과 같지요. 1000처럼 1 뒤에 0이 세 개 있으면 1이 1000개, 10이 100개 있는 것과 같고요. 물론 0만 그러지는 않고 0부터 9까지 10개의 숫자만으로 모든 수를 표현할 수 있어요. 특히 0은 비어 있는 자리를 차지하면서도 엄청난 수를 표현할 수 있고요.

하지만 고대 그리스의 위대한 철학자이자 과학자였던 아리스토텔레스를 포함한 많은 학자는 아무것도 없는 것을 표현하는 0을 인정하지 않았다고 해요. 오늘날과 같이 0을 숫자로써 처음 사용한 곳은 인도예요. 인도-아라비아 숫자에 0을 포함하여 사용한 것이죠. 인도의 수학자 브라마굽타(598~665년경)가 남긴 기록에서 0을 사용한 것을 볼 수 있어요. 브라마굽타는 0을 없음을 나타내는 자릿수가 아닌 숫자로 취급한 최초의 수학자예요. '양수와 0을 더한 값은 양수이다', '0과 0을 더하면 0이다'와 같은 규칙을 정한 것도 브라마굽타였지요. 오늘날에는 주변에서 0을 쉽게 볼 수 있어요. 0이 아무것도 없음을 표현하는 숫자이면서 없어서는 안 될 숫자가 되었기 때문이에요.

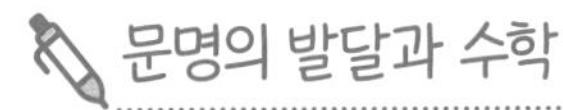

## 문명의 발달과 수학

피라미드 역시 수학의 힘으로 지어졌다는 거 알고 있나요? 피라미드는 고대 이집트 왕인 파라오의 무덤이지요. 기자에 있는 대피라미드는 '고대 세계 7대 불가사의' 중 하나로 현재 유일하게 남아 있는 건축물이에요. 이집트 사람들은 죽어서도 현실과 똑같이 안락한 삶이 이어지길 바랐어요. 그래서 왕인 파라오는 죽어서 머무를 수 있는 영혼의 집을 짓고자 했지요. 이것이 피라미드랍니다.

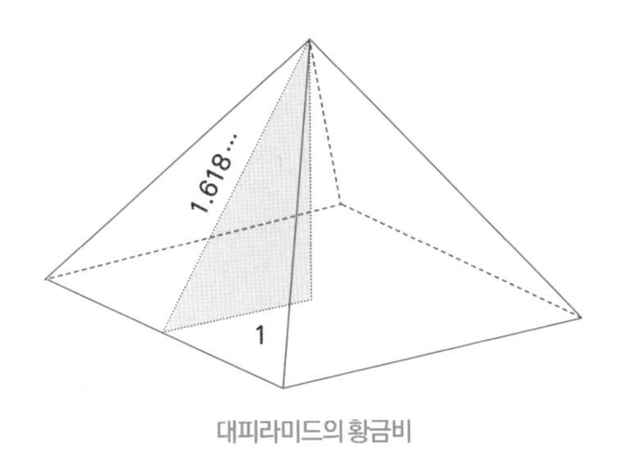


대피라미드의 황금비

대피라미드는 사각뿔 모양인데 밑면은 한 변의 길이가 약 230미터이고 높이가 147미터예요. 높이와 한 변의 길이 비가 약 1:1.6이 되는데 이는 '황금비'인 1:1.618에 가깝지요. 또한 위 그림처럼 빗변의 길이와 밑변 길이의 절반에서도 황금비가 나타난답니다. 대피라미드는 2.5톤짜리 화강암 약 230만 개를 쌓아서 만든 거예요. 돌을 크기에 맞게 자르고 옮기고 빈틈없이 쌓는 것은 쉬운 일이 아니지요. 또 밑변이 정확하게 정사각형이 되지 않으면 돌을 쌓았을 때 꼭짓점이 만들어지지 않아요. 그러니 얼마나 정교한 계산이 필요했는지 알겠지요?

기하학은 점, 선, 면, 입체 등 다양한 도형과 그 성질을 연구하는 학문으로 초등학교 1학년 1학기 수학 교과서에서 1단원인 '9까지의 수'에 이어서 '여러 가지 모양' 단원으로 나올 만큼 아주 중요하죠. 모양은 수학에서 도형이라고 불러요. 그러니까 수학은 크게 '수와 연산'과 '도형'으로 나눌 수 있지요. 이집트는 아프리카 대륙에 있지만 나일강이 범람하면서 해마다 비옥한 토지가 만들어져요. 그런데 강물이 넘쳐 땅의 모양이 매년 바뀌지요. 그래서 땅을 측량하는 기술과 기하학이 발전했답니다.

반면 메소포타미아 문명의 발상지인 현재의 이라크와 이란 지역은 동양과 서양을 이어 주는 곳으로 교역이 발달했어요. 그래서 물건의 양이나 돈을 잘 계산해야 했기 때문에 수를 다루는 수학이 발달했답니다. 중국의 황허 문명, 인도의 인더스 문명은 물론이고 남아메리카 대륙의 마야 문명이나 잉카 문명에서도 수학이 발전했어요. 그러니까 사람들이 모여 살면서 문화를 만들고 지식을 쌓아가는 데 없어서는 안 될 학문이 '수학'인 것이죠. 《오밀조밀 세상을 만든 수학》을 읽으며 수학의 진정한 의미를 알아보세요.

Mathematics book 02

1-1 9까지의 수 3-1 덧셈과 뺄셈

# 인도 숫자가 아라비아 숫자가 된 사연

## 《마테마티카 수학대탐험》

스토리베리 | 로그인(2015)

### 처음엔 환영받지 못한 인도-아라비아 숫자

앞서 소개한 인도-아라비아 숫자에 대해 더 알아볼까요? 《마테마티카 수학대탐험》 1권은 인도-아라비아 숫자가 주인공이에요. 그래서 인도-아라비아 숫자가 인도에서 태어나 어떻게 아라비아를 통해 유럽·아시아·아메리카까지 전해졌는지 직접 설명하지요. 하지만 다른 나라에서 만들어진 숫자가 기존에 쓰고 있던 숫자를 대신하기란 쉽지 않았어요. 인도-아라비아 숫자는 한때 프랑스에서 '악마의 숫자'로 취급받기도 했답니다. 왜 그런 일이 일어났을까요?

《마테마티카 수학대탐험》 1권은 인도-아라비아 숫자를 악마의 숫자로 규정하는 어느 집단의 이야기로 시작돼요. 이야기를 들어 보면 그 집단의 처지가 나름 이해되기도 해요. 인도에서 만들어진 인도 숫자는 773년 아라비아 원정대의 귀중품을 실은 짐 속에 한 권의 책으로 바그다드로 향했어요. 인도의 수학자이자 천문학자인 브라마굽타가 쓴《브라마 스푸타 싯단타》라는 책이었죠. '브라마의 개정된 체계'라는 뜻인데 '우주의 기원'이라고도 불려요. 이 책은 인도 숫자와 '0' 그리고 '음수'에 대한 내용이 실려 있는 최초의 기록입니다.

《브라마 스푸타 싯단타》는 아라비아 원정대를 통해 바그다드의 수학자 알 콰리즈미에게 전해졌어요. 알 콰리즈미는 인도 숫자를 보고 깜짝 놀랐습니다. 단지 10개의 숫자로 모든 수를 표현할 수 있고 큰 수도 아주 쉽게 계산할 수 있었기 때문이에요. 그 당시 알 콰리즈미는 바빌로니아 숫자를 썼는데 쐐기 모양의 기호를 수의 크기만큼 반복해서 쓰는 것이 얼마나 귀찮고 복잡한지 누구보다도 잘 알고 있었지요. 하지만 아라비아 숫자가 유럽에서 처음부터 널리 받아들여지지는 못했답니다.

## 아라비아 숫자가 악마의 숫자가 된 이유

아라비아 숫자는 프랑스 오리야크 수도원의 수도사이자 훗날 제139대 교황이 되는 제르베르 드 오리야크(945년경~1003년)에게 전해지면서 본격적으로 유럽에 전파되었어요. 당시에는 프랑스를 비롯해 유럽 대부분의 나라에서 로마 숫자를 쓰고 있었어요. 지금도 로마 숫자는 주로 시계에서 볼 수 있지요. Ⅰ(1), Ⅱ(2), Ⅲ(3)처럼 막대나 손가락 모양을 본떠 만든 거예요. V(5)는 집게손가락과 가운뎃손가락을 폈을 때의 모양 또는 X(10)를 반으로 자른 모양이라고도 하지요. 또 50은 L로, 100은 C로, 1000은 M으로 표현하는 등 수를 나타내는 숫자가 정해져 있어서 큰 수를 표시하거나 계산할 때는 더욱 복잡해집니다.

2025년을 로마 숫자로 표시해 볼게요. MMXXV. 어때요? 여러분은 잘 표시할 수 있을 것 같나요? 또한 제르베르가 아라비아 숫자를 처음 본 966년을 로마 숫자로 표시해 보면 CMLXVI이 되지요. 그렇다면 제르베르가 아라비아 숫자를 만난 것은 2025년 기준으로 몇 년 전일까요? 연도를 빼 보면 알겠지요?

MMXXV−CMLXVI=?

여러분은 계산할 수 있나요? 이렇게 계산하는 게 어렵고 복잡하기 때문에 당시에는 계산을 전문으로 해서 돈을 버는 사람들이 있었어요. 이런 사람들은 '아바크'라고 하는 셈판을 이용해서 계산했죠. 참고로 위에 있는 로마 숫자의 뺄셈은 MLIX로 1059가 된답니다.

위의 식을 '2025−966'과 비교해 보세요. 아라비아 숫자가 얼마나 편리한지 실감 나지요?  그래서 이 아라비아 숫자는 '악마의 숫자'라고 불리게 되었어요. 계산으로 돈을 벌던 사람들이 더 이상 돈을 벌 수 없게 되었기 때문이죠. 하지만 영리한 제르베르는 셈판인 아바크 안에 아라비아 숫자를 넣어 '아피세스'라는 새로운 셈판을 만들었어요. 이를 계기로 아라비아 숫자가 유럽의 여러 나라로 퍼지게 되었죠.

## 악마의 숫자에서 세계 공통의 숫자로

세월이 흘러 1180년 이탈리아 피사 항구에 배가 들어오기를 기다리던 한 소년이 있었어요. 피사는 위대한 물리학자 갈릴레오 갈릴레이(1564~1642년)가 피사의 사탑에서 물체의 낙하 실험을 했다고 알려진 곳이지요. 그보다 훨씬 전에 피사에서 태어나고 자란 레오나르도 피보나치(1170년~1250년경)는 부두의 상인들이 쓰는 장부를 유심히 살펴보았어요. 처음 보는 숫자가 쓰여 있는 장부였는데 피보나치는 그것이 아라비아 숫자라는 것을 알게 되었지요.

피보나치는 어려서부터 숫자를 쓰고 계산하는 것을 너무나 좋아했어요. 세관 관리인이었던 아버지를 따라 여러 나라를 여행하면서 경험을 쌓았지요. 특히 아라비아 숫자에 관심을 가지고 연구한 끝에 32세 때인 1202년에 《산반서》라는 책을 출간했답니다. '산반서'의 산반은 주판을 말해요. 즉 《산반서》는 말 그대로 계산에 관한 책이라는 뜻이죠. 이 책은 아래와 같은 구절로 시작해요.

> 아홉 개의 인도 숫자는 9, 8, 7, 6, 5, 4, 3, 2, 1이다. 숫자 아홉 개와 0만 있으면 어떤 숫자도 기록할 수 있다.

앞서 소개한 제르베르 드 오리야크는 유럽에 0을 제외한 아라비아 숫자를 알렸고, 이탈리아의 피보나치는 0을 포함한 아라비아 숫자를 유럽에 널리 퍼뜨렸지요. 물론 그사이에 십자군 전쟁이 벌어지면서 아라비아 숫자가 더욱 퍼지게 되었답니다. 이렇게 알려진 아라비아 숫자는 구텐베르크의 인쇄술과 종이 제작 기술 그리고 흑연 연필 사용 등으로 유럽은 물론 아시아와 아메리카 대륙까지 퍼져 나갔지요. 이런 과정을 거쳐 지금은 전 세계 공통으로 인도-아라비아 숫자가 쓰이게 되었답니다.

Mathematics book 03

1-1 덧셈과 뺄셈 2-1 곱셈 3-1 나눗셈

## 말은 안 통해도 수학은 통한다!

## 《수학은 언어다》

차오름 | 지혜의숲(2015)

### 말은 안 통해도 수학식은 통해

《수학은 언어다》는 수학을 다르게 생각해 보게 해 주는 책입니다. 처음에 '수학은 언어'라는 말을 듣고 무슨 의미인지 잘 와닿지 않았어요. 아마 여러분도 그럴 거예요. 그런데 다음과 같은 수학식을 직접 말해 보면 그 뜻을 쉽게 알 수 있습니다.

$$1+2=3$$

우리말로 하면 '1 더하기 2는 3과 같다'가 되지요. 영어로 하면

'One plus two equals three'예요. 프랑스어나 일본어로 하면 또 달라지겠지요? 이처럼 똑같은 수학식을 보고 나라마다 다른 언어로 말하게 되죠. 하지만 '1+2=3'이라고 쓰면 전 세계 누구라도 그 뜻을 바로 알게 되지요. 이것이 바로《수학은 언어다》에서 말하는 '수학 언어'입니다.

언어와 관련된 이야기로 '바벨탑의 신화'가 유명하지요. 인간들이 하늘에 닿기 위해 쌓으려 했던 바벨탑 말입니다. 처음에 공통 언어를 쓰면서 탑을 쌓기 시작했지만 신이 분노하여 인간들의 언어를 분열시켰다고 합니다. 언어가 달라 의사소통이 안 되니 탑을 더 쌓을 수 없게 되었지요.《수학은 언어다》에서는 언어가 분열되기 전 바벨탑을 쌓을 때의 언어를 '수학 언어'라고 생각해요. 참 그럴듯한 생각이네요.

## 사칙연산에 담긴 의미는?

현재 전 세계에 약 6,000개의 언어가 있다고 해요. 하지만 모든 사람이 문제없이 의사소통할 수 있는 언어가 있지요. 바로 수학 언어입니다. 컴퓨터는 수학 언어를 쓰기 때문에 모든 사람이 사용할 수 있고, 수학 언어로 만든 기계는 온갖 물건과 도구를 만들어 내지요.《수학은 언어다》에서는 가장 많은 사람이 배우고자 하는 언어 역시 수학 언어라고 강조합니다. 그렇다면 수학 언어에는 어떤 것들이 있을까요? 여기서 잠깐 퀴즈를 하나 내 볼게요.

**다음 중 관계없는 말끼리 연결된 것은 무엇일까요?**

① 더하기 – 결합

② 빼기 – 욕심

③ 곱하기 – 비약

④ 나누기 – 분배

어때요? 좀 낯선 퀴즈인가요? 초등학교에 가면 수학 시간에 수부터 배웁니다. 그다음 덧셈과 뺄셈을 배우고 곱셈과 나눗셈을 배우죠.

먼저 덧셈은 '2+3=5'와 같은 수학식을 '2 더하기 3은 5와 같습니다' 또는 '2와 3의 합은 5입니다'라고 배웁니다. 또 뺄셈은 '5-2=3'을 '5 빼기 2는 3과 같습니다' 또는 '5와 2의 차는 3입니다'로 배우지요. 곱셈과 나눗셈도 마찬가지예요. '6×2=12'는 '6 곱하기 2는 12와 같습니다' 또는 '6과 2의 곱은 12입니다'라고 배우고, '6÷2=3'은 '6 나누기 2는 3과 같습니다' 또는 '3은 6을 2로 나눈 몫입니다'처럼 배우지요.

이처럼 덧셈, 뺄셈, 곱셈, 나눗셈을 이용해 하는 셈을 사칙연산이라고 불러요. 사칙연산에는 좀 더 깊은 뜻이 있답니다.

먼저 덧셈을 쉽게 설명하자면 지금 여기 몇 개가 있는지를 보는 거예요. 예를 들어 사과 2개와 배 3개가 있다면 과일은 모두 2+3=5(개)예요. 즉 덧셈은 '합병'의 개념이에요. 처음부터 5개가 있었던 거지요. 이번에도 사과가 2개 있어요. 엄마가 마트에서 사과 3개를 사 왔어요. 사과는 모두 2+3=5(개)가 되었어요. 처음에는 2개밖에 없었는데 더 많아졌죠. 이때 덧셈은 '첨가'의 개념이랍니다.

다음은 뺄셈을 설명해 볼게요. 사과 5개가 있는데 2개를 먹었다면 남아 있는 사과는 몇 개일까요? 5-2=3(개)이에요. 이것은 뺄셈의 '감산' 개념이에요. 5개에서 2개가 없어지고 3개만 남았으니까요. 빨간 사과가 3개 있고 녹색 사과가 2개 있어요. 빨간 사과가 녹색 사과보다 1개 더 많아요. 3-2=1(개)이에요. 이것은 뺄셈의 '비교' 개념이에요. 사과 개수는 5개로 변함없고 그저 사과의 차이만 비교하는 것이죠.

이번에는 곱셈이에요. '2×5=10'은 2+2+2+2+2=10으로 같은 수인 2를 5번 더하는 것과 같아요. 이것은 곱셈의 '동수 누가' 개념이에요. 또 '2의 5배는 10'이 되거나 '5의 2배는 10'이 되지요. 이것은 곱셈의 '배수' 개념이에요.

나눗셈 '8÷2=4'에는 두 가지 개념이 있어요. 피자 8조각을 2조각씩 먹으면 4명이 먹을 수 있지요. 이것은 나눗셈의 '등분' 개념이에요. 똑같이 나누어 가질 때 몇 명이 가질 수 있느냐 하는 것이지요. 또 8에서 2씩 덜어 내면 4번을 덜어 낼 수 있어요. 이것은 나눗셈의 '포함' 개념이에요. 그러니까 8에 2가 4개 포함되어 있고 8-2-2-2-2=0으로 2씩 4번을 뺄 수 있죠.

그렇다면 퀴즈의 정답은 무엇일까요? 덧셈과 관계있는 말은 '결합', '끊임없이', '더', '욕심' 등이에요. 뺄셈과 관계있는 말은 '감소', '제외', '버림' 등이죠. 곱셈은 '비약', '갑자기', '거듭' 등이고, 나눗셈은 '분배', '균형', '베풂' 등이에요. 그러면 정답은 ②번이에요. '욕심'은 덧셈과 관계있는 말이랍니다.

많은 사람이 사칙연산에 이런 의미가 있다는 것을 가르쳐 주지 않아요. 하지만《수학은 언어다》에서는 사칙연산의 의미를 이렇게 진지하게 표현하고 있죠. 사칙연산이 어떤 느낌인지 이제 조금 알 수 있겠지요? 이를 알아 두면 수학 언어를 이해하는 것은 물론이고 앞으로 수학 공부를 할 때 큰 도움이 될 거예요. 그렇다면 이제 수와 숫자에 어떤 의미가 있는지 살펴볼까요?

##  수는 세는 데 필요한 것

여러분은 수와 숫자가 왜 생겨났다고 생각하나요? 굳이 생각할 필요도 없이 골치 아프다고요? 우리는 태어나면서부터 수와 숫자의 세계에 살게 된답니다. 분유를 하루에 몇 번 먹는지, 똥이나 오줌을 하루에 몇 번 누었는지, 잠을 몇 시간 잤는지 등등 많은 것이 수와 숫자와 관련되지요. 좀 더 크면 엄마와 아빠가 수와 숫자에 대해 말을 많이 꺼냅니다. "우리 아기 몇 살?"이란 말을 수없이 들어 보았을 거예요. 아직 말하지 못하는 아이에게 손가락을 꼽으며 가르쳐 주면서요.

말을 조금씩 하게 되면 수도 말로 셀 수 있게 되지요. 하나, 둘, 셋, … 이렇게 말입니다. 이처럼 우리는 태어나자마자 말을 배우면서 수학 공부를 함께하는 거예요. 물론 이것을 수학 공부라고 생각하지는 않지만요.

**아이:** 엄마, 초콜릿 한 개 더 주세요.

**엄마:** 몇 개 먹었는데?

**아이:** 아홉 개요.

**엄마:** 너무 많이 먹어서 안 돼.

**아이:** 열 개까지는 먹어도 돼요.

이 정도로 대화가 된다는 것은 수뿐만 아니라 '셈'도 할 수 있다는 거예요. '수'는 '센다는 것'이고 이는 '셈'의 시작이에요. '세는 것'과 '셈'은 '헤아리는 것'을 의미해요. 그렇다면 우리는 왜 헤아려야 할까요? 《수학은 언어다》에서는 이 세상의 많은 것이 흩어져 있기 때문이라고 말해요. 1은 하나가, 2는 두 개가, 3은 세 개가 모여 있는 거예요. 즉 수는 흩어져 있는 것들이 모여 있는 모습이랍니다.

어떤 농부가 사과 다섯 개를 따서 바구니에 하나씩 담았다고 해 보죠. 농부는 바구니에 다섯 개의 사과를 담았지만 수학은 5라는 숫자에 다섯 개의 사과를 담아요. 5라는 숫자는 사과만이 아니라 다섯 개로 셀 수 있는 모든 것을 담을 수 있는 '마법의 바구니'지요. 다시 말해 손을 쓰지 않고 머릿속으로 모든 다섯 개를 담을 수 있는 바구니 또는 그릇이 바로 5라는 숫자예요. 이렇게 해서 수와 숫자가 탄생한 거랍니다.

《수학은 언어다》에서는 숫자의 탄생 또는 숫자의 발명은 인간이 드디어 '생각하는 인간'임을 증명하는 위대한 탄생이었다고 강조해요. 자연에 흩어져 있는 것들을 모아서 인간의 뜻대로 움직일 수 있는 '마법의 능력'을 터득했다는 거죠. 그러니까 태어나면서 알게 모르게 배운 수와 숫자는 생각할 수 있는 힘을 배운 것이나 다름없답니다.

## 자연수는 인간이 만든 수가 아니야!

이렇게 해서 탄생한 수는 1, 2, 3, 4, 5, 6, 7, 8, 9와 같은 숫자로 나타내지요. 이를 '자연수'라고 해요. 국어사전에는 자연수를 '1부터 시작하여 하나씩 더하여 얻은 수를 통틀어 이르는 말'이라고 나와요. 어떤 어휘력 사전에는 '수를 셀 때 쓰는 자연스러운 수'와 '인간이 오랫동안 사용해 온 가장 자연스러운 수'라고 나오네요.

그런데 《수학은 언어다》에는 자연수에 정말 중요한 의미가 담겨 있다고 말합니다. '자연이라는 말은 인간이 만들지 않았다는 뜻이므로 자연수는 아마도 인간이 만들지 않은 세계, 즉 자연에서 발견되는 수'라는 것이죠. 인간이 만들지 않고 원래부터 있었던 것들이 바로 자연이에요. 그리고 그것들을 손가락과 발가락의 숫자만큼 셀 수 있었고요. 손가락 하나와 나무 하나, 손가락 두 개와 돌멩이 두 개가 서로 일치하지요.

이렇게 손가락과 발가락으로 대응하여 셀 수 있다는 의미에서 '자연수'가 되었답니다. 그러니까 정리하면 '수'라는 개념은 자연에 있었던 것이므로 자연수라 이름 붙였고, 인간은 자연수를 1, 2, 3, 4, …라고 숫자로 표현한 것이지요. 이런 숫자를 특히 인도-아라비아 숫자라고 하고요.

《수학은 언어다》는 자연수의 의미를 깊이 생각하면서 최초의 자연수 '1'부터 수에 담긴 의미를 풀어내고 있어요. 다른 수학책에서는 '수학을 왜 공부해야 하는지', '수학이 얼마나 중요한지', '수학이 얼마나 쉽고 재미있는지' 같은 이야기를 해요. 그런데 이 책은 그냥 '수학은 우리가 살면서 쓰는 말(언어)이다'라고 말하죠. 수학이 무엇인지 좀 더 진지하게 알고 싶다면 이 책을 읽어 보면 큰 도움이 될 거예요.

Mathematics book 04

3-1 길이와 시간 5-2 평균과 가능성

## 수학이 우리와 가까이 있다는 증거

# 《속담 속에 숨은 수학》

송은영 | 봄나무(2015)

### 왜 윷놀이할 때 개만 나올까?

여러분은 가족 또는 친척들이 모이면 무슨 놀이를 하나요? 집 안에서 여럿이 할 수 있는 놀이는 그리 많지 않아요. 요즘은 보드게임이나 퍼즐 맞추기 또는 스마트폰을 이용한 게임을 하기도 하지요. 하지만 우리나라 전통놀이 중 하나인 윷놀이도 다 같이 모여 하기에 좋은 놀이예요. 윷놀이에 얽힌 속담도 많답니다. 대표적인 것이 '도긴개긴'과 '모 아니면 도'이지요.

우선 '도긴개긴'은 '도'로 남의 말을 잡을 수 있는 거리나 '개'로 남의 말을 잡을 수 있는 거리나 별 차이가 없다는 뜻이지요. 조금 낫고 못한 정도의 차이는 있지만 근본적으로는 비슷하여 비교할 필요가 없다는 거예요. '긴'은 윷놀이에서 남의 말을 잡을 수 있는 거리를 나타내는 순우리말이에요. 또 '모 아니면 도'라는 속담은 선택의 결과가 매우 좋을 수도 있고 매우 나쁠 수도 있으나 좋을 거라는 데 기대를 걸고 과감하게 결정을 내린다는 의미로 써요. 그런데 이 두 속담이 수학과 관련되어 있다는 걸 알고 있었나요?

《속담 속에 숨은 수학》에서도 윷놀이에 관해 이야기합니다. 윷은 4개의 나뭇조각을 던져 각각 엎어지거나 젖혀지는지 보고 도·개·걸·윷·모를 결정하죠. 그에 따라 도는 1칸, 개는 2칸, 걸은 3칸, 윷은 4칸, 모는 5칸을 가면서 4개의 말이 모두 출발점으로 한 바퀴씩 먼저 돌아오면 이기는 놀이입니다.

윷가락은 원기둥 모양의 나무를 반으로 쪼갠 것이기 때문에 던지면 두 가지 경우의 수가 나와요. 엎어지느냐 젖혀지느냐 둘 중 하나이므로 1개의 윷가락은 동전처럼 $\frac{1}{2}$의 확률을 가지고 있죠. 따라서 윷가락이 총 4개이므로 나올 수 있는 경우의 수는 모두 16가지예요. 그렇다면 도·개·걸·윷·모가 나올 확률은 각각 어떻게 될까요?

도는 1개의 윷가락이 젖혀지는 것으로 16가지 경우의 수 중 4가지이므로 $\frac{4}{16}$, 개는 2개의 윷가락이 젖혀지는 것으로 16가지 경우의 수 중 6가지이므로 $\frac{6}{16}$, 걸은 3개의 윷가락이 젖혀지는 것으로 16가지 경우의 수 중 4가지이므로 $\frac{4}{16}$이지요. 그리고 윷과 모는 모두 젖혀지거나 엎어지는 경우이므로 각각 $\frac{1}{16}$이 되지요. 그러니까 나올 수 있는 확률이 큰 순서는 개($\frac{6}{16}$), 도와 걸($\frac{4}{16}$), 윷과 모($\frac{1}{16}$)예요.

윷놀이를 해 보면 개가 가장 흔하게 나오는 것 같지 않나요? 1개의 윷가락을 던졌을 때 나올 수 있는 확률이 $\frac{1}{2}$이라고 할 때는 맞아요. 하지만 실제로 윷가락은 둥근 부분과 판판한 부분이 똑같지 않답니다. 곡면이 완전한 반원이 아닌 것을 고려해 확률을 계산해 보면 곡면이 위가 될 확률과 평면이 위가 될 확률이 4:6 정도라고 해요. 그래서 모·도·윷·개·걸 순서로 나올 확률이 높아지죠. 물론 이것도 완벽하다고는 할 수 없어요.

확률은 그야말로 어떤 일이 일어날 가능성을 수치로 따지는 것이지 실제로 일어나는 일은 아무도 몰라요. 윷놀이가 그래서 재미있는 것이지요. 동전을 100번 던져서 계속 앞면만 나왔다고 101번째도 앞면이 나올 거라고 확신할 수 없잖아요? 101번째도 앞면이 나올 확률은 1,000번을 던질 때와 마찬가지로 $\frac{1}{2}$이랍니다.

## 속담 속에 수학이 숨어 있는 이유

《속담 속에 숨은 수학》은 17개의 속담을 수학 관점에서 따져 보고 있지요. 속담에는 오랜 세월 동안 조상들이 깨닫고 느껴 온 지혜와 해학이 담겨 있답니다. 농경 사회가 주를 이루었던 우리나라는 논밭의 길이를 재고 곡식의 부피와 무게를 달면서 단위가 얼마나 필요한지 알게 되었지요. 그래서 측정이나 단위와 관련된 속담이 많이 생겨났답니다. 예를 들어 '내 코가 석 자'는 길이 단위와 관련된 속담이죠. '하나를 들으면 열을 안다'와 같은 속담은 수와 관련이 있답니다. 앞서 살펴본 '모 아니면 도'라는 속담은 경우의 수와 확률을 생각할 수 있지요.

분명 수학을 잘하는 사람들이 속담을 만든 건 아닐 거예요. 농사를 짓고 수확물을 팔고 사는 과정에서 수와 단위를 알고 셈을 해야 하니 자연스럽게 수학에 관한 이야기가 만들어지고 속담이 나온 것이지요. 그럼 '내 코가 석 자'라는 속담에는 어떤 수학이 숨어 있는지 찾아볼까요?

'내 코가 석 자'라는 속담은 곤경에 빠져 남의 처지를 생각할 수 없다는 것을 표현할 때 쓰여요. 만약 콧물이 석 자나 길어진다면 여러분은 어떻게 할 것 같나요? 그걸 해결하려고 다른 건 생각할 겨를이 없겠지요? 그렇다면 '석 자'는 얼마나 긴 길이일까요?

'자'는 우리 조상들이 길이를 표시할 때 쓴 단위예요. 지금은 길이 단위로 밀리미터(mm), 센티미터(cm), 미터(m), 킬로미터(km) 등을 주로 사용하지요. 물론 외국에서는 인치(inch), 피트(feet), 야드(yard), 마일(mile)도 사용하고요.

우리나라의 '자'는 중국의 영향을 받은 것이에요. 여러 가지 단위를 도량형이라고 하는데 '도'는 길이, '량'은 부피, '형'은 무게를 뜻해요. 중국은 도량형을 '척관법'이라고 하여 길이는 '척', 무게는 '관'을 기본으로 했지요. 그리고 모든 단위의 기준은 '기장'이라고 하는 곡식에서 시작되었답니다. 기장은 벼과에 속하는 식물인데 오래전 중국에서는 벼보다는 기장을 더 많이 재배했기 때문에 기장으로 단위를 만들었다고 해요.

옛날 중국 사람들은 기장 1알의 폭을 1푼이라고 하고 10푼은 1치(또는 촌), 10치는 1자(또는 척), 10자는 1장, 10장은 1인으로 정했답니다. 이 길이를 지금 쓰는 미터법으로 나타내 볼까요? 기장 1알의 폭은 약 3mm예요. 즉 1푼은 3mm지요. 1치는 10푼이니 30mm, 즉 3cm네요. 또 10치는 1자인데 1자는 30.3cm로 정해져 있어요. 그러니 '내 코가 석 자'라면 3×30.3=90.9cm로 늘어났다는 거예요. 1미터 가까이 늘어났으니 큰일 난 거지요. 이 정도면 남의 처지를 생각할 겨를이 없겠지요?

## 속담도 해석하기 나름!

그런데 속담은 어떤 때는 의미를 다르게 해석하기도 하고 아예 잘못 알려져 있기도 해요. 대표적인 것이 '구르는 돌에는 이끼가 끼지 않는다'라는 외국 속담이에요. 보통 한곳에 머물지 말고 열심히 돌아다니며 노력해야 한다는 뜻으로 쓰지요. 그런데 이 속담의 원래 뜻은 이리저리 돌아다니지 말고 한곳에 정착해야 성공할 수 있다는 것이랍니다. 우리가 알고 있던 뜻과는 정반대네요. 우리나라는 이끼를 부정적인 의미로 사용하지만 서양에서는 긍정적인 의미로 쓰기 때문에 이런 차이가 나는 거예요.

'내 코가 석 자'라는 속담도 《속담 속에 숨은 수학》에서는 코가 석 자로 늘어난 것으로 해석하고 있지요. 원래 이 속담은 코가 아니라 콧물이 석 자가 흘러 늘어졌다는 거예요. 콧물이 석 자 그러니까 90.9cm로 쭉 늘어났으니 남의 처지를 생각할 수 없는 것이죠. 한자로 이 속담을 표현한 것을 보면 그 의미를 확실하게 알 수 있지요. '오비체수삼척'(吾鼻涕垂三尺)을 풀어 보면 '나 오, 코 비, 눈물 체, 드리울 수, 석 삼, 자 척'으로 '내 콧물이 석 자 늘어졌다'라는 뜻이지요. 이를 간단하게 줄여 '오비삼척'이라고 하는 바람에 콧물이 그냥 코가 된 거예요. 해석은 다르지만 속담이 전하고자 하는 의미는 똑같으니 상황에 맞게 쓰면 된답니다.

속담은 우리 조상들이 오랜 세월 살아오면서 쌓인 지혜가 담겨 있어요. 그러니 지금 쓰는 말과는 조금 다를 수 있지요. 하지만 그 의미는 옛날이나 지금이나 거의 같답니다. '천 리 길도 한 걸음부터'라는 속담도 어떤 일을 할 때 중간부터 할 수는 없으니 처음부터 잘 해내야 한다는 뜻이죠. 지금은 '리'라는 단위를 잘 쓰지 않는다고 해서 옛날이나 지금이나 속담의 뜻이 다를 수는 없겠죠?

## Mathematics book 05

4-2 삼각형 6-1 비와 비율

# 눈으로 직접 보는 수학 관광지?!

# 《배낭에서 꺼낸 수학》

안소정 | 휴머니스트(2011)

### 피라미드가 각뿔이었어?

우리는 초등학교, 중학교, 고등학교에 다니면서 수학여행을 가지요. 수학여행은 교육 활동의 하나로써 교실에서는 배울 수 없는 자연이나 문화를 실제로 보고 지식을 넓히는 것을 말합니다. 이 수학여행의 수학은 '학문을 닦는다' 뜻의 수학(修學)을 말하죠.

하지만 《배낭에서 꺼낸 수학》은 우리가 지금 배우고 있는 수학(數學)으로 여행을 떠납니다. 이 책은 수학의 역사에서 아주 중요하게 생각하고 있는 이집트, 그리스, 이탈리아, 인도를 여행하며 생생한 수학 지식을 알려 주고 있지요.

첫 번째 여행지는 이집트예요. 저는 이 책을 읽으면서 피라미드(pyramid)에 '각뿔'이라는 뜻이 있다는 걸 처음 알았답니다. 피라미드는 이름부터가 수학이었던 거예요.

앞서 소개했듯이 피라미드는 현재 유일하게 존재하는 세계 고대 7대 불가사의 중 하나입니다. 그런데 이 말에도 수학이 숨어 있다는 거 알고 있나요? 100은 10을 2번 곱한 거잖아요? 그래서 100은 $10^2$(10의 제곱)이라고 해요. 숫자 오른쪽 위에 있는 작은 숫자는 밑에 있는 수를 그만큼 곱한다는 것을 나타내는 제곱이에요. 10,000은 10을 4번 곱한 것이니 $10^4$(10의 네제곱)이라고 하지요. 이렇게 10을 거듭 곱한 수 중 $10^{64}$(10의 64제곱)을 '불가사의'라고 부른답니다. 불가사의가 헤아리기 어렵다는 뜻 외에도 특정한 수를 의미한다니, 그러고 보면 피라미드는 수학과 참 관련이 깊네요.

《배낭에서 꺼낸 수학》에서 지은이는 피라미드를 구석구석 돌아보며 이집트 사람들이 어떻게 피라미드를 만들었는지 알려 주고 있어요. 그러면서 고대 그리스의 수학자이자 물리학자인 아르키메데스(기원전 287년경~기원전 212년경)가 지름이 1인 원 안에 정구십육각형을 그려 원주율($\pi$)이 3.14라는 것을 밝혔는데 이집트 사람들은 그보다 약 2,000년 앞서 원주율을 이미 알고 있었다고 설명하지요. 원주율은 원둘레를 지름으로 나눈 것이며 흔히 '파이'라고 해요(원에 대해서는 뒤에서 자세히 설명할게요).

또한 이 책은 피라미드를 왜 더 높게 만들지 않았는지도 밝혀 주고 있어요. 모래를 한 줌 쥐고 조금씩 흘리며 쌓다 보면 원뿔 모양의 모래

산이 생기는데, 이 산이 더는 높이 쌓이지 않고 흘러내리기만 할 때가 있대요. 이때의 기울기가 51~52° 로 모래가 자연스럽게 가장 높이 쌓였을 때예요. 피라미드의 기울기가 이와 똑같다는 것이지요. 세계 최고의 불가사의 건축물이 가장 자연스러운 모습에서 비롯된 것이라니 위대한 발상이지요?

## 그리스에서 만난 수학

두 번째 여행지는 그리스예요. 문명의 발상지인 이집트에서 수학이 시작되었다면 수학이 본격적으로 발전한 곳은 그리스라고 해요. 최초의 수학자라고 할 수 있는 탈레스(기원전 625년경~기원전 547년경)부터 피타고라스, 플라톤, 유클리드 등이 모두 고대 그리스 출신이고 이곳에서 활약했답니다.

이전의 수학이 실생활에서 일어나는 문제를 해결하는 것이었다면 그리스 수학은 사물과 현상의 본질을 탐구해 논리적으로 증명하려 했지요. 그래서 '왜 그런가?', '다른 경우에도 그런가?', '모든 경우에 항상 성립하는가?'라는 수학적 질문에 답을 찾으려 했답니다. 이를 처음 시도한 수학자가 탈레스였어요.

탈레스가 증명한 기하학 원리는 지금도 우리가 배우고 있답니다. 예를 들어 다음과 같은 것들이 있죠.

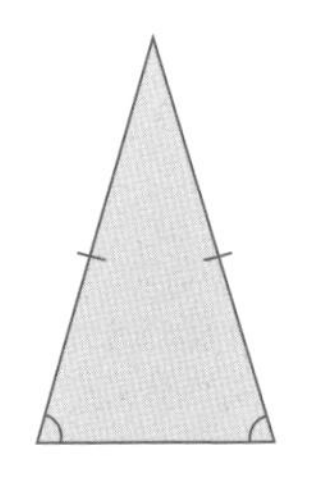

1. 이등변삼각형의 두 밑각의 크기는 같다.

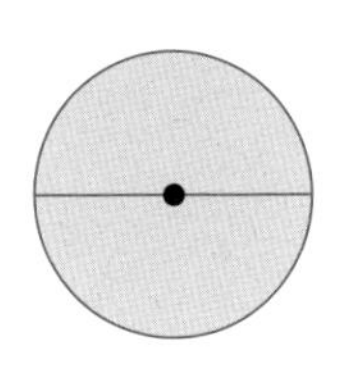

2. 지름은 원을 이등분한다.

3. 한 변과 그 양 끝의 내각이 똑같은 삼각형은 합동(똑같은 도형)이다.

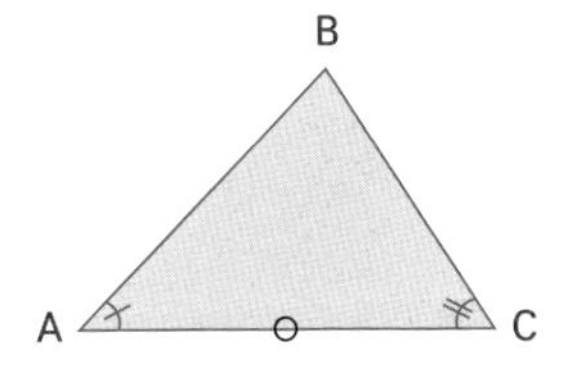


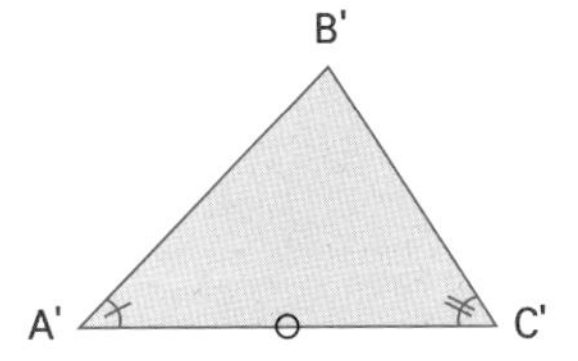


또한 지은이는 아크로폴리스에 세워진 파르테논 신전에서 가장 아름답다는 '황금비'를 찾고, 우리나라 경상북도 영주시 부석면에 있는 부석사 무량수전과 함께 설명해 주고 있어요. 무량수전은 부석사의 중심 법당이지요. 황금비는 앞에서도 살펴봤지요? 파르테논 신전을 정면에서 보았을 때 높이를 1이라고 한다면 가로 폭이 1.618이 되는데 이 1:1.618이 바로 황금비예요. 무량수전도 정면에서 보았을 때 높이와 양쪽 처마까지의 길이 비가 1:1.618이 된답니다.

파르테논 신전의 황금비

## 이탈리아와 인도에는 어떤 수학이 숨어 있을까?

세 번째 여행지는 이탈리아예요. 그중에서도 로마 시내 한복판에 있는 판테온 신전은 꼭 보아야 한다고 지은이는 강조하지요. 판테온은 '모든 신'이라는 뜻으로 기원전 27년에 세워졌어요. 전체가 원기둥 모양인 벽 위에 거대한 반구형 돔 천장을 올렸죠. 건물 전체의 높이는 약 43.3미터인데 원형 바닥의 지름, 반구형 천장의 지름이 모두 43.3미터예요. 벽의 높이 또한 돔 지붕의 높이와 같아서 밑면의 반지름과 같지요.

이 책은 판테온 신전을 수학적으로 설명하면서 경주의 석굴암을 '통일 신라의 판테온'이라 소개하고 있어요. 석굴암도 판테온 신전처럼 반구형 천장이 있고 덮개돌은 무게가 무려 20톤이나 된다고 하지요. 석굴암에서는 '루트 2($\sqrt{2}$)'라고 하는 무리수를 사용할 정도로 뛰어난 신라인의 수학 실력을 볼 수 있다고 해요. 불상의 높이가 바로 $12\sqrt{2}$ 자인데 이는 한 변이 12자인 정사각형의 대각선의 길이랍니다.

이 책의 네 번째 여행지는 인도예요. 인더스 문명의 발상지이기도 한 인도는 '십진법'을 이용한 인도 숫자가 처음 만들어진 곳이에요. 십진법이란 0, 1, 2, 3, 4, 5, 6, 7, 8, 9를 사용해 수를 표현하는 방법이에요. 하지만 지금 우리가 쓰는 숫자를 인도 숫자라고 하지는 않아요. 보통은 '아라비아 숫자'라고 하지요. 정확하게는 '인도-아라비아 숫자'이지만요. 앞서 살펴보았듯이 아라비아 상인을 통해 유럽으로 전해지면서 그렇게 불리게 되었답니다.

나중에 이집트, 그리스, 이탈리아, 인도를 가게 된다면 이 책을 꼭 한 번 읽어 보았으면 좋겠네요. 아니면 가지고 가서 관련된 부분만 보아도 좋고요. 또 경주에 가면 석굴암을 자세히 살펴보면 좋겠죠? 여행지에서 수학을 배울 수 있다니 정말 재밌겠네요!

Mathematics book 06

3-1 분수와 소수

# 수학의 역사를 한데 모아 놓은 수학책 《어린이를 위한 수학의 역사》

이광연 | 살림어린이(2008)

##  우리나라 최초의 수학 잡지는?

여러분은 어떤 잡지를 즐겨 보나요? 잡지는 일정한 간격을 두고 책처럼 묶어서 발행되는 인쇄물을 뜻해요. 우리나라에서는 1900년 전후로 잡지가 발행되기 시작했답니다. 그 당시에 수학 잡지도 있었어요. 우리나라 최초의 수학 잡지는 1905년 12월부터 발행된 〈수리학잡지〉입니다. 하지만 이듬해인 1906년 6월에 7호를 끝으로 더 이상 발행되지 않았지요.

그로부터 100년이 훌쩍 지난 2009년 10월에 〈수학동아〉가 창간되었어요. 저는 이 잡지의 초대 편집장으로 창간을 준비하면서 많은 수학자와 수학교육자를 만났습니다. 그중 한 명이 《어린이를 위한 수학의 역사》 시리즈를 쓴 한서대학교 이광연 교수님이었어요. 저는 이 책을 읽고 〈수학동아〉의 기사 기획에 큰 도움을 받았답니다. 그렇다면 《어린이를 위한 수학의 역사》에는 어떤 이야기들이 있는지 한번 살펴볼까요?

## 손가락이 10개인 이유는?

《어린이를 위한 수학의 역사》는 정민 할아버지가 밤마다 동네 아이들을 모아 놓고 모닥불 옆에서 수학 이야기를 들려주는 방식으로 구성되어 있어요. 문명이 가장 먼저 시작된 곳에서 수가 어떻게 생겨났는지부터 설명해 주지요. 당시에는 처음에 '3'이라는 수를 알지 못해 '1, 2, 많다'라고 했대요. 3부터는 그냥 많다고 한 것이죠. 그러다가 좀 더 발전하여 중국에서는 2를 기본으로 해서 '하나, 둘, 둘과 하나, 둘이 두 개' 이런 식으로 수를 세었대요. 바빌로니아(지금의 이라크와 이란 지역)에서는 '1, 2, 3, 3과 1, 3과 2, 3이 두 개, 3이 두 개와 1'과 같이 3을 기본으로 수를 세었다고 해요.

그리고 이집트에서는 손가락 5개를 가지고 '1, 2, 3, 4, 5, 5와 1, 5와 2' 이런 식으로 발전했지요. 그러던 어느 날 사람들은 한쪽 손으로 다섯까지 셀 수 있다면 양손으로는 열까지 셀 수 있다는 것을 깨달았어요. 이때부터 10을 기본으로 한 십진법이 생겨서 현재 0부터 9까지 10개의 수로 모든 수를 나타내게 된 것이랍니다. 《어린이를 위한 수학의 역사》에는 이 밖에도 다음과 같이 재미난 수학 이야기가 많이 실려 있어요.

당나귀 등에 소금을 싣고 팔러 다니던 장사꾼이 있었어요. 어느 날 야트막한 강을 건너다가 당나귀가 미끄러져 넘어지고 말았죠. 다시 일어난 당나귀는 소금이 무척 가벼워진 것을 알게 되었지요. 소금이 물에 녹아 그런 거였어요. 장사꾼은 손해를 보았지만 당나귀한테 화를 낼 수는 없으니 참아야 했지요. 그런데 다음에도 당나귀가 강을 건너다가 넘어진 거예요. 소금은 또 물에 녹아 가벼워졌지요. 몇 번 더 그러자 장사꾼은 이제 알게 되었어요. 당나귀가 짐이 가벼워지라고 물에 일부러 넘어진다는 것을요. 그래서 장사꾼은 이번에는 솜을 가득 실었어요. 소금보다 훨씬 가벼웠지만 이번에도 당나귀는 강에서 넘어졌지요. 그런데 이게 웬걸! 너무 무거워서 일어나지도 못할 지경이 된 거예요. 잔꾀를 부리다가 당한 거지요.

이 장사꾼은 고대 그리스의 수학자이자 천문학자인 탈레스예요. 앞서 등장하기도 했죠? 탈레스는 막대 하나로 비례를 이용해 피라미드 높이를 잰 것으로도 유명하지요(뒤에서 자세히 소개할게요). 또 일식과 월식이 언제 일어나는지도 계산한 대단한 수학자였어요.

그런가 하면 나폴레옹이 수학을 이용해 전투에서 이겼다는 사실을 알고 있나요? 어느 날 강을 사이에 두고 독일군과 전투를 벌이던 프랑스군은 강의 폭을 잴 수 없어 포탄을 쏠 수 없었대요. 그때 나폴레옹은 쓰고 있던 모자를 앞으로 기울여 모자의 챙이 강 맞은편과 일직선이 되도록 했어요. 그런 상태에서 뒤로 물러나면서 처음 있었던 곳과 모자의 챙이 일직선으로 보이는 곳까지 가서 멈추었지요. 그러면 지금

있는 곳과 처음 있었던 곳까지의 거리와 강의 폭이 같아진답니다. 황제나 영웅이 되려면 수학에 관심을 가지고 공부도 열심히 해야 하나 봐요. 실제로 나폴레옹의 곁에는 늘 수학자가 있었다고 해요. 수학의 중요성을 알고 있었던 것이죠.

### 수학은 형제의 싸움도 말린다!

수학 공부를 할 때 많은 학생이 분수를 어려워할 거예요. 이 책 2권에는 분수의 탄생과 관련된 재미난 이야기가 나와요.

옛날 세 아들을 둔 아라비아 상인이 있었답니다. 그는 세 아들에게 낙타 17마리를 나눠 가지라는 유언을 남기고 세상을 떠났죠. 유언 내용은 첫째 아들은 낙타의 $\frac{1}{2}$을, 둘째 아들은 $\frac{1}{3}$을, 셋째 아들은 $\frac{1}{9}$을 가지라는 것이었어요. 아들들은 사이좋게 낙타를 나누어 가지려고 했지만 17은 2, 3, 9로 나누어떨어지지 않아 결국 싸우게 되었죠. 때마침 그곳을 지나던 노인이 자기가 타고 있던 낙타 1마리를 17마리에 더했어요. 낙타가 18마리가 되자 첫째는 18의 $\frac{1}{2}$인 9마리, 둘째는 18의 $\frac{1}{3}$인 6마리, 셋째는 18의 $\frac{1}{9}$인 2마리를 가졌지요. 그러면 세 아들이 가진 낙타는 모두 9+6+2=17(마리)이에요. 아버지가 원래 가지고 있던 17마리와 같으니 남은 1마리는 노인이 도로 가져가면 되겠네요.

그렇다면 세 아들이 낙타를 몇 마리씩 가졌는지 소수로 나타내 볼까요? 소수 둘째 자리에서 반올림해 볼게요. 첫째는 $\frac{9}{17}$니까 0.53이 되고, 둘째는 $\frac{6}{17}$이니까 0.35가 되고, 셋째는 $\frac{2}{17}$니까 0.12가 되네요. 소수로 따져 봐도 낙타를 현명하게 나눠 가진 것 같네요. 수학의 힘은 역시

대단합니다.

《어린이를 위한 수학의 역사》를 차근차근 읽어 보세요. 분명 수학이 좋아질 겁니다. 그런데 만약 그 상인이 가지고 있던 낙타가 19마리이고 세 아들이 각각 $\frac{1}{2}$, $\frac{1}{3}$, $\frac{1}{9}$씩 가져야 한다면 어떻게 하는 것이 좋을까요? 이것은 여러분이 직접 생각해 보세요.

Mathematics book 07

# 신이 가진 가장 중요한 능력은 수학?!

# 《신화 속 수학 이야기》

이광연 | 경문사(2022)

## 신화에서 가장 중요한 수는?

《신화 속 수학 이야기》는 그리스 로마 신화에서 찾아낸 10가지 수학 이야기를 정리한 책이에요. 다이달로스와 미로 이야기, 옷감 짜는 솜씨를 자만하고 아테나 여신에게 도전했다가 거미가 된 여자의 이야기, 자연 속 피보나치수열, 달력의 역사, 피타고라스의 정리 등 알아두면 좋은 이야기가 가득하답니다.

이 책의 첫 번째 이야기는 '신들의 탄생'이에요. 혼돈에서 생명의 씨앗이자 신들의 어머니인 가이아가 스스로 탄생하면서 그리스 신화가 시작되지요. 혼돈은 '카오스'라고도 해요. 카오스란 어떤 체계가 확고 한 규칙에 따라 변화하고 있는데도 매우 복잡하고 불안정한 행동을 보여서 먼 미래를 전혀 예측할 수 없는 현상을 말합니다.

대지의 여신인 가이아는 하늘의 신인 우라노스, 바다의 신인 폰토스를 낳았지요. 이는 하늘과 땅이 갈라지고 땅에서 바다가 갈라진 것을 의미한답니다. 가이아와 우라노스는 거인족인 티탄을 낳았는데 아들 여섯과 딸 여섯이었지요. 또 이 신들끼리 결혼하여 또 다른 신을 낳았고요. 이렇게 탄생한 신들에게도 수학이 숨어 있답니다.

첫 번째는 바로 1이에요. 카오스에서 태어난 생명의 씨앗인 가이아를 두고 하는 이야기지요. 이 1에 다른 모든 수가 포함되어 있어요. 1, 1+1, 1+1+1, 1+1+1+1, …처럼요. 또 1은 모든 수를 나누어떨어지게 하는 유일한 수이자 다른 어떤 수로도 나누어떨어지지 않는 유일한 수예요. 가이아는 자신이 낳은 우라노스와 결혼하지요. 가이아와 우라노스는 2를 의미하는데, 2는 세상의 화합과 조화를 나타내며 '지혜의 수'라고 해요. 양과 음, 해와 달, 남자와 여자, 선과 악, 흑과 백 등이 모두 2에 해당하지요.

첫 번째 신들의 왕은 우라노스였고, 두 번째는 시간의 신인 크로노스였어요. 그렇다면 제우스는 왜 세 번째로 신들의 왕이 되었을까요? 만물이 완성된 구조가 3이라고 보았기 때문이에요. 그래서 제우스는 두 형제와 함께 세 번째로 신들과 만물을 지배하며 권력을 셋으로 나누었어요. 그렇게 제우스는 하늘과 땅의 모든 것을, 포세이돈은 바다를, 하데스는 지하 세계를 다스리게 된 것이랍니다.

고대 수학자들은 1과 2를 수들의 '부모'로 여겼다고 해요. 그래서 그 사이에서 처음으로 태어난 3은 최초의 수이자 가장 오래된 수로 생각했죠. 3은 모든 것의 근본을 나타내므로 천지인, 삼원색, 삼위일체에 모두 3이 들어가 있지요.

그다음에 나오는 수는 6이에요. 가이아와 우라노스는 처음에 아들 6명과 딸 6명을 낳았고, 크로노스도 6명의 자식을 낳았어요. 크로노스의 자식 중 제우스는 6번째이지요. 6은 바로 첫 번째 '완전수'예요. 6을 나누어떨어지게 하는 수는 1, 2, 3, 6이에요. 이 중 자기 자신인 6을 제외한 1, 2, 3을 더하면 원래의 수인 6이 되지요. 이런 수를 완전수라고 한답니다. 2는 짝수로 여성을 나타내고 3은 홀수로 남성을 나타내요. 이 두 수의 곱이 6이지요. 그러니까 수들의 부모인 1과 2, 그들 사이에서 태어난 최초의 자식인 3, 그리고 6이 완전한 전체를 이루는 것이랍니다. 변의 길이가 각각 3, 4, 5인 직각삼각형의 넓이가 6이 된다는 것도 특이하지요?

## 과일 중에 과일은 사과?!

성경, 신화, 역사, 과학에 관한 이야기 중에는 '사과'가 참 많이 등장합니다. 에덴동산에서 아담과 이브가 먹었다는 사과, 폭군에게 맞서 싸운 윌리엄 텔의 사과, 만유인력을 발견하게 해 준 아이작 뉴턴(1642~1727년)의 사과, 백설공주를 잠재운 사과, 컴퓨터 발전의 기초를 마련한 수학자 앨런 튜링(1912~1954년)의 사과 등 여러 가지가 있지요. 그렇다면 신화에는 어떤 사과가 등장할까요? 아마도 여러 사과 중 가장 비싸고도 비극적인 사과일 거예요. '황금 사과'니까요.

'바다의 여신 테티스가 낳은 아들은 그의 아버지가 누구든 무조건 아버지보다 강한 힘을 갖게 될 것이다.' 티탄족의 영웅인 프로메테우스는 제우스의 운명을 이렇게 알려 주었어요. 테티스는 가이아와 폰토스의 손녀인데 프로메테우스의 예언을 들은 제우스는 테티스를 인간인 펠레우스에게 서둘러 결혼시키기로 하지요.

신들의 여왕 헤라는 남편인 제우스가 테티스를 탐내긴 했지만 바람을 피우지 않았으므로 테티스의 결혼식을 성대하게 치러 주기로 했지요. 올림포스의 신들이 모두 초대를 받고 굉장한 선물을 가지고 왔지만 딱 한 신만이 초대를 받지 못했어요. 불화의 여신 에리스지요. 결혼식에 불화의 여신을 초대할 수는 없으니까요. 하지만 에리스는 결혼식에 찾아와 결혼 선물로 황금 사과를 주었어요. 사과에는 '가장 아름다운 여신에게'라는 글이 쓰여 있었답니다.

제우스는 트로이 왕자인 파리스에게 누가 가장 아름다운 여신인지 판단해 보라고 해요. 헤라는 파리스에게 최고의 권력을 약속했고, 아테나는 뛰어난 지략과 강한 군사력을 약속했고, 아프로디테는 지상에서 가장 아름다운 여인을 주겠다고 약속했지요. 파리스는 황금 사과를 아프로디테에게 주었어요. 그런데 아프로디테가 약속한 지상에서 가장 아름다운 여인은 스파르타 왕국의 왕비 헬레네였지요. 이 일로 스파르타를 포함한 그리스와 트로이는 긴 전쟁을 시작하게 돼요. 바로 '트로이 전쟁'입니다.

사실 이 전쟁은 제우스가 계획한 거예요. 헬레네는 스파르타의 왕비인 레다가 낳은 제우스의 딸이에요. 파리스가 헬레네를 데리고 트로이로 오면서 전쟁이 시작되었는데 이 전쟁에는 영웅들이 대거 참전했어요. 제우스는 이 전쟁을 통해 영웅들을 제거하기로 했던 것이죠.

한때 아폴론, 포세이돈, 헤라 등 몇몇 신은 제우스를 몰아내려는 계획을 세웠어요. 그런데 실패하여 아폴론과 포세이돈은 인간 세상에 가서 1년 동안 노예로 일하는 벌을 받게 되었어요. 이때 벌로 만든 것이 트로이의 성이었지요. 신들이 쌓은 성이니 엄청 튼튼했겠죠? 그러니 제우스는 이 성에서 전쟁이 일어나게 한 거예요.

### 재미있는 성벽 쌓기 게임

《신화 속 수학 이야기》에서는 트로이의 성 이야기를 하면서 '성벽 쌓기 게임'을 덤으로 알려 주고 있어요. 아래 그림과 같이 세워 놓은 벽돌을 S, 눕혀 놓은 벽돌을 L이라고 할게요.

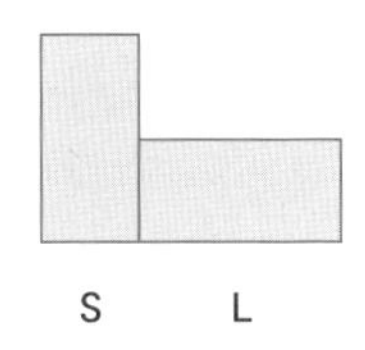


게임 방법은 간단해요. 벽돌 2개가 연속으로 세워져 있으면 1개의 벽돌로 눕혀 놓고, 2개가 연속으로 누워 있으면 1개의 벽돌로 세워 놓는 거예요. 이를 기호로 표시하면 연속되어 서 있는 SS는 누워 있는 L로, 연속되어 누워 있는 LL은 서 있는 S로 바꿔 주는 것이지요.

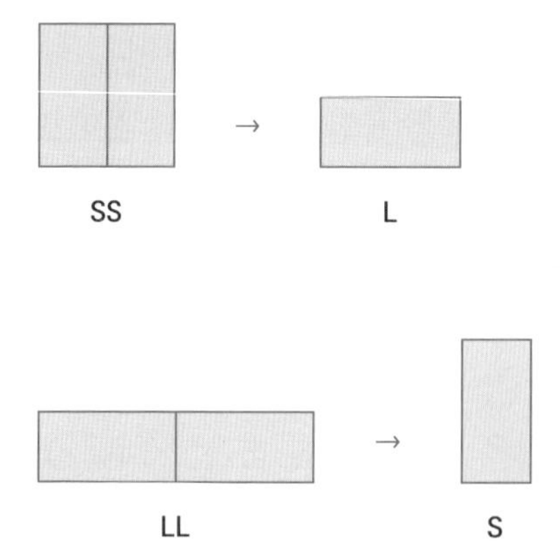


그렇다면 벽돌이 다음과 같이 놓여 있을 때 벽돌을 몇 개로 줄일 수 있을까요?

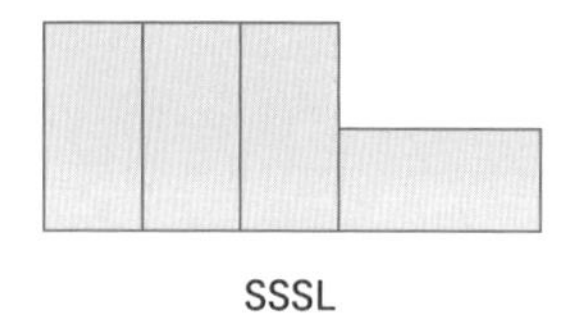


먼저 앞쪽의 서 있는 벽돌 2개를 아래 그림처럼 바꿀 수 있지요.

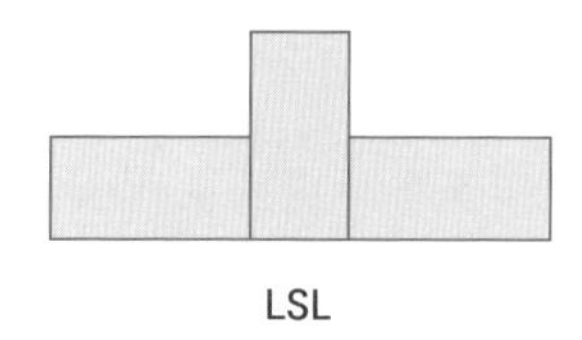


그러면 다시는 줄일 수 없지요? 하지만 뒤쪽의 서 있는 벽돌 2개를

먼저 바꾸면 어떻게 될까요?

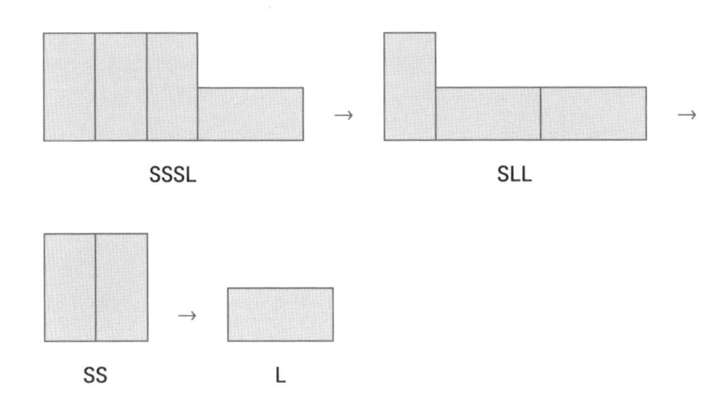


이렇게 벽돌 1개로 줄일 수 있어요. 이 게임은 어떻게 하면 벽돌을 최소 개수로 줄일지 선택해 보는 것이랍니다. 이런 방법으로 아래 벽돌을 최대한 줄이면 마지막에 어떤 벽돌이 남게 될까요?

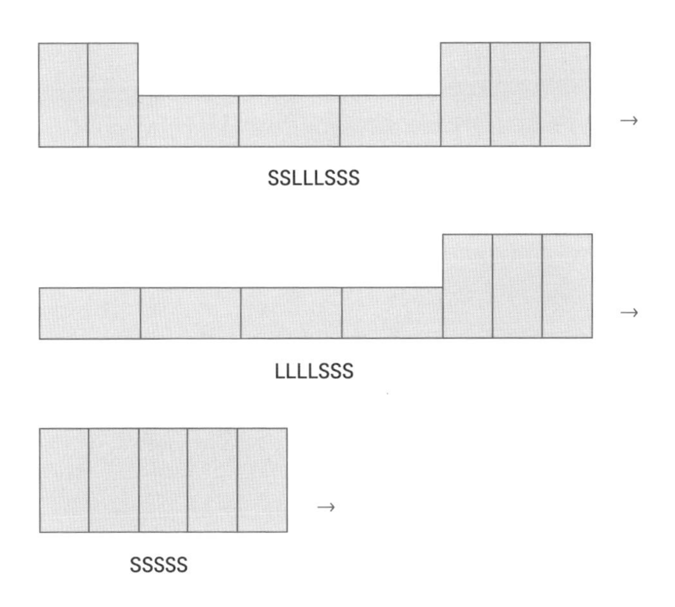

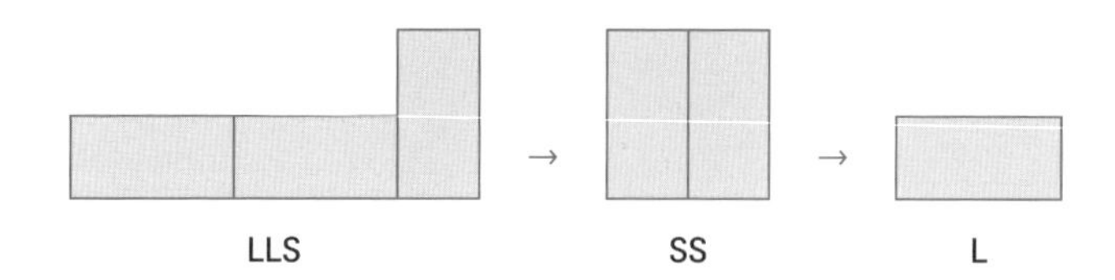


누워 있는 벽돌 1개로 줄일 수 있네요. 하지만 이대로 해야 하는 것은 아니고 순서를 바꿀 수도 있답니다.

신화는 신들의 탄생 과정이나 이름이 복잡하기는 하지만 흥미진진하지요. 《신화 속 수학 이야기》를 재미있게 읽으면서 수학적 사고력을 기른다면 그야말로 일석이조겠네요.

Mathematics book 08

3-2 분수 6-1 비와 비율

# 수학 문제보다 더 중요한 것

# 《행복한 수학 초등학교》

강미선 | 휴먼어린이(2006)

## 분수의 문제가 아니고 '비'의 문제

앞서 낙타 17마리를 세 아들에게 나누어 주는 문제를 이야기했죠? 이 문제는 웬만한 수학책에 자주 등장합니다. 《행복한 수학 초등학교》 2권 '연산의 세계'에도 이와 같은 이야기가 나와요. 그런데 뜻밖에도 이 책에서는 낙타 1마리를 더해 18마리로 나눠 계산할 필요가 없다고 말해요. 왜 그런지 한번 알아볼까요?

이 문제는 원래 '비'의 문제인데, 비는 둘 이상의 수나 양을 비교하는 거예요. 그러니까 세 아들이 $\frac{1}{2}:\frac{1}{3}:\frac{1}{9}$로 나누어 가지는 문제입니다. 비는 양쪽에 같은 수를 곱해도 그 값은 변하지 않아요. 예를 들어 1:2

의 양쪽에 3을 곱하면 1×3:2×3, 즉 3:6과 같지요. 그러면 $\frac{1}{2}:\frac{1}{3}:\frac{1}{9}$에 각각 18을 곱해 볼까요?

$$(\frac{1}{2}\times18):(\frac{1}{3}\times18):(\frac{1}{9}\times18)=9:6:2$$

이를 모두 더하면 9+6+2=17이에요. 그러니까 처음부터 17마리 낙타를 첫째 아들은 9마리, 둘째 아들은 6마리, 셋째 아들은 2마리를 가지면 되는 것이었지요. 지나가던 노인의 낙타 1마리는 필요 없는 거예요. 《행복한 수학 초등학교》에서는 세 아들이 전체의 $\frac{1}{2}, \frac{1}{3}, \frac{1}{9}$씩 나누어 가지는 것으로 잘못 생각했기 때문에 이런 문제가 생겼다고 지적합니다. 참 재미있는 이야기네요.

17마리에 1마리를 더해 계산하는 것도 훌륭한 수학적 사고력이라고 생각했는데, 비를 이용해 나누는 것은 더욱더 훌륭한 수학적 사고력인 거 같아요. 《행복한 수학 초등학교》는 이렇게 수학의 기본 개념을 여러 가지 예를 들어 설명해 줍니다. 5권에 걸쳐 수, 수와 연산, 도형, 측정, 문제 해결력을 다루고 있지요.

### 고비를 잘 넘어야 하는 수학

《행복한 수학 초등학교》의 지은이인 강미선 선생님은 학생들을 가르치면서 왜 학년이 올라갈수록 수학을 어려워하는지 세심하게 관찰했대요. 그러고 나서 수학의 기초 개념과 원리를 확실히 알고 넘어가지 않은 탓이라고 결론을 내렸죠. 많은 학생이 저학년 때는 수학을 재미있어 하다가 4~5학년 때 시험 성적이 떨어지고 나면 흥미를 빠르게 잃는다고 해요.

또 초등학교 때는 성적이 좋았다가도 중학교에 가면서 생소한 느낌을 받기도 한대요. 강미선 선생님은 수학 공부를 할 때 문제를 푸는 데만 집중하기 때문이라고 분석했어요. 예를 들어 분수 단원을 처음 배울 때 분수가 뭔지, 왜 사람들이 분수를 만들었는지, 분수를 알면 생활에 어떤 도움이 되는지, 분수의 곱셈은 왜 이렇게 하는지 등 궁금한 것을 알고 넘어가야 한대요. 그렇지 않고 그저 문제만 풀고 넘어가니 새로운 문제가 나오면 생각할 수 있는 힘, 즉 수학적 사고력이 없어 수학이 어려워지는 것이지요.

그래서 《행복한 수학 초등학교》 1권 '수의 세계'에서 '분수' 편을 살펴보았어요. 그랬더니 분수에 세 가지 의미가 있다고 해요. 지금까지 분수는 '진체'를 똑같은 '부분'으로 나눈 것이고, 이것을 가로선을 써서 $\frac{\text{부분}}{\text{전체}}$이라고만 생각해 왔지요. 그런데 분수에 세 가지 의미가 있다는 것은 무엇일까요?

첫째는 '전체를 똑같이 나누기'예요. 예를 들어 수박 한 통을 12조각으로 나눈 다음 그 가운데 5조각을 먹었다면 먹은 양은 $\frac{5}{12}$예요. 그러니까 이때 분수의 의미는 $\frac{\text{일부분의수}}{\text{전체}}$ 처럼 똑같이 나눈 수가 되지요. 이렇게 만들어지는 분수는 분자가 분모보다 작은 분수들이에요. 즉 1보다 작은 수지요. 이렇게 0보다 크고 1보다 작은 분수를 '진분수'라고 부릅니다.

둘째는 '비교하기'예요. 이런 분수는 $\frac{\text{비교하는수}}{\text{기준이 되는수}}$로 표시해요. '기준이 되는 수'보다 '비교하는 수'가 더 크면 '가분수'나 '대분수'가 될 수 있지요.

셋째는 '나눗셈의 몫'이에요. 길이가 5cm인 리본을 똑같이 3조각으로 자르면 한 조각의 길이는 $\frac{5}{3}$cm이지요. 즉 $5 \div 3 = \frac{5}{3}$예요. 이럴 때 분수는 $\frac{\text{나누어지는수}}{\text{나누는수}}$로 나타낼 수 있어요. 이때도 '나누는 수'인 분모보다 '나누어지는 수'인 분자가 더 크면 가분수나 대분수가 될 수 있지요. 이렇게 분수에 여러 가지 의미가 있다는 것을 확실하게 알고 넘어가야 해요.

### 수학 개념과 원리를 꼭 짚고 넘어가야 하는 이유

이 책을 읽다 보니 '개념을 확실히 정리하지 않으면 수학이 정말 어렵겠구나' 하는 생각이 들었어요. 이 책의 설명을 더 소개해 볼게요. 어떤 엄마가 학생의 수학 시험지를 보고 화가 났어요. 문제는 다음과 같았습니다.

영민이는 어제와 오늘 동화책을 75쪽 읽었습니다. 오늘 38쪽을 읽었다면 어제는 몇 쪽을 읽었을까요?

학생의 답은 '75쪽'이었어요. 여러분은 정답이 뭐라고 생각하나요? 출제 의도로 보면 75쪽과 38쪽은 당연히 쪽 번호가 아니라 '쪽의 수'니까 어제 읽은 쪽의 수는 75-38=39(쪽)가 되지요. 그런데 학생은

'어제와 오늘 75쪽을 읽었다'는 것을 이틀에 걸쳐 75(칠십오)쪽 단 한 면만 읽었다는 뜻으로 이해한 거예요. 그러니 답을 75쪽이라고 한 것이지요.

이 이야기는 수를 어떻게 읽어야 하는지 확실히 알지 않으면 언제든 일어날 수 있는 일이에요. 이런 경우 한 면만 뜻할 때는 75쪽을 '칠십오 쪽'이라고 읽고, 75개의 쪽을 뜻할 때는 '일흔다섯 쪽'이라고 읽어야 하지요. 이런 생각을 가지고 다음 두 문제를 한번 풀어 보세요.

① 《허클베리 핀의 모험》을 10쪽에서 19쪽까지 읽었다면 모두 몇 쪽을 읽었을까?

② 《빨강 머리 앤》을 어제와 오늘 모두 19쪽 읽었다. 어제 읽은 것이 10쪽이었다면 오늘 읽는 쪽수는 얼마인가?

우선 문제에 나온 수를 제대로 읽어 보면 ①번 문제에서 10쪽은 '십 쪽', 19쪽은 '십구 쪽'이 됩니다. ②번 문제에서 19쪽은 '열아홉 쪽', 10쪽은 '열 쪽'이 되지요. 그래서 ①번 문제는 읽기 시작한 첫 쪽도 계산해야 하므로 (19-10)+1이 되어 정답은 10쪽이고 '열 쪽'이라고 읽어야 합니다. ①번 문제에서 10쪽과 19쪽은 수 개념 중 '순서'를 나타내는 것이죠.

②번 문제에서 19쪽과 10쪽은 수 개념 중 '양'을 나타내요. 그래서 19쪽은 '열아홉 쪽', 10쪽은 '열 쪽'으로 읽어야 하지요. 그러면 19-10=9(쪽)이고 아홉 쪽이 정답이 되지요. 이처럼 수 개념을 정확하게

알면 수를 제대로 읽고 문제도 쉽게 풀 수 있답니다.

이같이 수학 교과서에 나오는 개념과 원리를 그때그때 확실히 알아야 학년이 올라가도 수학을 포기하지 않게 됩니다. 많은 학생이 나눗셈의 개념을 확실히 모르면서 '4 나누기 $\frac{1}{2}$'을 2라고 답할 때가 많아요. 실제로 성인 99%가 '100의 절반을 $\frac{1}{2}$로 나누는 문제'를 풀지 못한다고 합니다.

나눗셈의 개념 중에 '포함'이 있는데 '$4 \div \frac{1}{2}$'은 4에 $\frac{1}{2}$이 몇 번 포함되어 있는지 보면 되지요. 즉 4에서 $\frac{1}{2}$을 몇 번 뺄 수 있는지 보는 거예요. 수학식으로 한번 볼까요?

$$4-\frac{1}{2}-\frac{1}{2}-\frac{1}{2}-\frac{1}{2}-\frac{1}{2}-\frac{1}{2}-\frac{1}{2}-\frac{1}{2}=0$$

이렇게 8번 뺄 수 있어요. 그래서 $4 \div \frac{1}{2}=8$이 되는 거지요. 그렇다면 '100의 절반을 $\frac{1}{2}$로 나누는 문제'도 잘 풀 수 있겠지요?

《행복한 수학 초등학교》는 권별로 10가지 수학 주제를 5개 코너로 나누어 설명하고 있어요. 5개 코너는 각각 '생각해 보기', '개념과 원리', '통합 사고력', '퍼즐과 게임', '역사 속의 수학'이지요. 수학이 점점 어렵고 싫어진다면 이 책을 꼭 읽어 보면 좋겠네요. 출간된 지 오래돼서 새 책으로 살 수는 없지만 도서관에서 찾아볼 수 있을 거예요.

Mathematics book 09

## 과거를 알아야 미래가 보인다!

# 《누구나 읽는 수학의 역사》

안소정 | 창비(2020)

### 숫자를 몰라도 계산을 할 수 있다?!

옛날에는 글을 쓰거나 읽을 줄 아는 사람이 많지 않았어요. 그렇다고 해서 셈을 하지 못한 것은 아니에요. 곡식을 이고 시장에서 가서 판 다음 필요한 물건을 사고 거스름돈도 정확히 받았죠. 다시 말해 숫자를 모른다고 셈을 못하지는 않습니다.

숫자는 셈을 편리하게 해 주는 글자 또는 기호예요. 셈은 말과 같고 숫자는 글과 같지요. 숫자가 만들어지기 전에도 수와 계산은 있었습니다. 숫자도 지금 우리가 쓰고 있는 인도-아라비아 숫자만 있지 않았죠. 숫자가 만들어지면서 머릿속에서만 이루어지던 계산이 기록으로 남게 되었고 복잡한 계산을 척척 할 수 있게 되었지요.

수학의 역사는 이렇게 수를 세면서 시작합니다. 《누구나 읽는 수학의 역사》는 숫자의 탄생부터 인공지능까지 수학의 역사를 커다란 사건을 중심으로 펼쳐 냅니다. 영국의 철학자이자 1950년 노벨 문학상을 받은 버트런드 러셀(1872~1970년)은 "인류가 닭 두 마리와 이틀을 같은 수로 이해하기까지 수천 년이 걸렸다"라는 말을 남겼어요. 그만큼 오랜 세월을 거쳐 수와 숫자가 발전해 왔죠.

##  357년 만에 풀린 수학의 난제

이 책의 지은이인 안소정 작가님은 《배낭에서 꺼낸 수학》을 쓰기도 했죠. 무엇을 하든 어디를 가든 수학과 관련된 것들을 찾아 알려 주고 있답니다. 그러던 중 1994년에 영국의 수학자 앤드류 와일즈가 '페르마의 마지막 정리'를 증명하는 일이 일어났어요. 이 역사적 사건을 보고 작가님은 누구나 쉽게 읽을 수 있는 수학의 역사를 써야겠다고 생각했대요.

페르마의 마지막 정리는 프랑스의 변호사이자 수학자인 피에르 드 페르마(1601~1665년)가 책의 여백에 쓴 한 문장으로 시작되었어요. "나는 이 문제에 대한 놀라운 증명을 알고 있는데 여백이 부족하여 여기에 적지 않는다"라는 문장이지요. 참고로 '마지막'이라는 말은 페르마가 마지막으로 내놓은 정리가 아니고, 마지막까지 증명하지 못하고 남아 있는 정리라는 뜻이에요. 아무튼 문제는 다음과 같습니다.

3 이상의 정수 n에 대해 $x^n+y^n=z^n$이 성립하는 x, y, z가 모두 0이 아닌 정수 (x, y, z)는 존재하지 않는다.

초등학생이라면 문제 자체를 이해하기 어려울 거예요. 혹시 '피타고라스의 정리'를 들어 본 적이 있나요? 초등학교 수학 교과서에 나오지는 않지만 한번 소개해 볼게요. 피타고라스의 정리를 공식으로 풀어내면 $a^2+b^2=c^2$이에요.

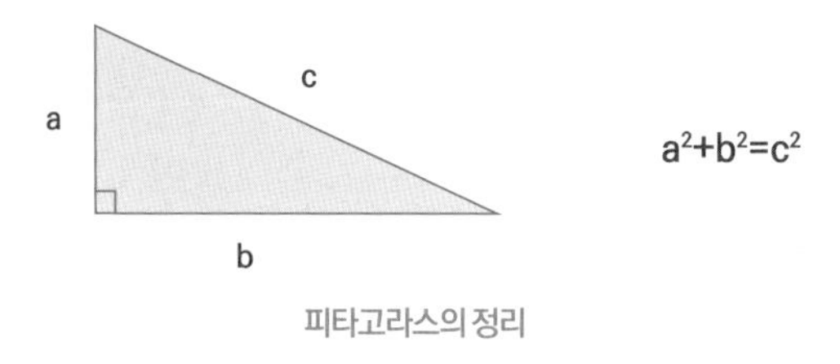


피타고라스의 정리

이 삼각형은 직각삼각형이에요. 삼각형의 세 각 중 하나가 직각(90°)인 삼각형을 말하죠. 피타고라스의 정리 공식에서 a와 b는 직각을 이루는 두 변을 말해요. c는 빗변을 의미하지요. 다시 말해 피타고라스의 정리는 두 짧은 변의 제곱을 더한 값이 빗변의 제곱과 같다는 의미입니다.

예를 들어 직각삼각형의 세 변의 길이가 3, 4, 5라면 직각을 이루는 두 변은 3과 4이고 빗변은 5예요. 피타고라스의 정리에 따르면 $3^2+4^2=5^2$이 되고 풀어 쓰면 9+16=25가 된답니다. 또한 이를 페르마의 마지막 정리처럼 쓰면 $x^n+y^n=z^n$이 됩니다. 중요한 건 피타고라스의 정리는 n이 2라는 것이죠. 피타고라스의 정리를 만족하는 수의 세

쌍은 (3, 4, 5) 말고도 (6, 8, 10), (5, 12, 13), (8, 15, 17), (7, 24, 25) 등 무수히 많답니다.

페르마의 마지막 정리는 n이 3 이상일 때 이 식이 성립하는 x, y, z가 존재하지 않는다는 거예요. 페르마는 자신이 증명했지만 여백이 부족해서 적지 않았다고 밝혔죠. 그래서 수많은 수학자가 이를 증명하기 위해 노력했답니다. 드디어 357년 만에 앤드류 와일즈가 페르마의 마지막 정리를 증명했으니 얼마나 역사적인 일이었을까요?

영국은 이 업적을 기리기 위해 앤드류 와일즈에 기사 작위까지 수여했지요. 수학자로서 기사 작위를 받기란 쉽지 않아요. 1705년 아이작 뉴턴이 학자로서는 처음으로 기사 작위를 받았지만 학문적 업적보다는 정치적인 이유로 받았다고 해요. 1983년 수학자 마이클 아티야(1929~2019년)가 기사 작위를 받은 이후 앤드류 와일즈가 2000년 기사 작위를 받았지요.

앤드류 와일즈는 열 살 때 도서관에서 에릭 템플 벨(1883~1960년)이 쓴 《최후의 문제》라는 책을 보고 수학자가 되어 페르마의 마지막 정리를 풀어내겠다는 꿈을 가졌다고 해요. 한 권의 책이 한 사람의 운명을 바꾼 거지요. 페르마의 마지막 정리 말고도 수학에는 아직도 해결하지 못한 문제가 많이 남아 있답니다.

## 역사와 용어부터 공략하라?!

저는 지금까지 어떤 분야를 배울 때 두 가지에 중점을 두었어요. 바로 '역사'와 '용어'입니다. 역사를 알면 그 분야가 언제 시작되었고 어떻게 발전되어 왔는지 알 수 있지요. 또한 용어를 알아야 그 분야를 더 자세히 알 수 있답니다.

예를 들어 테니스가 궁금하다면 언제 어디서 시작되었는지 알아보는 거예요. 그전에는 테니스가 영국에서 시작된 스포츠로 알려져 있었죠. 그런데 알고 보니 테니스는 12세기 프랑스에서 '라 폼므'(La Poume)라는 경기로 유래되었다고 해요.

초기 테니스는 귀족이나 수도사들이 손바닥으로 공을 치고받는 형태였는데 17세기부터 라켓을 이용하여 공을 쳤다고 해요. 이후 공을 직접 치거나 한 번 튀어 오른 공을 쳐서 상대방 쪽으로 넘기는 방식으로 변했죠. 테니스라는 용어도 '테네즈'(tennez)라는 프랑스어에서 유래되었는데 '받아 봐'라는 뜻이래요.

또한 테니스는 점수를 부르는 용어도 독특해요. 0점은 러브(love)라고 하고, 1점은 피프틴(fifteen), 2점은 서티(thirty), 3점은 포티(forty)라고 합니다(테니스에 대해서는 뒤에서 자세히 설명할게요). 이렇게 역사와 용어를 알아야 그 분야에 좀 더 가까이 다가갈 수 있어요.

수학 용어와 관련된 재미있는 이야기도 소개할게요. 앞서 설명했지만 수학에는 도형의 성질을 다루는 기하학이라는 분야가 있지요. 직사각형의 넓이를 구하거나 원의 둘레나 지름의 관계를 아는 것이 기하학입니다. 고대 이집트인들은 나일강이 넘쳐 토지의 경계가 허물어지면 토지를 측량하여 땅을 다시 나누어 가졌어요. 이런 일이 반복되다 보니 토지를 측량하는 방법이 발전했지요. 기하학을 영어로 '지오메트리'(geometry)라고 하는데 'geo'는 땅을 뜻하고 'metry'는 측량을 뜻한답니다. 이렇게 해서 기하학이 탄생한 거예요. 생각보다 그리 어렵지 않죠?

《누구나 읽는 수학의 역사》는 수학의 주요 분야를 14가지로 나누어 역사적 사실과 발전 과정을 재미있게 풀어 주고 있어요. 14가지 주제 중에 초등학교 수학 교과서에 나오지 않는 것들도 있어요. 어려우면 나중에 봐도 됩니다.

수학은 어려운 부분이 많아요. 좋은 성적을 내려면 남들이 풀지 못하는 문제도 풀기 위해 노력해야 하지요. 하지만 뭔가 깊이 알려면 그 역사를 한번 파악해 보세요. 그 분야와 관련된 사건이나 인물도 알아보고요. 그러면 훨씬 더 재미있게 공부할 수 있답니다. 수학이 아니더라도 한 분야의 최고가 되려면 그 분야의 역사를 따라 즐거운 마음으로 공부해야 해요.

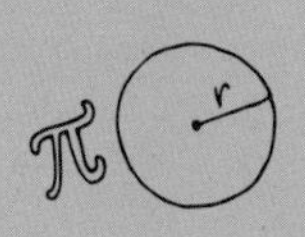
π
r

# 2부

# 위대한 수학자들

π
r
CIRCLE
C=2πr
A=πr²

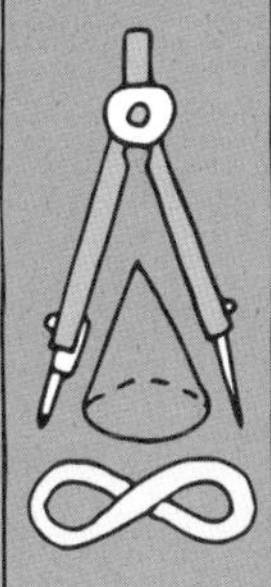

A
√64
(a/b)ⁿ = aⁿ/bⁿ
aᵐ/aⁿ = aᵐ⁻ⁿ

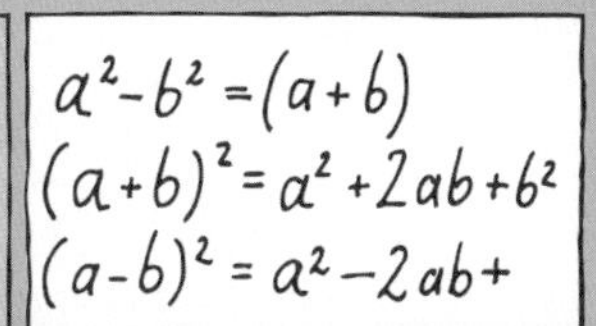
a²-b² =(a+b)
(a+b)² = a² +2ab+b²
(a-b)² = a²-2ab+

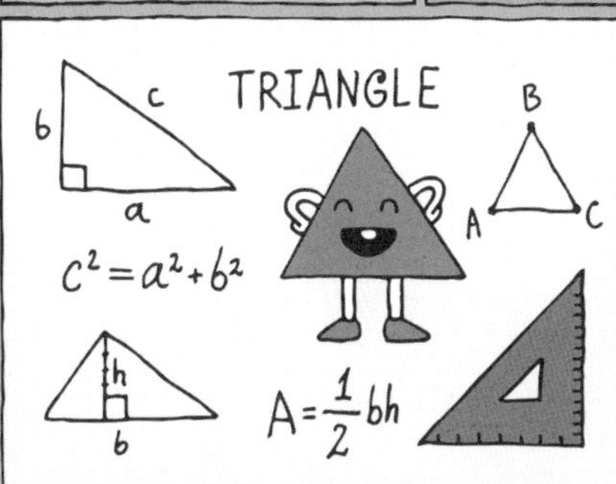
TRIANGLE
b
c
a
B
A
C
c²=a²+b²
h
b
A=1/2 bh

β
φ

7 8 9 ÷
4 5 6 ×
1 2 3 −
0 . = +
Math

Mathematics book 10

5-1 약수와 배수

# 수학자 하면 가장 먼저 떠오르는 사람은?

# 《피타고라스, 수의 세계를 열다》

안지은 | 천개의바람(2018)

## 피타고라스의 스승, 탈레스

동서양을 통틀어 가장 위대한 수학자라고 하면 피타고라스를 들 수 있어요. 피타고라스는 기원전 582년 즈음 고대 그리스의 사모스섬에서 태어났지요. 어려서부터 수학과 음악에 재능이 많았던 피타고라스는 운동도 잘해서 올림픽 경기에 나가 권투와 판크라티온(레슬링과 권투를 결합한 것과 비슷한 고대 그리스의 운동 경기)에서 우승을 차지하기도 했어요. 지금으로 치면 '엄친아'라고 할 수 있겠네요.

피타고라스는 상인이었던 아버지를 따라 그리스, 이집트, 이탈리아 등지를 여행하면서 경험을 쌓았어요. 그러던 중 운명적인 사람을 만났지요. 바로 훗날 피타고라스의 스승이 된 탈레스입니다. 탈레스는 젊은 시절 이집트와 바빌로니아 등을 여행하면서 수학, 과학, 천문학 등을 공부했죠.

탈레스는 막대 하나로 거대한 피라미드의 높이를 잰 일화로도 유명하지요. 예를 들어 30cm 자로 피라미드의 높이를 잰다고 해 봅시다. 피라미드의 밑면의 길이를 잰다고 해도 높이는 다릅니다. 피라미드 중심에서 꼭짓점까지의 길이가 높이니까요. 탈레스는 피라미드의 높이를 잴 때 그림자를 사용했어요. 막대를 땅에 수직으로 꽂으면 태양이 비칠 때 그림자가 생기겠지요? 막대의 끝과 그림자의 끝이 45°를 이루게 선을 잇는다면 그림자의 길이와 막대의 길이가 같아집니다. 이때 피라미드의 그림자 길이와 피라미드의 높이도 같아지므로 피라미드의 그림자 길이를 재면 높이를 알 수 있지요.

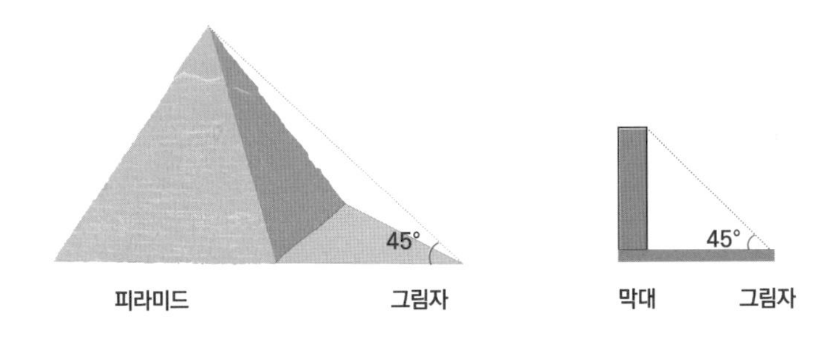


탈레스가 피라미드의 높이를 잰 방법

다시 피타고라스 이야기로 돌아와서, 피타고라스는 탈레스 밑에서 공부하다가 탈레스의 권유로 이집트 유학을 떠났어요. 그러다 페르시아가 이집트를 침략하는 바람에 피타고라스는 포로로 잡혀 바빌로니아로 끌려갔다고 합니다. 바빌로니아는 당시 학문이 최고로 발달한 지역이었어요. 피타고라스는 약 10년간 바빌로니아에 머물면서 수학, 과학, 천문학, 철학 등을 공부했지요.

### 돈을 주고 학생을 가르친 수학 선생님

고향을 떠난 지 약 40년 만에 사모스섬로 돌아왔을 때 피타고라스는 이미 이름난 철학자가 되어 있었어요. 하지만 피타고라스는 다시 고향을 떠나 이탈리아 남부 도시 크로톤에 정착했고 '만물은 수로 이루어졌다'고 주장했어요. 그리고 그곳에 학교를 세웠는데 학생들은 선뜻 피타고라스에게 배우려 하지 않았어요. 여기서 문제 하나. 피타고라스는 학교에 학생들이 오지 않자 어떻게 했을까요?

① 학교를 닫았다.
② 학생들이 올 때까지 기다렸다.
③ 돈을 주고 학생들을 가르쳤다.
④ 돈을 빌려서 학생들을 가르쳤다.
⑤ 학교를 다른 사람에게 넘겼다.

정답은 '③번 돈을 주고 학생들을 가르쳤다'랍니다. 피타고라스는 포기하지 않고 돈을 주면서까지 학생들을 가르쳤습니다. 하지만 금세 돈이 떨어지고 말았죠. 그때 학생들이 돈을 낼 테니 가르쳐 달라고 부탁했다고 해요. 그 사이에 피타고라스의 지식을 얻는 데 빠져 버린 것이죠. 이렇게 해서 피타고라스는 학생들에게 철학과 수학을 가르쳤고 학문 공동체인 '피타고라스학파'가 형성되었답니다.

《피타고라스, 수의 세계를 열다》는 피타고라스가 수를 어떻게 연구했는지 소개하는 책이에요. 초등학교 선생님인 엄마와 두 남매가 티격태격하면서 알아가는 방식으로 재미있게 설명하고 있지요. 그렇다면 피타고라스는 왜 만물이 수로 이루어져 있다고 주장했을까요?

그 당시 철학자들은 만물을 이루고 있는 것이 무엇인지 궁금했어요. 피타고라스의 스승인 탈레스는 만물이 '물'로 이루어져 있다고 생각했지요. 또 다른 철학자인 엠페도클레스는 만물이 물, 불, 공기, 흙으로 되어 있다는 '4원소설'을 주장했습니다. 그렇다면 피타고라스는 왜 그렇게 주장했을까요?

## 수에도 여러 가지가 있다?!

피타고라스가 말한 수는 1, 2, 3, 4, …와 같은 자연수예요. 이 수들을 다르게 생각해 봅시다. 우선 2로 나누어떨어지느냐에 따라 홀수와 짝수로 나눌 수 있어요. 1, 3, 5, 7, 9, …처럼 2로 나누어떨어지지 않는 수는 홀수이고 2, 4, 6, 8, 10, …처럼 2로 나누어떨어지는 수는 짝수입니다.

또 6은 짝수 말고도 한 가지 특징이 더 있어요. 어떤 수를 나누어떨어지게 하는 수를 '약수'라고 하는데 6의 약수는 1, 2, 3, 6입니다. 그런데 6을 제외한 약수인 1, 2, 3을 더하면 원래의 수인 6이 되지요. 앞서 《신화 속 수학 이야기》 책 소개에서도 다룬 내용이지만, 피타고라스 또한 이런 수를 '완전수'라고 불렀어요. 자신이 가지고 있는 약수를 더해 자신이 되니 이보다 완전할 수 없다는 거지요.

1,000만 중에 완전수는 4개밖에 없어요. 바로 6, □, 496, 8128이에요. □에 들어갈 수는 직접 맞혀 볼까요? 10보다 크고 30보다 작은 수예요. 10의 약수는 1, 2, 5, 10이에요. 원래의 수인 10을 제외한 1, 2, 5를 더하면 8이 되므로 10보다는 작죠. 이런 수를 '부족수'라고 해요. 반면 12의 약수는 1, 2, 3, 4, 6, 12인데 12를 제외한 약수들을 더하면 16이 되어 12보다 커요. 이런 수는 '과잉수'라고 합니다. 넘친다는 뜻이지요. 모든 수는 부족수, 완전수, 과잉수 중 하나예요. 이렇게 생각해 보니 완전수가 얼마나 특별한 수인지 잘 알겠지요?

피타고라스는 도형을 이루는 도형수도 연구했어요. 그러니까 수를 점의 개수로 표현할 때 3은 점이 3개니까 삼각형을 이루는 거예요. 6은 점 6개를 위에 1개, 중간에 2개, 아래에 3개씩 놓을 수 있어 삼각형 모양이 되지요. 그래서 1, 3, 6, 10, 15, …와 같은 수를 '삼각수'라고 해요. 그렇다면 '사각수'도 있겠지요? 맞아요. 사각수는 1, 4, 9, 16, 25, …처럼 가로의 점 개수와 세로의 점 개수가 같아 삼각형을 이루는 수예요. 신기하게도 사각수는 2개의 삼각수로 이루어져 있어요. 예를 들어 4는 1+3, 9는 3+6, 16은 6+10, 25는 10+15처럼 말이지요. 오각수와 육각수 등도 있으니 관심이 있는 친구들은 더 알아보면 좋겠네요.

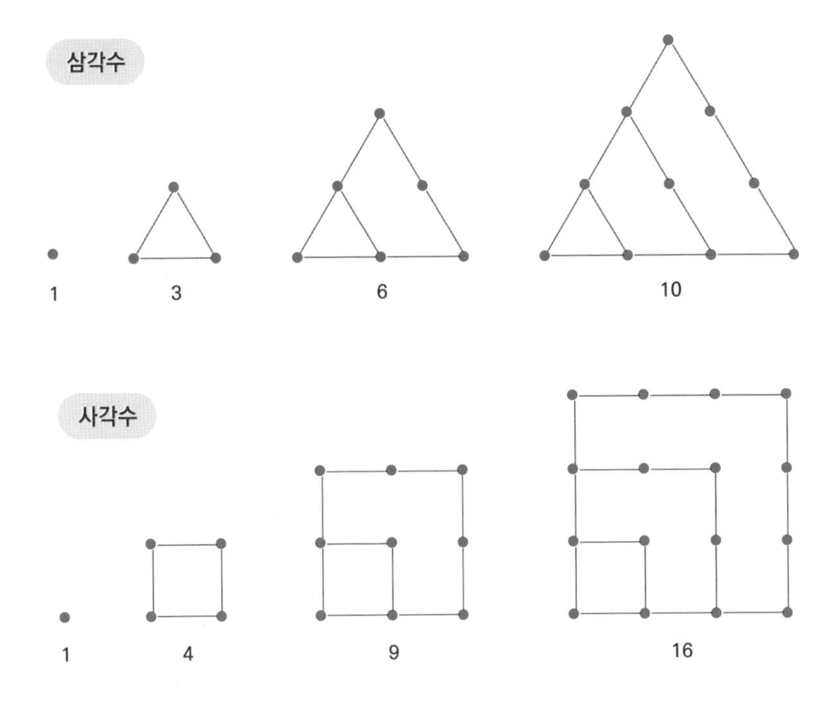


피타고라스는 '10'이라는 수를 온 세상을 하나로 묶는 완벽한 수라로 생각했대요. 세상의 모든 물질은 1, 2, 3, 4로 진행되면서 만들어지는데 1, 2, 3, 4가 모이면 10이 되기 때문이지요. 그래서 이렇게 점 10개로 만들어진 삼각형을 가장 완벽한 모양이라고 생각했지요. 이것을 '테트락티스'라고 한답니다.

## 직각삼각형과 피타고라스의 정리

많은 사람이 피타고라스 하면 '피타고라스의 정리'를 떠올릴 거예요. 한 번 더 설명하자면 짧은 변이 3, 4이고 빗변이 5인 직각삼각형이 있다고 해 보죠. 이때 빗변의 길이를 두 번 곱한 값인 25(5×5)는 짧은 변들을 각각 두 번 곱한 9(3×3)와 16(4×4)의 합이 됩니다. 즉 25=9+16이 되지요. 이를 피타고라스의 정리라고 해요.

피타고라스의 정리는 직각이 필요한 물건이나 건축물을 만들 때 많이 쓰이고 있어요. 특히 피라미드 같은 건축물을 땅바닥에 똑바로 세워서 지어야 할 때 직각이 중요했지요. 그래서 직각삼각형의 특성은 아주 오랜 옛날부터 알려져 있었답니다. 탈레스가 막대의 그림자 길이를 이용해 피라미드 높이를 구한 것도 피타고라스의 정리로 쉽게 풀어낼 수 있죠. 물론 탈레스는 피타고라스의 정리로 피라미드 높이를 구하지는 않았겠지요? 아무튼 피타고라스의 정리는 증명하는 방법이 약 400가지나 되고 지금도 계속 만들어지고 있다고 해요.

➕➖✖️➗ Mathematics book 11

4-1 규칙 찾기

## 타임머신을 타고 피타고라스를 구하라!

## 《피타고라스 구출작전》

김성수 | 주니어김영사(2005)

### 주인공들이 고대 그리스로 떠난 이유는?

2000년대부터 초등학교 교육과정에서 '스토리텔링'이 중요해졌어요. 이때부터 딱딱하고 어렵게 느껴지던 교과서에 이야기가 담기고 그림도 훨씬 화려해졌지요. 교육과정에 변화가 오면 출판 분야는 아주 민감하게 반응한답니다. 교과서의 변화를 넘어서야 독자의 주목을 받는 책을 만들 수 있으니까요. 여러 출판사에서 스토리텔링을 강조한 학습 도서들이 나오기 시작했는데, 저는《피타고라스 구출작전》이 스토리텔링 수학의 출발점이라고 생각해요. 2005년 1월에 나온 이 책은 이야기 속에 수학의 핵심 개념들을 잘 녹여냈답니다.

《피타고라스 구출작전》은 혜지, 세민, 주철이 혜지의 엄마 아빠가 만든 'TMT'라는 타임머신을 타고 궁지에 빠진 피타고라스를 구출하는 내용입니다. 지은이인 김성수 선생님은 수학이 주는 가장 소중한 선물인 '생각하는 힘'을 어린이들에게 일깨우기 위해 이 책을 썼다고 해요. 선생님은 4학년 때까지 구구단 그러니까 곱셈 구구를 제대로 외우지 못했다고 합니다. 그래도 수학을 싫어하지는 않아서 중학교 때 어려운 문제가 주어지면 끝까지 풀려고 노력하면서 수학의 매력에 푹 빠지게 되었대요. 그렇다면 우리도 타임머신 TMT를 타고 주인공들과 함께 시간여행을 떠나 볼까요?

아, 그런데 세 사람이 TMT를 처음 작동시키기 위해 비밀번호를 알아내는 과정이 재미있네요. 혜지의 엄마 아빠는 동갑이에요. 혜지의 나이는 아빠 나이의 4분의 1이고요. 셋의 나이를 모두 더하면 99가 된대요. 세 가족의 나이는 각각 몇 살일까요? 여러분은 이 문제를 풀 수 있나요? 만약 혜지가 열 살이라면 엄마와 아빠의 나이는 각각 4를 곱하면 알 수 있지요. 그러니까 혜지의 엄마 아빠는 각각 40살이에요. 그러면 나이를 모두 더하면 90살이고요. 혜지의 나이가 11살이라면 엄마 아빠의 나이가 각각 44살이고 모두 더하면 99가 되네요.

비밀번호를 알아낸 주인공들은 과거로 떠날 장소로 고대 그리스를 선택합니다. 학교 선생님이 내 준 창의력 문제도 풀고 수학 숙제도 하기 위해서였지요. 그래서 '왜 그리스를 여행하려고 하나요?'라는 질문에 '수학 공부를 위해'라고 입력해요. 또 고대 그리스에서 수학을 가르치는 선생님은 탈레스, 피타고라스, 소크라테스, 플라톤, 아리스토텔레스, 유클리드, 아르키메데스가 있는데 누구를 선택하겠냐는 질문에 피타고라스가 얼마나 수학을 잘했는지 알고 싶어서 피타고라스를 선택했다고 답하지요.

그런데 학교 선생님이 내 준 창의력 문제는 무엇일까요? 다음 그림과 같이 100원짜리 동전 9개가 + 모양으로 놓여 있어요. 그러니까 가운데에 1개가 겹치고 가로 세로로 각각 5개씩 있는 것이지요. 금액으로 보면 가로 500원, 세로 500원이에요. 여기에 동전을 더 추가하지 말고 가로 700원, 세로 700원이 되게 만들어야 합니다. 그리 어려운 문제는 아니니 책을 읽기 전에 가족들과 한번 풀어 보세요.

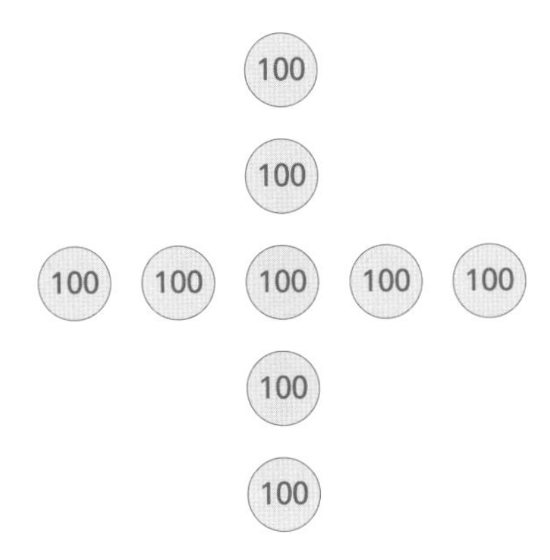


## 주인공들과 함께 수학 문제를 풀어 보는 재미

TMT를 타고 고대 그리스로 떠나려면 어려운 문제를 하나 더 풀어야 했어요. 시험 문제는 다음과 같답니다.

모양과 무게가 같은 25개의 구슬이 있으며 이 구슬 중 1개만 0.01그램 더 무겁다. 어떻게 하면 양팔 저울을 가장 적게 써서 더 무거운 구슬을 찾을 수 있을까?

이 문제도 책을 보지 말고 가족들과 풀어 보세요. 세 주인공은 문제를 푼 후에 TMT를 타고 고대 그리스로 떠납니다. 이후 한 번 더 문제를 풀어 피타고라스의 제자가 된 세 주인공은 무사히 수업을 받게 되지요. 하지만 수업 중에도 풀어야 할 문제가 계속 주어진답니다.

첫 수업에 나온 문제는 길이가 같은 6개의 나무막대로 정삼각형 4개를 만드는 거예요. 이 문제도 가족들과 함께 풀어 보세요. 이 문제는 프랑스의 작가 베르나르 베르베르의 소설 《개미》에도 나오는 것인데 힌트는 '사고방식을 바꿔라'예요. 무슨 말이냐고요? 평범한 방법으로는 나무막대 6개로 정삼각형 4개를 절대 만들 수 없으니 다르게 생각해야 한다는 것이지요.

이 문제는 주철이가 가장 먼저 풀었는데 세민이가 정답을 가로채 먼저 다이몬에게 제출하고 말았어요. 다이몬은 제자들이 피타고라스를 부르는 이름이지요. 원래 세민이와 주철이는 사이가 썩 좋지는 않았어요. 하지만 주철이는 세민이가 정답을 가로챘다는 걸 알면서도 모른 척하고 학교 선생님이 내 준 동전 문제까지 훌륭하게 풀었지요. 앞서 소개한 그 문제 말이에요! 정답은 + 모양으로 놓인 동전 가운데에 동전 5개를 놓는 거예요. 그렇게 하면 가로로도 700원, 세로로도 700원이 되지요. 여러분도 잘 풀었나요?

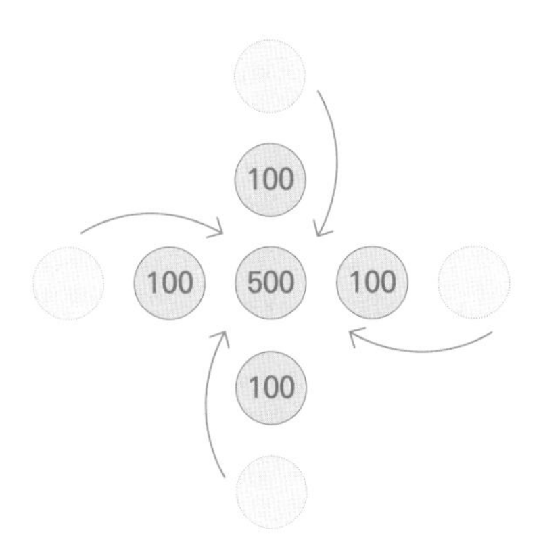


앞서 소개했듯이 피타고라스는 기원전 500년경 이탈리아 남부의 크로톤에 정착해 피타고라스 학교를 설립했어요. 이 학교에 학문에 뜻을 두고 진리를 추구하는 사람들이 모여들었죠. 특히 피타고라스 학교는 여성에게도 배움의 기회를 주었다고 해요. 이 학교는 당대 최고 부자인 밀로의 후원을 받아 설립되었는데 밀로의 딸인 테아노도 피타고라스의 제자였답니다. 테아노는 역사상 최초의 여성 수학자로 기록되어 있지요.

피타고라스 학교는 학생이 300명이 넘을 정도로 큰 주목을 받게 돼요. 하지만 한편에서는 승승장구하던 피타고라스를 시기하던 사람들이 있었답니다. 피타고라스는 항상 그들의 위협에 처해 있었다고 해요. 우리의 주인공 혜지, 세민, 주철이는 이런 위험에도 수학 공부를 무사히 마치고 현실로 돌아올 수 있을까요?

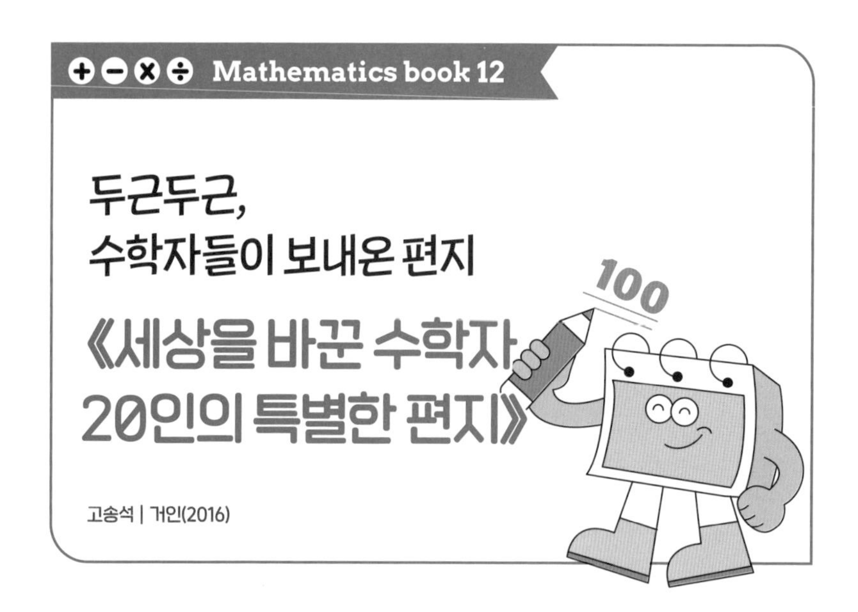


## 시련, 노력 그리고 재능

여러분은 편지를 써서 우편으로 보내거나 받아 본 적이 있나요? 지금처럼 인터넷이나 스마트폰이 없었던 시절에 소식을 전할 때는 편지를 쓰고 봉투에 우표를 붙여서 보냈지요. 물론 요즘도 손 편지에 우표를 붙여서 보낼 수 있지만 아마도 여러분은 우표도 생소할 거예요. 편지라는 말도 책에서나 보는 단어일 테죠.

그런 의미에서 《세상을 바꾼 수학자 20인의 특별한 편지》를 한번 읽어 보세요. 이 책은 수학의 역사에 길이 빛나는 업적을 남긴 20인의 수학자가 편지를 보내는 방식으로 되어 있어요. 20개의 편지를 보면 공통으로 느껴지는 단어가 시련과 노력이에요. 각자 힘든 사정이 있었지만 끊임없는 노력으로 세계적인 수학자가 된 것이지요.

독서의 즐거움은 몰랐던 것을 알게 되는 거라고 생각해요. 이 책을 읽으면서도 전에 몰랐던 것이 있었네요. 몇 가지만 소개할게요. 집안 형편이 어려워 학교를 다닐 수 없었던 피타고라스는 장작을 모아 시장에 팔거나 배달해서 돈을 벌어야 했지요. 그런데 장작을 지고 비탈길을 내려오는 건 쉽지 않았어요. 균형이 맞지 않으면 장작이 쏟아질 테니까요. 그래서 피타고라스는 궁리 끝에 장작을 엇갈리게 쌓아 보았어요. 엇갈리게 쌓은 장작은 빠른 걸음으로 비탈길을 내려가도 흔들리거나 쏟아지지 않았죠.

이런 모습을 지켜보던 어떤 사람이 피타고라스에게 공부할 기회를 알려 주었대요. 당시 유명한 철학자이자 수학자였던 탈레스에게 교육받을 수 있게 후원해 준 것이죠. 덕분에 피타고라스는 피타고라스의 정리를 증명한 훌륭한 수학자가 될 수 있었죠. 피타고라스는 이 편지를 통해 수학 문제를 풀 때는 항상 집중하고 꼼꼼하게 하나하나 계산하는 것이 중요하다고 말하고 있어요.

또한 이 책은 편지 끝마다 '수학자가 되기 위한 20가지 습관'이라는 코너가 있어요. 첫 번째 습관은 '마음을 여유롭게 하라'예요. 축음기와 전구를 발명한 토머스 에디슨은 정원을 가꾸는 게 취미였는데 어느 날부터 정원의 꽃들이 꺾여 있는 것을 보았지요. 그래서 에디슨은 '꽃을 꺾어 가시는 분께. 손으로 꽃을 꺾으면 꽃이 상합니다. 아무쪼록 이 가위를 사용해 주시기 바랍니다'라는 푯말과 가위를 놓아두었대요.

그랬더니 다음 날 정원에는 '가위가 잘 들지 않습니다. 숫돌로 갈아 주시면 감사하겠습니다'라는 문구가 걸려 있었다고 해요. 여유와 유머가 느껴지는 일화네요. 여러분이라면 가위를 갈아 놓았을까요?

##  결투로 생을 마감한 천재 수학자는 누구?

이 책 네 번째 편지의 주인공인 에바리스트 갈루아(1811~1832년)에게는 안타까운 사연이 있습니다. 갈루아는 프랑스 파리 근교의 평범한 집안에서 태어났어요. 집안 형편이 넉넉하지는 않았지만 갈루아의 부모는 갈루아가 계속 공부할 수 있게 지원했다고 해요. 덕분에 갈루아는 비록 원하는 기술대학에는 가지 못했지만 사범대학에 들어가 수학 연구에 몰두했지요. 갈루아는 방정식을 조금이라도 더 쉽고 재미있게 풀 수 있는 공식을 만들어 냈어요. 바로 '갈루아 방정식'입니다.

이 방정식 풀이 방법을 〈방정식의 대수 해법〉이라는 논문으로 써서 프랑스 학술원에 제출했지만 아무리 기다려도 소식이 없었다고 해요. 그래서 학술원에 찾아가 보니 그 논문이 분실되었다는 답변을 받았다고 합니다. 갈루아는 연구를 더 해서 논문을 다시 제출했는데 이번에는 심사위원이 사망하는 바람에 심사조차 받지 못했다고 해요. 그래도 갈루아는 포기하지 않고 더 연구하여 공식을 완성했습니다. 갈루아는 편지를 통해 실패하고 불행하다고 해서 쉽게 포기하지 않길 바란다고 전하고 있어요.

그런데 갈루아는 만 20세라는 젊은 나이에 세상을 떠납니다. 명확히 밝혀지지는 않았지만 사랑에 빠진 여인과 관련하여 결투했다가

총상을 입고 말았다는군요. 짧은 생애에 남긴 업적만으로도 후세에 이름을 알렸으니 다른 수학자처럼 더 살아서 연구했다면 어떤 업적을 이루었을지 참으로 안타깝네요.

갈루아의 편지 끝에 나오는 '수학자가 되기 위한 20가지 습관'의 주인공은 노르웨이의 수학자 닐스 헨리크 아벨(1802~1829년)입니다. 아벨은 가난과 폐병으로 고생하다가 만 26세에 결핵과 영양실조로 사망했다고 해요. 불우한 환경에서도 천재적인 실력을 발휘했던 아벨은 베를린대학교에서 교수 채용 편지가 도착하기 이틀 전에 세상을 떠나고 말았지요. '아벨의 정리', '아벨 방정식' 등으로 알려져 있고 2003년부터 노르웨이 왕실에서는 아벨을 기려 수학에 업적을 이룬 학자에게 '아벨상'을 수여하고 있습니다.

## 여러분도 택시수의 주인공이 될 수 있다!

또 다른 편지의 주인공도 살펴보죠. 인도의 수학자 스리니바사 라마누잔(1887~1920년)은 신분 제도가 엄격한 인도의 평범한 가정에서 태어났어요. 그는 그나마 공부할 수 있는 신분인 것에 감사하며 살았다고 해요. 그렇다고 해도 가난한 나라인 인도에서 수학을 공부하기란 쉽지 않았죠. 하지만 라마누잔은 학교에 입학할 무렵부터 옆집 누나에게 곱셈 구구를 배우면서 수에 대한 재능을 발휘하기 시작했어요.

하루는 아버지가 퇴근하면서 타고 온 택시의 번호가 재수 없는 4949번이라고 하자 라마누잔은 오히려 좋은 의미의 수라며 이렇게 말했다고 해요. "4와 9는 2와 3을 두 번 곱한 수이고 49는 7을 두 번 곱한 수이니 4949는 행운의 숫자인 7이 네 번이나 들어 있는 번호예요." 라마누잔의 부모는 라마누잔이 말이 느린 대신 계산이 빠르다는 것을 알고 그때부터 수학책을 구해 주었다고 해요.

택시 번호와 관련된 유명한 일화로 '택시수'라는 것도 있어요. 역시 라마누잔의 이야기예요. 당시 라마누잔은 영국의 수학자 고드프리 해럴드 하디의 추천으로 영국에서 공부하고 있었어요. 하지만 건강이 좋지 않아 병원에 입원했는데 그때 하디가 병문안을 오면서 라마누잔에게 타고 온 택시의 번호가 평범한 '1729'라고 했어요. 라마누잔은 이 번호를 듣고 대번에 '두 수의 세제곱의 합으로 나타내는 방법이 두 가지인 가장 작은 수'라고 말했지요.

이 말이 좀 복잡한가요? 즉 1729는 $(1^3+12^3)$과 $(9^3+10^3)$으로 나타낼 수 있다는 거예요. 세제곱은 같은 수를 세 번 곱하는 것이고요. $9=1^3+2^3$, $35=2^3+3^3$, $189=4^3+5^3$으로 나타낼 수 있는 것처럼 말이지요. 그런데 이런 방법이 두 가지인 것 중 가장 작은 수가 1729라는 것을 라마누잔은 수를 듣자마자 알았으니 천재가 틀림없지요. 라마누잔은 수 하나하나에 담긴 의미를 생각해 보고 수를 나누어 보기도 하고 더해 보기도 한다면 수의 마법이 너희에게 천재라는 이름을 붙여 줄 것이라는 말로 편지를 끝내고 있어요.

### 여러분의 '동방의 별'은?

이 책에는 우리나라 수학자 두 명도 포함되어 있어요. 조선 시대 수학자인 이순지(1406년경~1465년)와 남병길(1820~1869년)이지요. 이순지는 세종대왕을 도와 천문 관측기구를 제작하고 우리나라의 달력인 《칠정산》을 지어 천문학과 수학의 발전에 크게 이바지했습니다. 특히 한양(지금의 서울)의 위도가 북위 38도라는 것을 계산해 내기도 했고요.

남병길은 실생활에 이용할 수 있게 수학을 발전시켰고 《구장술해》와 《산학정의》 등 30권이 넘는 수학책을 썼어요. 이순지는 편지에서 '여러분이 우리나라의 수학을 세계적인 수준으로 끌어올릴 수 있는 사람이 될 것'이라고 말하고 있어요. 남병길은 당시에는 서양의 수학책이 동방의 별이었지만 여러분도 목표로 하는 동방의 별을 정하고 그 별을 따라가면 언젠가 빛을 낼 것이라고 이야기합니다. 여러분도 20인의 수학자가 보낸 편지를 읽으며 수학자의 꿈을 펼쳐 보는 건 어떨까요?

Mathematics book 13

3-2 자료의 정리

## 수학자를 알면 공부가 보인다!

# 《교과서를 만든 수학자들》

김화영 | 글담(2005)

### 수학은 누가 만들었을까?

초등학교를 졸업하고 중학교에 입학하면 수학이 조금 더 어려워집니다. 가장 큰 차이는 □가 $x$로 변한 것인데, 이는 문자를 쓰는 수학으로 바뀌었다는 것을 의미해요. 예를 들어 초등학교에서는 5+□=9처럼 쓰지만, 중학교에서는 $5+x=9$로 쓰게 되는 것이지요.

또한 본격적으로 수학을 배우게 되면 초등학교 수학 교과서에는 없는 수학자 이름도 등장합니다. '피타고라스의 정리', '드모르간의 법칙', '오일러 공식'과 같이 말이죠. 《교과서를 만든 수학자들》을 읽고 피타고라스, 드모르간, 오일러 같은 수학자를 미리 알아 두면 좋을 거예요.

《교과서를 만든 수학자들》은 고대, 중세, 근대로 나누어 수학 교과서 속 수학의 원리와 개념을 만든 수학자 42명을 소개하고 있어요. 대부분 중학교와 고등학교 수학 교과서에 나오는 수학자들이랍니다. 초등학교 수학 교과서에는 어떤 수학자 이름으로 되어 있는 정리, 법칙, 공식은 나오지 않아요. 그래도 우리가 배우는 수학은 모두 수학자들이 만든 것이지요.

## 유클리드, 기하학을 낳다!

그러면 《교과서를 만든 수학자들》에 나오는 대표적인 수학자들을 살펴보죠. 특히 초등학교에서 배우는 도형 영역은 고대 그리스의 수학자 유클리드(기원전 330년경~기원전 275년경)가 정리한 《원론》(《기하학 원론》이라고도 함)이라는 책에 나오는 내용이에요. 중학교에서는 초등학교 수학의 도형 영역을 기하학이라고 부릅니다. 유클리드는 '기하학의 아버지'라고 불릴 만큼 뛰어난 업적을 남겼지요. 유클리드의 명성은 당시 그리스뿐 아니라 이집트까지 알려져 있었답니다.

당시 마케도니아의 알렉산더 대왕은 아시아와 이집트를 정복한 후 이집트 나일강 근처에 무척 화려하고 장엄한 도시를 건설하고 알렉산드리아라고 불렀지요. 알렉산더 대왕의 뒤를 이은 톨레미 왕은 알렉산더 대왕의 업적을 기리기 위해 알렉산드리아에 도서관과 대학을 세웠답니다. 톨레미 왕은 유클리드에 관한 소문을 듣고 알렉산드리아로 유클리드를 초청했어요. 그러고는 유클리드를 수학 교수로 임명하여 수학 연구에 전념하도록 했답니다. 유클리드에게 직접 수학 교육을 받기도 했어요.

또한 앞서 소개한 유클리드의 《원론》이라는 책에는 도형 말고도 우리가 지금 배우는 수학 기본 개념이 모두 들어 있습니다. 예를 들어 《원론》에는 '두 점을 지나는 직선은 하나밖에 없다'와 같은 개념이 나와요. 물론 이는 평면에만 해당하고 지구와 같은 구에서는 두 점을 지나는 직선이 무수히 많지요.

《원론》은 인류 최초의 수학 교과서로 불리며 성경 다음으로 많은 사람이 읽었다고 합니다. 다양한 언어로 번역되어 2,000년 넘게 기하학 교육을 담당할 정도였거든요. 미국의 16대 대통령 에이브러햄 링컨도 판단력과 추리력을 기르기 위해 《원론》을 공부했다고 해요. 변호사 시절 법정에 갈 때도 이 책을 늘 가지고 다녔을 정도였지요. 앞서 소개했던 영국의 철학자이자 노벨 문학상 수상 작가인 버트런드 러셀은 "《원론》을 공부한 것이 인생에서 가장 중요한 사건"이라고 말했습니다.

톨레미 왕은 유클리드뿐 아니라 아르키메데스, 아폴로니오스, 에라토스테네스, 프톨레마이오스, 헤론, 메네라우스 등 당대 최고의 학자들을 초빙하여 알렉산드리아를 학문 연구와 교육 그리고 문화의 중심지로 발전시켰어요. 그러나 나중에 사라센의 장군인 오마로가 알렉산드리아를 함락하면서 그곳의 수많은 책과 자료를 불태웠다고 해요. 그리스의 학자들이 오마로 장군에게 도서관만은 파괴하지 말라고 애원했지만 결국 모두 불타 없어졌죠. 책들을 태우는 데만 6개월이 걸렸다고 하니 책이 얼마나 많았는지 짐작할 수 있겠죠?

## 합집합과 교집합의 관계

중학교에서 집합을 배우면 드모르간의 법칙을 많이 듣게 됩니다. 초등학생이라면 아직 집합이라는 용어가 생소하겠지만 드모르간의 법칙은 초등학교에서 수학 문제에도 쓰이고 있답니다. 초등학교 수학 문제를 내 볼 테니 한번 풀어 보세요.

수학을 좋아하는 학생이 20명, 과학을 좋아하는 학생이 12명이다. 조사한 학생 수가 모두 26명이라면 수학과 과학을 모두 좋아하는 학생은 모두 몇 명일까?

수학은 20명이고 과학은 12명이므로 더하면 32명이에요. 그런데 학생 수는 모두 26명이니까 그중 몇 명은 둘 다 좋아한다는 것이지요. 그렇다면 수학과 과학을 좋아하는 학생 수에서 둘 다 좋아하는 학생 수를 빼면 전체 학생 수가 나오겠죠? 이것을 식으로 나타내면 다음과 같습니다.

$20+12-\square=26$

즉 $32-\square=26$이니까 $\square=6$이 되겠지요? 그러니까 수학과 과학을 모두 좋아하는 학생은 6명이에요. 이것을 중학교에서는 집합의 개념으로 풀지요. 수학을 좋아하는 사람의 집합을 A, 과학을 좋아하는 사람의 집합을 B, 전체 집합을 U라고 해 보세요. 그러면 이 문제의 식을 다음과 같이 나타낼 수 있어요.

$(A \cup B)-(A \cap B)=U$

여기서 ∪는 A와 B의 합집합, ∩는 A와 B의 교집합이에요. '합집합'은 집합끼리 합한 것이고, '교집합'은 집합 사이에서 공통으로 포함하는 것을 말해요. 그러니까 이 문제는 교집합을 구하는 것이 되지요. 식으로 나타내면 $32-(A \cap B)=26$이고, $(A \cap B)$는 6이 되지요. 어때요? 초등학교 때는 말로 되어 있는 문제가 중학교 때는 문자와 식으로 되어 있지요?

영국의 수학자 오거스터스 드모르간(1806~1871년)은 기호를 써서 집합의 원리와 연산 방법을 정리했답니다. 문자와 기호를 쓰는 것이 아직 어렵게 느껴지겠지만 초등학교 때 기본 개념과 원리를 확실히 알아 두면 수식에 문자나 기호가 있다고 해도 큰 문제는 없을 거예요.

수학이 점점 더 어려워진다 싶으면 수학자에 관한 이야기를 읽어 보세요. 어떤 정리나 법칙을 누가 어떻게 만들었는지 알면 좀 더 쉽게 다가갈 수 있지요. 《교과서를 만든 수학자들》에는 지금의 수학을 만든 수학자들의 빛나는 노력이 담겨 있답니다.

Mathematics book 14

5-1 약수와 배수

## 최고의 수학자는 누구일까?

# 《미치도록 기발한 수학 천재들》

송명진 | 블랙피쉬(2022)

### $\sqrt{2}$ 살인 사건

《미치도록 기발한 수학 천재들》은 수학 교과서에 등장하거나 우리가 배우는 수학의 기초를 세운 12명의 수학자를 소개하고 있어요. 피타고라스를 시작으로 유클리드, 알 콰리즈미, 피보나치, 파치올리, 데카르트, 페르마, 라이프니츠, 오일러, 가우스, 칸토어, 앨런 튜링까지 말이죠. 그럼 피타고라스와 관련된 흥미로운 이야기를 소개할게요.

'$\sqrt{2}$ 살인 사건'이라고 들어 본 적이 있나요? $\sqrt{2}$는 '루트 2'라고 읽어요. 초등학교 수학에는 나오지 않지만 그리 어려운 개념은 아니랍니다. 어떤 수 a를 제곱한 수를 b라고 하면 $a^2=b$가 되지요? 이때 a를 b

의 '제곱근'이라고 하며 '$a=\sqrt{b}$'라고 합니다. 그러니까 $\sqrt{2}$는 2의 제곱근이고, $\sqrt{2}$를 제곱하면 2가 된다는 것인데요. 그런데 왜 여기에 '$\sqrt{2}$ 살인 사건'이 붙었을까요?

앞서 소개했듯이 피타고라스는 많은 제자를 두며 수학 연구에 엄청난 영향력을 끼쳤어요. 그런데 제자인 히파수스가 피타고라스의 정리에 문제를 제기했지요. 직각을 이루는 두 변의 길이가 3과 4라면 피타고라스의 정리에 따라 $3^2+4^2=5^2$이므로 빗변의 길이는 5가 되겠지요. 히파수스는 '한 변의 길이가 1인 정사각형의 대각선의 길이는 얼마일까?'라는 질문을 던졌어요.

피타고라스의 정리를 통해 수학식을 세우면 $1^2+1^2=(\text{대각선 길이})^2$이 되겠네요. 즉 $1^2+1^2=2$가 됩니다. 이는 '대각선 길이'를 제곱한 것이 '2'라는 거예요. 제곱하여 2가 되는 수가 뭐라고 했지요? $\sqrt{2}$지요. 피타고라스의 제자인 히파수스가 $\sqrt{2}$를 발견한 거예요.

지금은 $\sqrt{2}$를 '무리수'라고 부릅니다. 피타고라스가 활동할 당시만 해도 '유리수'만 다루고 있었어요. 유리수란 분수로 나타낼 수 있는 수예요. 그러면 무리수는 분수로 나타낼 수 없는 수겠지요? 무리수는 피타고라스에게는 신성한 수학을 부정하는 최악의 걸림돌이었지요. 그러던 중 히파수스는 의문의 죽임을 당했고 $\sqrt{2}$의 존재는 비밀에 묻히게 되었지요. 그래서 이것을 $\sqrt{2}$ 살인 사건이라고 하는 거예요.

이 책은 이렇게 처음부터 흥미진진한 이야기가 펼쳐지는데요. 유클리드 편에도 재미있는 이야기가 나온답니다.

## 최대 공약수를 구하는 새로운 방법

초등학교 5학년이 되면 '약수와 배수' 단원에서 두 수의 최대 공약수를 구하는 방법을 배우게 됩니다. 예를 들어 12와 18의 최대 공약수를 구할 때 먼저 공약수인 2로 나눕니다. 그러면 몫으로 6과 9가 남고 또 공약수인 3으로 나누면 2와 3이 남아 더는 공약수가 없게 되지요. 그러면 두 공약수인 2와 3의 곱인 6이 12와 18의 최대 공약수가 되지요. 이것이 우리가 흔히 알고 있는 최대 공약수 구하는 방법이에요.

그런데 여러분은 '유클리드 호제법'이라고 들어 보았나요? 12와 18의 최대 공약수는 쉽게 구할 수 있지요. 하지만 1,254와 582의 최대 공약수는 어떻게 구할까요? 이렇게 큰 수의 최대 공약수를 유클리드 호제법으로 구할 수 있답니다.

예를 들어 60과 24의 최대 공약수를 구해 볼게요. 먼저 큰 수를 작은 수로 나누어요.

$$\begin{array}{r|l} & \quad 2 \\ \hline 24 & \quad 60 \\ & \quad 48 \\ \hline & \quad 12 \end{array}$$

60을 24로 나누면 몫이 2가 되고 나머지가 12가 됩니다. 그다음 24를 12로 나누어요. 그런데 이제는 나누어떨어지지요? 유클리드 호제법은 나누는 수인 24와 나머지인 12의 최대 공약수인 12가 60과 24

의 최대 공약수임을 나타내요. 쉽지요?

그러면 1,254와 582의 최대 공약수를 구해 볼게요. 먼저 1,254를 582로 나눕니다.

$$
\begin{array}{r}
2 \\
582 \overline{)\;1254} \\
1164 \\
\hline
90
\end{array}
$$

그다음에 582를 90으로 나누고, 이후 90을 42로 나눕니다.

$$
\begin{array}{r}
6 \\
90 \overline{)\;582} \\
540 \\
\hline
42
\end{array}
\quad \longrightarrow \quad
\begin{array}{r}
2 \\
42 \overline{)\;90} \\
84 \\
\hline
6
\end{array}
$$

42는 6으로 나누어떨어지죠. 따라서 42와 6의 최대 공약수인 6이 1,254와 582의 최대 공약수예요. 다시 정리해 볼게요.

1,254=582×2+90

582=90×6+42

90=42×2+6

여기서 42와 6의 최대 공약수는 6이 되지요. 이것을 A와 B의 최대 공약수 공식으로 나타내면 'A=B×Q+R일 때 B와 R의 최대 공약수가 A와 B의 최대 공약수'라고 할 수 있습니다.

##  미지수 $x$는 언제 나타났을까?

수학은 범위가 무척 넓은 학문이에요. 덧셈, 뺄셈, 곱셈, 나눗셈 등 계산을 하는 '산수'를 포함해 도형을 다루는 기하학, 숫자 대신 문자를 사용하는 대수학 그리고 규칙성, 측정, 자료와 가능성, 확률 등을 통틀어 일컫는 학문이지요.

앞서 설명했듯이 중학교에 들어가면 □, △, ○와 같은 기호 대신 $x$, $y$, $z$ 같은 문자를 쓰게 됩니다. 예를 들어 초등학교 수학 교과서에서는 가로 30cm, 세로 60cm인 직사각형의 넓이는 (가로)×(세로)이므로 30×60=180(cm²)이 되지요. 하지만 중학교 교과서에서는 가로 a, 세로 b인 직사각형의 넓이는 'A=ab'라고 쓰지요. 이렇게 말로 설명하지 않고 문자로 간단하게 나타내는 것을 '대수학'이라고 해요. 대수학을 영어로 '알지브라'(algebra)라고 하는데 '알자브르'(al-jabr)라는 아랍어에서 유래되었습니다.

《알자브르》는 '대수학의 아버지'라고도 불리는 수학자 알 콰리즈미가 지은 책이랍니다. 앞서 인도-아라비아 숫자의 유래를 설명할 때 소개한 수학자이기도 하죠. 알 콰리즈미는 인도 숫자와 계산 방법을 소개하는《인도 숫자에 대한 계산법》이라는 책을 토대로《알자브르》를 썼어요.

이를 이어받아 이탈리아의 레오나르도 피보나치가 유럽에 대수학을 널리 알렸어요. 이후 대수학은 '회계학의 아버지'라 불리는 루카 파치올리(1445년경~1517년)를 통해 발전되고, 미지수로 $x$를 처음 사용한 르네 데카르트(1596~1650년), 페르마의 마지막 정리로 유명한 피에르 드 페르마, 미적분학을 만든 고트프리트 빌헬름 라이프니츠(1646~1716년)로 전해지지요.

## 다르게 생각하라!

중학교에 다닐 때 저는 '한붓그리기'를 아주 좋아했지요. 한붓그리기는 연필을 한 번도 떼지 않고 어떤 도형을 그리는 것이에요. 한붓그리기는 천재 수학자인 레온하르트 오일러(1707~1783년)가 만들었습니다. 《미치도록 기발한 수학 천재들》에는 이에 관한 흥미로운 사실이 담겨 있지요.

물리학을 공부하다 보면 '베르누이의 법칙'을 배우게 됩니다. 베르누이의 법칙은 유체, 즉 액체나 기체 같은 물질이 빠르게 흐르면 압력이 감소하고 느리게 흐르면 압력이 증가한다는 법칙이에요. 비행기처럼 거대한 물체나 새가 하늘을 날 수 있게 만드는 양력은 베르누이의 법칙으로 설명할 수 있지요.

베르누이의 법칙을 만든 다니엘 베르누이와 레온하르트 오일러는 친구 사이였어요. 이 둘은 그야말로 유럽의 과학과 수학을 발전시킨 거물이었지요. 다니엘의 아버지인 요한 베르누이는 오일러의 스승이자 사돈이었다고 해요. 다니엘의 큰아버지인 야코프 베르누이는 요한 베르누이와 오일러의 아버지인 폴 오일러의 수학 스승이었다고 하니 베르누이와 오일러의 집안은 당시 유럽의 수학을 좌지우지한 셈이죠. 한붓그리기 하니 생각나는 문제가 있는데 여러분도 한번 풀어 보세요. 아래 도형을 한붓그리기로 그릴 수 있나요?

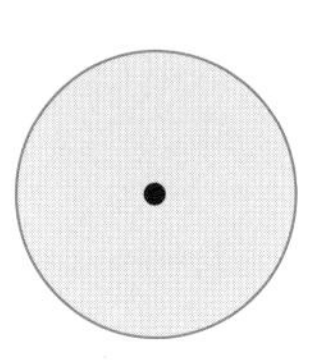

힌트는 '다르게 생각하라'예요. 그냥 하면 아무리 해도 연필을 떼지 않고는 그릴 수 없지요. 그러니 조금 다르게 생각해야 해요.

다들 시도해 봤다면 정답을 알려 줄게요. 먼저 종이와 연필을 준비하고 종이 한 귀퉁이를 조금 접어요. 접힌 부분에 있는 꼭짓점과 바닥의 종이에 점을 크게 찍어요. 그 상태에서 접힌 쪽으로 선을 그으면서 바닥에 있는 종이 쪽으로 연필을 그대로 옮겨요. 이제 접혔던 종이를 펴고 점 주위로 원을 그리면 됩니다. 이 문제는 베르나르 베르베르의 소설《개미》에 나오는 거예요. 평범한 방법으로는 절대 할 수 없는 한붓그리기 문제랍니다.

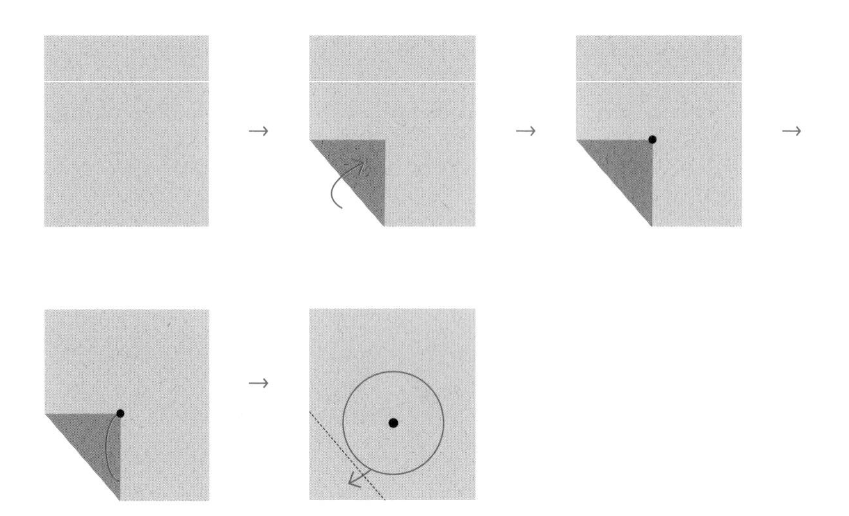

《미치도록 기발한 수학 천재들》은 조금 두껍지만 수학에 관심이 있고 특히 이공계를 희망하는 학생들이라면 한번 도전해 보면 좋을 책입니다.

➕➖✖➗ Mathematics book 15

3-1 길이와 시간 4-2 삼각형, 사각형

# 위대한 수학자의 특별한 일화

# 《크로노스 수학탐험대》

함기석 | 난다(2017)

## 거울 밖 시계와 거울 속 시계의 합은?

살면서 좋은 일을 하고 뛰어난 업적을 이루어 후세에 널리 이름을 알린 사람을 '위인'이라고 하지요. 여기서 '위'는 위대하다, 크다, 거룩하다는 뜻이에요. 우리는 위인전과 같은 책을 통해 그 위인의 업적과 일화를 알게 되지요.

위대한 수학자에게도 특별한 일화가 많죠. 《크로노스 수학탐험대》는 역사적으로 유명한 수학자의 일화를 한 편의 동화로 구성한 책입니다. 좀 더 정확히 말하자면 '시간여행 판타지 수학 동화'이지요. 크로노스는 '시간'을 의미하는 그리스어이자 그리스 신화에서 '시간의 신'을 말합니다.

주인공인 효림과 석현의 아버지는 수학의 역사를 연구하는 황 박사예요. 황 박사는 두 달 전에 행방불명되었는데 효림은 황 박사의 일기장에서 시간여행을 해 주는 도구인 '크로노스'가 있다는 것을 알게 돼요. 크로노스는 1부터 12까지의 숫자가 쓰여 있는 회중시계예요. 일기장에는 이렇게 쓰여 있었답니다.

이 시계는 시간여행 도구, 크로노스다. 크로노스는 1분간 시간 터널을 만들어 고대, 중세 등 역사의 현장으로 안내한다. 시간여행을 할 때마다 크로노스는 새로운 미션을 제시한다. 그 미션을 해결해야만 다른 시간대로 이동할 수 있다. 만약 미션을 해결하지 못하면 영원히 과거의 시간 속에 갇혀 죽음의 미라가 된다.

자, 여러분도 이 정도면 어떤 상황인지 알겠지요? 시간여행을 떠난 황 박사가 무슨 사고가 나서 돌아오지 못하고 있어서 효림과 석현 남매가 크로노스를 통해 시간여행을 떠나기로 한 거예요. 두 사람은 시간여행에서 미션을 무사히 해결하고 아빠를 구할 수 있을까요? 시간여행을 하기 위해 크로노스의 작동 버튼을 누르자 풀어야 할 문제가 나오네요. 여러분도 함께 풀어 보세요.

지금 시계가 가리키는 시각은 9시 25분이다. 거울에 비친 시계는 몇 시 몇 분을 가리키고, 두 시각의 합은 얼마일까?

이것을 풀어 정답을 입력해야 시간여행을 떠날 수 있지요. 그리 어려운 문제는 아니랍니다. 지금 시각이 9시 25분이면 시계를 거울에 비추면 왼쪽과 오른쪽이 바뀐 것처럼 보이니까 시침은 2와 3 사이에 있고 분침은 7에 있는 것으로 보이지요. 그러면 2시 35분과 같아 보여요. 실제로는 시계의 숫자판이 거꾸로 보이겠지만요. 9시 25분과 2시 35분을 더하면 어떻게 될까요? 11시 60분이니까 12시가 되지요.

효림과 석현은 크로노스의 가장자리에 있는 숫자 12를 눌렀어요. 이제 시간여행이 시작된 거예요. 그런데 이 문제를 풀어 보면서 특이한 사실 하나를 알게 되었어요. 9시 25분과 2시 35분이 아닌 다른 시각을 생각해 보았거든요. 예를 들어 지금 시각이 4시 15분이라면 거울 속의 시계는 7시 45분을 가리키겠지요? 더해 보니 역시 11시 60분, 즉 12시가 되네요. 다른 시각을 해 봐도 마찬가지예요. 어떤 경우라도 더하면 12시예요. 신기하네요. 이 책을 읽고 처음 알게 된 사실이지요. 무언가를 처음 알게 되었을 때 얼마나 신나는지 여러분도 잘 알지요? 그래서 우리가 책을 읽는 거랍니다.

## 수학자의 일화는 그 자체가 수학!

수학의 역사에 아주 유명한 일화를 간단하게 알려 줄게요. 막대 하나로 피라미드의 높이를 잰 탈레스, 피타고라스의 정리를 발견한 피타고라스, 수학을 쉽게 배울 수 있느냐는 왕의 물음에 '수학에는 왕도가 없다'라고 말한 유클리드, 목욕탕 안에서 부력의 원리를 발견하여 벌거벗은 채 "유레카!"를 외치며 거리로 뛰쳐나온 아르키메데스, 한 쌍의 토끼가 새끼를 낳고 그 새끼가 자라 또 새끼를 낳을 때 1년 후 토끼가 몇 쌍인지를 계산한 피보나치, 책의 여백이 부족해 적지 못했다는 페르마의 마지막 정리로 수학자들을 괴롭혔던 페르마, 게임 도중 중단했을 때 내기에 걸린 돈을 수학적으로 분배한 파스칼, 쾨니히스베르크의 일곱 개 다리를 한 번에 건널 수 없다는 사실을 증명한 오일러, 1부터 100까지 더하는 문제를 금세 풀어 버린 가우스, 무한 호텔에 무한 명의 고객을 투숙시킨 힐베르트 등이랍니다.

수학자와 관련된 이런 일화는 많은 책에 소개되고 있지요. 그렇지만 수학자의 일화와 업적을 주인공에게 미션으로 주고 해결하도록 하는 수학 동화는 드물답니다. 수학을 전공했으면서도 문학에 관심이 많아 시와 동시를 쓰고 있는 함기석 작가님이 썼기 때문에 가능했던 것 같아요. 작가님은 여러 문학상을 수상한 경력도 있답니다.

두 주인공이 시간여행 사고로 과거에 갇힌 아빠를 구할 수 있을지 함께 시간여행을 떠나 보세요. 앞서 설명했지만 우리가 지금 배우는 수학 개념 대부분은 유클리드가 연구하고 정리한《원론》에 나오는 것들이에요. 이 책에는 다섯 가지 공리가 있지요. 공리란 '너무나 당연해서 증명하지 않아도 되는 사실'이에요. 초등학교 수학 교과서에는 공리라는 말이 나오지 않지만 유클리드가 만든 다섯 가지 공리는 미리 알아 두면 좋아요. 다음과 같답니다.

1. 어떤 것이 2개의 다른 것과 같으면 다른 둘도 서로 같다. 즉 A=B, A=C이면 B=C다.

2. 동일한 것 2개에 같은 것을 더하면 그 결과는 같다. 즉 A=B이면 A+C=B+C다.
3. 동일한 것 2개에 같은 것을 빼면 그 결과는 같다. 즉 A=B이면 A−C=B−C다.
4. 완벽하게 겹쳐지는 도형은 서로 같다.
5. 전체는 부분보다 크다.

어때요? 공리가 대단한 것은 아니지요? 정말 당연한 것을 왜 굳이 공리라고 정했나 싶지요? 하지만 이렇게 공리로 정해 두면 최소한 이 다섯 가지는 일일이 증명하지 않아도 된답니다. 그러니 이 정도는 알아 두어야 해요.

## 삼각형 내각의 합이 180°임을 증명하는 방법들

초등학교 4학년이 되면 삼각형과 사각형의 내각의 합에 대해 알게 됩니다. 삼각형은 내각이 3개이고 더하면 180°이지요. 사각형은 삼각형 2개로 나눌 수 있어 사각형의 내각의 합은 180+180=360°이지요.

그러면 여러분은 삼각형의 내각이 합이 왜 180°인지 증명할 수 있나요? 초등학생용 참고 도서에는 삼각형을 세 조각으로 자른 다음 세 각을 한 곳에 모이게 하여 180°가 된다고 설명하지요. 여기서는 조금 더 어렵긴 하지만 증명하는 방법을 배워 보세요. 먼저 삼각형 ABC를 그리고 세 내각을 a, b, c로 나타내요. 그다음 삼각형 위에 밑변과 평행한 직선을 그어요.

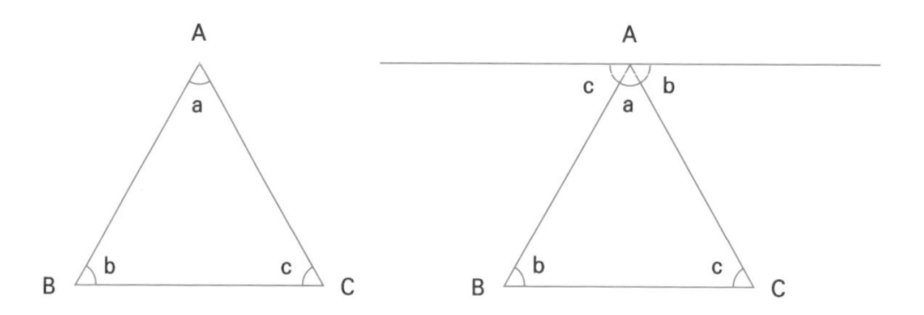


두 번째 그림에서 각 b와 각 c는 각각 '엇각'이므로 각도가 같아요. 엇각이란 하나의 직선이 평행한 두 직선과 만날 때 서로 엇갈려 위치한 각이에요. 밑쪽의 b와 위쪽의 b가 엇각으로 같은 거예요. 그래서 이 삼각형의 세 각 a, b, c를 모두 더하면 평각이 되지요. 평각이 바로 180° 예요.

내친김에 하나 더 알고 넘어가죠. 앞의 삼각형을 똑같이 다시 그리고 이번에는 변 AB와 평행한 직선 CD를 긋습니다.

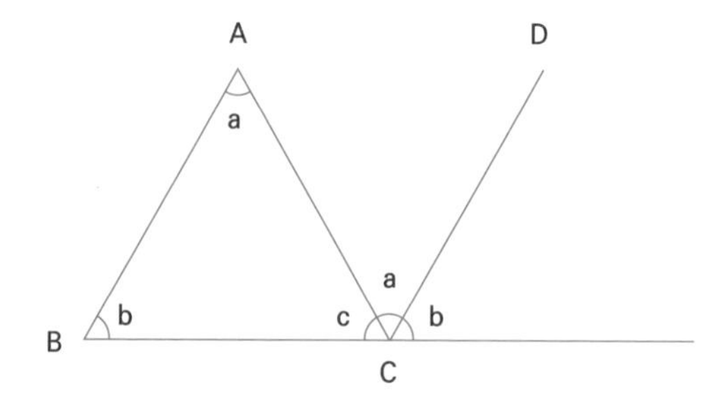


그러면 왼쪽의 b와 오른쪽의 b는 '동위각'이어서 크기가 같아요. 동위각이란 평행한 두 직선이 하나의 직선과 만날 때 한 직선에서 같은

위치에 있는 각을 말해요. 또 2개의 a는 서로 엇각이니 크기가 같지요. 그러니까 꼭짓점 C에 모여 있는 세 각 a, b, c를 모두 더하면 역시 평각인 180° 가 되지요. 삼각형의 내각의 합이 180° 인지 이제 확실하게 알 수 있겠지요?

이 이야기는 효림과 석현이 시간여행에서 세 번째로 해결해야 하는 미션이에요. 두 사람이 열 가지나 되는 미션을 모두 해결하고 아빠를 구할 수 있을지《크로노스 수학탐험대》를 계속 따라가 보세요!

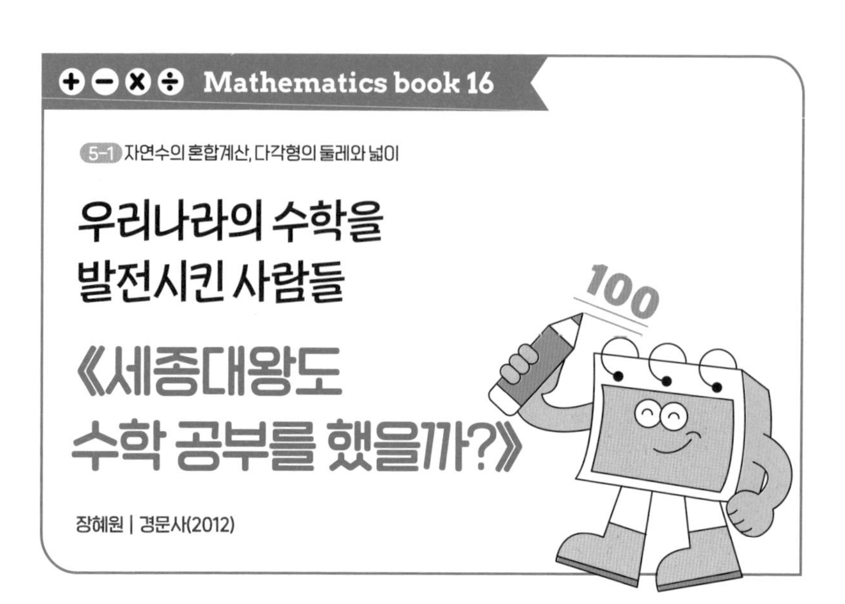


## 수학을 쉽게 배울 수는 없을까?

엄마가 딸기를 사 왔어요. 세어 보니 16개예요. 하루에 5개씩 먹으면 며칠 동안 먹고 몇 개가 남는지 식을 쓰고 답을 구하세요.

초등학교 5학년 때 배우는 '자연수의 혼합계산'에서 나오는 아주 흔한 문제예요. 여러분도 함께 풀어 보세요. 하루에 5개씩 먹으면 이틀에는 5×2=10(개), 사흘에는 5×3=15(개)가 되지요. 식을 써 보면 16-5×3=1이니까 3일 동안 15개를 먹고 1개가 남아요. 그러면 다음 문제도 풀어 볼까요?

5+5+5÷5=11이에요. 이 식에 괄호를 한 번만 써서 만들 수 있는 가장 작은 결과는 11과 얼마나 차이가 날까요?

이 식에 괄호를 넣을 수 있는 경우를 살펴보고 계산해 보세요.

(5+5)+5÷5=11

5+(5+5)÷5=7

5+5+(5÷5)=11

(5+5+5)÷5=3

5+(5+5÷5)=11

이렇게 계산해 보니 가장 작은 결과는 3이에요. 그러니까 11과의 차이는 11-3으로 8이네요. 어렵다고요? 왜 이런 계산을 해야 하냐고요? 수학 공부와 문제 풀이를 싫어하고 어려워하는 사람은 여러분만이 아니에요. 이집트의 톨레미 왕에게 했던 유클리드의 말은 지금도 수학 공부를 싫어하는 사람들이 종종 듣는 말이 되었지요. 바로 "왕이시여! 길에는 왕이 다니시는 '왕도'가 있지만, 수학에는 '왕도'가 없습니다"랍니다. 이 말을 듣고 톨레미 왕도 잠자코 수학 공부를 하지 않았을까요?

《세종대왕도 수학 공부를 했을까?》를 보니 세종대왕은 당시 최고의

학자였던 정인지에게 《산학계몽》이라는 수학책에 대해 강의를 들을 정도로 수학 공부를 열심히 했다고 해요. 또 세종대왕은 신분을 가리지 않고 수학을 배우라고 했어요. 그중에서 인재를 뽑아 중국으로 유학을 보내기도 했고요. 세종대왕은 수학 교육을 장려하여 눈부신 성과를 거두었지요. 강수량을 측정하는 측우기, 시간을 알려 주는 자격루, 별의 움직임을 관측할 수 있는 혼천의, 물의 높이를 재는 수표, 세계를 이해할 수 있는 지도 등 조선 초기에 과학 기술이 발전한 것은 세종대왕의 수학 사랑 덕분이랍니다.

《세종대왕도 수학 공부를 했을까?》는 우리나라 수학의 역사를 담은 책이에요. 어린이들이 우리나라의 수학사를 쉽고 재미있게 접할 수 있도록 쓰여졌답니다. 우리는 역사를 배울 때 문자가 없던 선사시대부터 문자로 기록을 남긴 역사시대까지 공부하지만 수학과 관련된 역사는 생소해요. '수학사'라고 하면 보통 서양의 수학사를 떠올리기 때문이지요. 우리가 지금 배우고 있는 수학도 서양에서 온 것들이지요. 물론 1, 2, 3, 4, 5, 6, 7, 8, 9와 같은 숫자도 인도-아라비아 숫자이니 그럴 수밖에 없지요.

만약 우리가 조선 시대에 살았다면 수학도 한자로 배웠을 거예요. 또 이 책을 읽어 보면 조선 시대에는 '산학자'라고 해서 수학을 전문으로 하는 사람들이 있었다고 해요. 산학을 공부하는 신분도 따로 있었고요. 중국의 수학자와 대결하여 이긴 것으로 유명한 산학자인 홍정하(1684년경~1727년경)도 집안 대대로 산학을 연구했다고 해요. 그렇다면 평민들은 수학 공부를 하지 않아도 되었다는 걸까요? 지금부터 우리나라의 수학사에 대해 살펴보세요.

##  대대로 이어온 산학자 집안

원시시대 사람들은 조약돌이나 손가락을 이용해서 수를 세었어요. 예를 들어 양 한 마리는 조약돌 한 개와 짝지어 확인하는 방법이었지요. 계산법을 뜻하는 '칼큘러스'(calculus)는 라틴어로 '조약돌'이라는 말에서 나왔대요. 그러다가 수를 세고 기록할 때는 나뭇가지나 동물의 뼈에 새겼지요. 하지만 문명이 발달하면서 점차 복잡한 수를 헤아리고 계산하기 위해 도구가 필요해졌습니다. 이렇게 해서 나온 것이 '산대'예요.

산대는 중국에서 먼저 만들어져 우리나라에 전해졌어요. 지금으로부터 약 3,000년 전 중국 주나라에서 만들어진 산대는 산목 또는 산가지라고도 불리며 조선 시대 말까지 쓰였답니다. 요즘 사람들에게 산대는 익숙하지 않은 계산 도구이지만 조선 시대만 해도 산대는 수학에 있어서 아주 중요한 역할을 했지요.

산대와 함께 수학 공부에 수학책이 빠질 수 없겠죠? 우리나라는 중국의 영향을 받아서 중국 당나라의 '국자감'이라는 학교에서 가르치던 10권의 수학 교과서인 《산경십서》를 사용했다고 해요. 이 10권의 수학책 중 《주비산경》과 《구장산술》은 신라 시대부터 조선 시대에 이르기까지 널리 사용된 중요한 수학책이었지요. 《주비산경》은 중국의 가장 오래된 수학책이자 천문학책인데 직각삼각형의 성질을 이용한 거리 측량법 등이 담겨 있지요. 또 《구장산술》은 수학 관련 자료를 모아 놓은 수학 기본서예요. 아홉 주제에 따라 다양한 문제, 답, 풀이 방법이 기록되어 있지요.

고려 시대와 조선 시대를 지나오면서 우리나라의 산학자들이 쓴 수학책들이 생겨났어요. 대표적인 책으로는 경선징(1616년~미상)의 《묵사집산법》, 최석정(1646~1715년)의 《구수략》, 홍정하의 《구일집》, 남병길의 《산학정의》, 이상혁(1810년~미상)의 《익산》 등이 있죠.

《세종대왕도 수학 공부를 했을까?》에는 흥미로운 책이 하나 등장해요. 조선 시대에 나온 《주학입격안》이라는 책인데 수학책은 아니랍니다. 주학은 수학을 이르는 말이지만 입격은 시험에 합격했다는 뜻이거든요. 그러니까 산학 취재에 합격한 사람들의 명단을 기록한 책이에요. 산학 취재는 수학 관련 관리로 벼슬에 오르는 시험이에요. 양반과 평민 사이의 중인 신분인 사람들이 주로 시험을 봤지만 양반도 시험을 볼 수 있었어요. 어느 곳에서 《주학입격안》에 실린 1,600명 이상의 혈연관계를 조사해 보니 몇몇 집안의 사람들이 대다수를 차지하고 있었다고 해요. 다시 말해 한 집안의 증조할아버지, 할아버지, 아버지, 형제들이 차례로 시험에 합격하여 수학을 담당하는 관리, 즉 산원이 되었다는 것이지요.

집안 대대로 산학자가 되면 어려서부터 수학책을 쉽게 접할 수 있고 가족들이 모이면 자연스럽게 수학 이야기를 하겠지요? 그리고 산학자 집안끼리 결혼도 하게 되니 본가와 외가 모두 산학에 집중할 수 있지요. 조선 시대 대표적인 수학자인 홍정하도 할아버지는 물론 외할아버지도 산학자였어요. 홍정하의 집안인 남양 홍씨 가문은 약 100

명의 산학자를 배출했다고 해요. 또한 경주 최씨 가문은 무려 200명이 넘는 산학자를 배출했답니다.

##  내가 만약 조선 시대의 산학자라면?

그렇다면 조선 시대 산학자들은 어떤 수학 문제를 풀었을까요? 문제를 내 볼테니 한번 풀어 보세요.

> 방전이 있는데 한 변이 49보이다. 넓이는 얼마인가?

여러분은 이 문제를 풀 수 있나요? 물론 다각형의 넓이를 구하는 문제는 초등학교 5학년 과정에 나오지만 말이지요. 잘 생각해 보세요. 넓이를 구하는 문제에 한 변의 길이만 주어졌어요. 방전이 무슨 뜻인지는 모르겠지만 한 변의 길이를 주고 넓이를 구하라고 하는 걸 보니 방선은 정사각형과 관련 있는 것 같지요? 문제를 다시 써 보면 다음과 같아요.

> 방전, 즉 정사각형 모양의 땅이 있는데 한 변이 49보이다. 넓이는 얼마인가?

정사각형의 넓이는 한 변의 길이를 두 번 곱해서 구하니까 이 방전의 넓이는 49×49=2,401(보)이에요. 한 변의 길이가 49보라고 한 것을 보고 7×7=49(보)로 착각할 수도 있지만 이것만 조심하면 이 문제를 쉽게 풀 수 있어요. 이렇게 조선 시대의 수학 문제는 땅 모양이 생소한 한자어로 되어 있어서 지금의 우리는 문제를 쉽게 풀기 어렵지요. 방전 말고도 직전(직사각형 모양의 땅), 규전(이등변삼각형 모양의 땅), 사전(마름모 모양의 땅), 제전(사다리꼴 모양의 땅), 원전(원 모양의 땅) 등이 있는데 조선 시대의 수학 문제를 풀려면 결국 한자를 잘 알아야 한답니다.

《세종대왕도 수학 공부를 했을까?》의 지은이인 장혜원 교수님은 수학의 역사에 우리나라의 수학자들도 중요한 역할을 했다는 것을 알리고자 이 책을 썼다고 해요. 수학자 하면 많은 사람이 피타고라스, 아르키메데스, 파스칼, 가우스 등을 떠올려요. 하지만 홍정하, 이상혁, 경선징, 남병길 등과 같은 우리나라 수학자도 있다는 것을 알아주었으면 하는 것이지요. 그리고 이 수학자들이 각각《구일집》,《익산》,《묵사집산법》,《측량도해》 등과 같은 수학책을 써서 우리나라 수학을 발전시키는 데 큰 역할을 했다는 것도요.

Mathematics book 17

4-1 규칙 찾기 5-1 약수와 배수

## 조선 수학을 세계에 알리다!

# 《조선 수학의 신, 홍정하》

강미선 | 휴먼어린이(2014)

### 피타고라스의 정리와 구고현의 정리

《조선 수학의 신, 홍정하》를 처음 펼치면 지은이인 강미선 선생님의 '초대하는 글'이 나와요. 수학 도서답게 첫 문장부터 아리송한 수학 문제가 나오네요.

> 7로 나누면 4가 남고 9로 나누면 3이 남고 11로 나누면 4가 남는 수 중에서 600보다 작은 가장 큰 수를 구하시오.

'초대하는 글'은 지은이가 이 책을 무슨 의도로 썼으며 이 책이 어떤 책인지 알려 줌으로써 독서를 권유하는 글이지요. 그런데 첫 문장부터 이렇게 쉽지 않은 수학 문제를 낸 것은 이 책의 성격을 자신 있게 말해 주고 있는 거예요. 이 문제는 조선 시대 최고의 수학자로 활약했던 홍정하의《구일집》에 나오는 문제 중 하나예요.

이런 문제는 초등학교 5학년에 약수와 배수를 공부할 때 자주 등장하는데, 세 수로 나누는 문제는 풀기 쉽지 않아요. 특이하게도 이 문제를 풀어 보고 나서 책을 계속 읽는데 이 문제에 대한 풀이가 나오지 않더라고요. 여러분도 당황하겠지만 막바지에 나오니 인내심을 갖고 읽어 보세요.

이 문제의 풀이가 나오기를 기다리며 책을 읽는 동안 수학자 홍정하에 대해 많이 알게 되었어요.《조선 수학의 신, 홍정하》는 한 편의 동화를 통해 수학의 재미를 느낄 수 있도록 구성되어 있답니다. 노비의 신분으로 태어나 공부를 할 수 없었던 주인공 똘이가 당시 최고의 산학자 홍정하에게 산학을 배우는 과정을 읽어 보면 수학이 늘 어렵지마는 않다는 것을 알게 될 거예요. 비록 가상의 인물이지만 주인공인 똘이의 수학 사랑이 얼마나 지극한지 가슴에 와닿았어요. 지은이가 이 문제의 풀이를 마지막 부분에 왜 썼는지 알겠더라고요.

우리는 수학자 하면 피타고라스를 떠올리지요. 그런데 피타고라스의 정리가 나오기 약 500년 전에 중국의 진자라는 수학자가 직각삼각형의 원리를 발견했다는 사실을 알고 있나요? 즉 지금으로부터 약 3,000년 전에 중국에서 발견된 것이지요.

중국 주나라 때 쓰인 수학 및 천문학책인《주비산경》에 '구고현의 정리'라는 이름으로 나오는데 이것이 바로 '피타고라스의 정리'랍니다. 구고현의 정리에서 '구'는 직각삼각형의 밑변, '고'는 높이, '현'은 빗변을 뜻하는 한자예요. 그러니까 (밑변)$^2$+(높이)$^2$=(빗변)$^2$이라는 피타고라스의 정리는 구고현의 정리에 따르면 (구)$^2$+(고)$^2$=(현)$^2$인 것이지요.

앞서 말했듯이 직각삼각형의 세 변의 길이에 대한 수학 원리는 아주 오래전부터 중요하게 여겼어요. 땅의 넓이를 구하는 데 꼭 필요했기 때문이죠. 그만큼 피타고라스의 정리 또는 구고현의 정리는 무척 중요했답니다.

## 조선의 피타고라스, 홍정하

고대 중국에는 진자가 있고, 고대 그리스에는 피타고라스가 있다면 조선 시대에도 세계 수학자와 어깨를 나란히 했던 홍정하라는 수학자가 있었어요. 삼국 시대, 통일 신라 시대, 고려 시대, 조선 시대를 지나오면서 그 시대별로 수학자는 늘 있었답니다. 나라의 체제를 잡고 유지하려면 영토 관리, 세금 관리, 천문 기상 관측과 같은 중요한 일을 수학자들이 맡아서 해야 했기 때문이지요.

특히 조선 시대 초기 이순지는 세종대왕을 도와 천문 관측기구 제작과 역법 완성에 수학적 지식을 활용해 큰 업적을 남겼지요. 또한 경선징, 최석정, 남병철(1817~1863년)과 남병길 형제 등이 수학자로서 이름을 남겼어요. 홍정하는 산학자 집안에서 태어나 평생의 수학 연구 결과를 《구일집》에 담아 출간했지요. 또 중국에서 온 수학자인 하국주와의 대결에서 이겨 우리나라 수학의 수준을 세계에 알렸습니다. 과연 홍정하는 하국주를 어떻게 이긴 걸까요? 먼저 이 책에 나오는 몇 가지 수학 문제를 풀어 볼까요?

어느 날 홍정하와 똘이는 길을 걷다가 울고 있는 한 아줌마를 보게 되었어요. 아들에게 꼭 필요한 환약(알약)을 지어 가는 길인데 실수로 그만 약을 흙바닥에 쏟았다는 거예요. 환약은 첫째 날에 1알, 둘째 날에 2알, 셋째 날에 3알 이렇게 보름까지 먹다가 그다음 날부터는 1알씩 줄여서 먹어야 하는데 몇 알을 받았는지 모르니 환약이 얼마나 없어졌는지 알 수 없어 울고 있었지요. 여러분은 아줌마가 처음에 환약을 몇 알 받았는지 알아냈나요? 힌트를 줄 테니 직접 계산해 보세요. 독일의 수학자 카를 프리드리히 가우스(1777~1855년)는 초등학교 때 선생님이 '1부터 100까지 더하라'는 문제에 바로 5,050이라고 답했다고 해요. 처음 수인 1과 마지막 수인 100을 더하면 101이 되는데 이런 101이 50개가 있으니 101×50=5,050이지요. 여러분도 가우스처럼 생각해 보세요.

## 변의 길이와 대각선 길이의 차이

또 어느 해 가을 추수가 끝날 무렵 한 노인이 홍정하의 집을 찾아왔어요. 노인은 산꼭대기 집에서 작은 땅에 농사를 지으며 살고 있는데 세금이 너무 많이 나와서 땅의 넓이를 정확하게 재어 달라고 부탁했어요. 홍정하는 지금으로 치면 공무원이고 그것도 세금과 관련된 일을 하니까 노인의 청을 무시할 수 없었지요.

노인은 관원에게 '땅 모양은 네모이고 길이가 28보'라고 알려 주었다고 해요. 홍정하와 똘이는 꼬불꼬불 산길을 걸어 노인의 집에 도착했지요. 그런데 홍정하는 땅의 모양을 보고 넓이가 잘못 계산되었다는 것을 알게 되었답니다. 땅의 모양은 정사각형인데 대각선의 길이가 28보였던 거예요. 관원은 땅의 넓이를 28×28=784로 계산해서 세금을 매겼던 것이지요. 그렇다면 여러분은 이 땅의 넓이를 구할 수 있나요? 책을 보면서 직접 계산해 보세요.

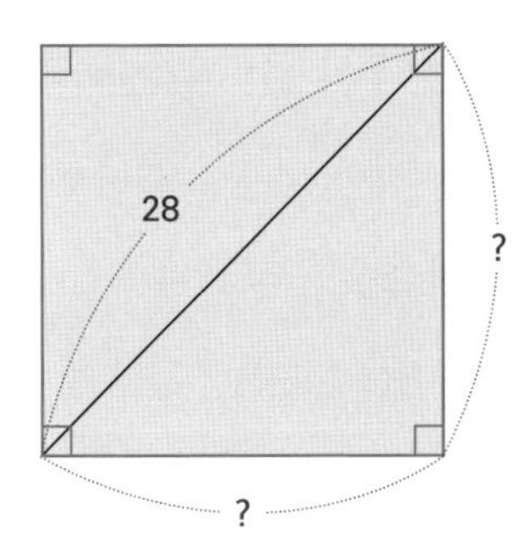


또 어느 날은 홍정하와 똘이가 산학자 모임을 마치고 집으로 돌아오는 길에 포졸 대장이 일꾼들에게 호통 치는 소리를 들었어요. 600명의 일꾼 중 몇 명이 도망쳤는데 일꾼들이 셈을 제대로 하지 못해서 몇 명이 도망갔는지 알 수 없다는 거예요. 한 일꾼은 7까지밖에 못 세고, 한 일꾼은 9까지밖에 못 세고, 또 한 일꾼은 11까지밖에 못 센다고 해요. 그래서 7까지 세는 일꾼이 세면 4명이 남고, 9까지 세는 일꾼이 세면 3명이 남고, 11까지 세는 일꾼이 세면 4명이 남더라는 거예요.

아하! 이 문제는 '초대하는 글' 첫 문장에 나온 문제네요. 이제야 이 문제가 등장했군요. 여러분은 도망간 일꾼이 몇 명인지 계산해 냈나요? 이 문제는 최소 공배수를 알아야 하지요. 최소 공배수란 공배수 중 가장 작은 수를 의미해요. 공배수는 배수들 중에서 서로 겹치는 수를 말하죠. 여기서는 특별히 저의 풀이를 알려 줄게요. 여러분이 푼 정답과 비교해 보세요.

문제를 잘 보면 7까지 세는 일꾼과 11까지 세는 일꾼이 세었을 때 똑같이 4명이 남았다고 했지요? 이것은 7과 11로 나누었을 때 나머지가 4라는 거예요. 그렇다면 이 수는 7의 배수이기도 하고 11의 배수이기도 한 수에 4를 더한 수가 된다는 것이지요. 즉 7과 11의 최소 공배수인 77의 배수에 4를 더한 수 중에서 9로 나누었을 때 나머지가 3이 되는 찾으면 되는 거예요.

따라서 81(77+4), 158(154+4), 235(231+4), 312(308+4), 389(385+4), 466(462+4), 543(539+4) 중에 9로 나누었을 때 나머지가 3인 수는 543이에요. 그러니까 남아 있는 일꾼이 543명이니 도망친 일꾼은 57명이 되는 거예요. 600까지의 수를 일일이 7, 9, 11로 나누어서 계산한다면 하룻밤을 꼬박 새워야 할 거예요. 하지만 최소 공배수를 알면 금세 구할 수 있지요.

홍정하와 똘이는 이렇게 일상에서 일어나는 문제들을 수학적으로 해결하지요. 성인이 된 똘이는 홍정하의 배려로 종의 신분에서 벗어나 산학 공부를 열심히 했대요. 이후 전국을 다니며 수학 문제를 풀어 주었고 세상 사람들에게 '구일똘이'라는 이름으로 알려졌다고 해요. 홍정하가 지은 책이 《구일집》이라고 했지요? 그러니까 《조선 수학의 신, 홍정하》의 지은이는 구일똘이가 이야기 속의 홍정하임을 슬며시 알려 주고 있어요.

아 참! 홍정하와 중국의 수학자 하국주는 어떤 문제로 대결했을까요? 사실 이 문제는 초등학생들에게는 좀 어려운 문제예요. 《조선 수학의 신, 홍정하》를 직접 읽어 보며 어떤 문제였는지 알아보세요. 물론 풀이도 나와 있답니다.

Mathematics book 18

6-1 비와 비율

# 가장 아름다운 수학자는 화가다?!

## 《미술관에 간 수학자》

이광연 | 어바웃어북(2018)

### 미술 속으로 들어간 수학

저는 학창 시절 좋아한 과목은 수학과 과학이었고 싫어하는 과목은 미술과 음악이었어요. 대학교에서 물리학과를 전공해 졸업할 때까지도 수학과 과학은 미술과 음악과는 별개의 영역인 줄 알았지요.

어린이 과학 잡지 기자가 된 이후 과학관이나 수학전시관을 취재하면서 제 생각이 잘못되었다는 걸 깨달았답니다. 과학관이나 수학전시관은 과학과 수학의 재미나 생활 속에서 과학과 수학이 얼마나 필요한지를 전시물을 통해 보여 주는 곳이에요. 어떤 전시물은 과학이나 수학을 잘 보여 주면서도 하나의 예술 작품이 되었지요. 악곡을 연주

할 수 있는 악기는 과학과 수학에 따라 만들어졌다고 해도 될 정도입니다. 고대 그리스의 수학자 피타고라스는 음계를 수학적으로 설명했고요. 취재를 하면서 미술 작품에도 과학적이고 수학적인 내용이 가득하다는 것을 알게 되었지요.

특히 르네상스 시대의 선구자인 이탈리아의 레온 바티스타 알베르티(1404~1472년)는 《회화론》이라는 책에서 "화가들은 기하학을 공부해야 한다"고 말했지요. 여기서 기하학은 단순히 기하학이 아니라 수학이라고 볼 수 있어요. 르네상스 최고의 스승인 알베르티가 이렇게 이야기했으니 후세 화가들이 화폭에 수학을 담아냈으리라 짐작할 수 있겠죠?

앞서 소개한 《어린이를 위한 수학의 역사》의 지은이인 이광연 교수님은 알베르티의 말에 따라 미술 작품 속 수학을 찾기 위해 미술관에 간 이야기를 책으로 썼어요. 바로 《미술관에 간 수학자》랍니다. 이와 비슷한 책으로 이명옥 교수님과 김흥규 선생님이 함께 쓴 《수학이 숨어 있는 명화》도 있어요. 비교하면서 보는 것도 좋을 것 같네요. 이 두 권만 읽어도 미술 작품 속에 숨어 있는 수학은 거의 다 찾았다고 봐도 될 정도예요.

## 2차원 평면을 3차원 입체로!

《미술관에 간 수학자》는 '미술관에 간 지식인' 시리즈 중 네 번째 책이에요. 첫 번째는 화학자 편, 두 번째는 인문학자 편, 세 번째는 의학자 편이지요. 수학자 편 이후에도 물리학자 편, 해부학자 편이 더 출간되었고, 화학자 편은 한 권 더 나왔답니다. 그러니까 미술 작품에는 수학 뿐만 아니라 인문학과 여러 가지 과학과 의학이 담겨 있지요.

그렇다면 알베르티가 강조한 수학이 미술 작품에 어떻게 반영되었는지 알아볼까요? 이광연 교수님은 미술 작품 속에 들어 있는 수학은 크게 두 가지라고 말해요. 하나는 '원근법'이고, 다른 하나는 '황금비'이지요.

원근법이라는 말을 쓰기 전에도 멀리 떨어져 있는 물체가 작게 보인다는 사실은 누구나 알고 있었지요. 하지만 이것을 평면인 도판에 멀고 가까운 효과를 내어 입체적으로 표현하는 것은 회화를 2차원에서 3차원으로 이끄는 혁신적인 기법이었답니다.

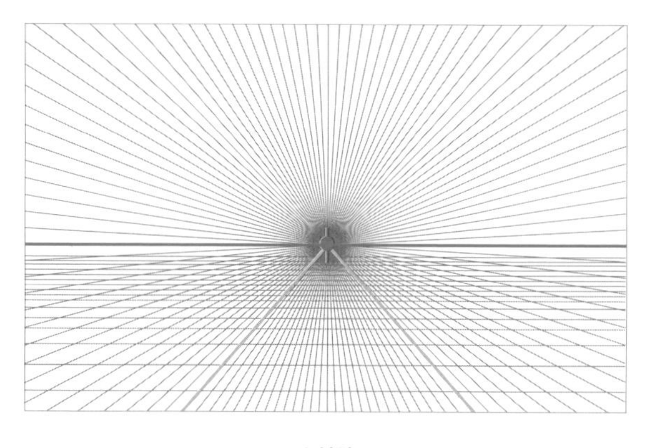

소실점

15세기 이탈리아의 화가인 피에로 델라 프란체스카(1420년경~1492년)는 원근법을 통해 '소실점'의 존재를 밝히고 두 직선을 아무리 연장해도 만나지 않으면 평행하다고 말했죠. 그런데 원근법에서는 두 직선을 평행하지 않게 그려서 서로 만나도록 하지요. 이렇게 만나는 점을 소실점이라고 해요. 원근법이 적용된 미술 작품을 보게 된다면 그 안에서 소실점을 찾아보는 것도 아주 흥미롭겠네요. 화가는 아무런 의미 없이 소실점을 두지 않으니까요.

### 미술 작품이 아름다운 것은 비율 때문?!

세상에서 가장 유명하다는 〈모나리자〉의 여러 곳에 황금비가 있다는 것은 널리 알려진 사실이죠. 먼저 얼굴의 가로 길이를 1이라 하면 세로의 길이는 1.618이에요. 앞서 말했듯이 1:1.618이 바로 세상에서 가장 아름답다는 황금비이죠. 또 턱밑에서 코끝까지의 길이를 1이라고 하면 코끝에서 눈썹까지의 길이가 1.618이지요. 코의 폭과 입의 길이 또한 1:1.618이고, 코끝에서 아랫입술까지의 길이와 아랫입술에서 턱 끝까지의 길이도 1:1.618이지요. 모나리자의 손과 팔 끝 그리고 머리끝이 황금사각형 안에 들어가는데, 황금사각형은 사각형 중에서도 가장 아름답다는 사각형으로 가로와 세로의 비가 1:1.618이랍니다.

《미술관에 간 수학자》는 크게 네 부분으로 이루어져 있어요. 그림의 구도를 바꾼 수학 원리, 그림에 새겨진 수학의 역사, 수학적 생각이 깊었던 화가들, 미술관 옆 카페에서 나누는 수학 이야기예요. 첫 부분에서 미궁 이야기가 나오는데, 미궁이나 미로는 수학 퍼즐에서 빠지지 않고 등장한답니다. 그런데 이 책을 보면서 미궁과 미로가 서로 다르다는 것을 알게 되었어요. 미궁은 말 그대로 '궁전'이고 미로는 '길'이에요. 미궁은 그리스 신화의 천재 장인 다이달로스가 미노타우로스를 가두기 위해 설계한 것으로 지중해 크레타섬 미노스 왕궁에 설계한 '라비린토스'에서 유래했지요.

그런데 라비린토스는 일부러 길을 찾지 못하게 만든 미로가 아니라 치밀한 계산으로 설계한 것이라고 해요. 즉 미궁은 외길로 되어 있어 길을 따라가면 무조건 중심에 도착할 수 있지요. 만약 미궁이 미로처럼 여러 갈래로 나뉘어 있다면 그 중심에 살고 있던 미노타우로스는 굶어 죽을 수도 있겠지요? 그래서 오스트리아 잘츠부르크에서 발견된 고대 로마 시대의 〈미궁도〉라는 그림 속 미궁도 외길을 계속 따라가다 보면 중심에 도착할 수 있어요. 프랑스 샤르트르 대성당 바닥에 그려진 미궁도 입구에서 출발하면 중심에 이를 수 있고, 갔던 길을 따라 거꾸로 나오면 다시 입구로 나올 수 있지요. 입구가 곧 출구인 셈이에요.

그러니까 미궁은 외길만 따라가면 중심에 다다를 수 있고, 미로는 여러 갈래의 길 중에서 선택을 잘해야 중심이나 입구 또는 출구로 나갈 수 있는 것이랍니다. 하지만 아무리 복잡한 미로라도 한쪽 벽을 짚으면서 계속 가면 빠져나올 수 있지요. 시간이 좀 걸리겠지만요.

## 위대한 수학자들을 한곳에 모은 라파엘로

《미술관에 간 수학자》의 표지에는 이 책의 특징을 잘 나타내는 한 문장이 있어요. '세상에서 가장 아름다운 수학자는 화가들이다'라는 글이에요. 화가야말로 수학적 사고를 활용해 화폭에 원하는 것을 잘 표현하는 사람이라는 뜻이겠지요. 그렇다면 우리가 보통 이야기하는 수학자 중 가장 뛰어난 사람은 누구일까요?

미국의 컴퓨터 프로그래머인 제임스 다우 앨런은 전 세계 수학자들을 대상으로 인류 역사상 가장 뛰어난 수학자를 뽑는 설문 조사를 하고 있어요. 이 조사는 지금도 계속 진행되면서 순위가 바뀌고 있답니다. 이 글을 쓰면서 확인해 보니 1위는 아이작 뉴턴, 2위는 아르키메데스, 3위는 카를 프리드리히 가우스, 4위는 레온하르트 오일러, 5위는 베른하르트 리만(1826~1866년)으로 나와 있네요. 아마도 여러분이 이 책을 읽을 때면 순위가 바뀌었을 수도 있지요.

1위인 아이작 뉴턴은 태어나기도 전에 아버지가 사망하여 어린 시절을 불우하게 보냈지만 독특하고 창의적인 생각으로 갈릴레이 이후 물리학을 완성했지요. 그런데 물체와 물체 사이에 작용하는 '만유인력'을 발견하고 세 가지 운동 법칙을 만들어 고전물리학을 집대성한 물리학자가 세계에서 가장 뛰어난 수학자 1위라니요. 사실 뉴턴은 영국 최고 권위를 자랑하는 케임브리지대학교 트리니티칼리지에서 수학을 전공했고 수학과 교수가 되었어요. 그리고 자신의 연구를 '프린키피아'라고 하는 책으로 출판했는데, 이 책의 원래 제목은《자연철학의 수학적 원리(Philosophiae Naturalis Principia Mathematica)》예요. 라틴어 제목이고 줄여서 '프린키피아'라고 부르지요. 그러니까 물체의 운동을 수학적으로 풀어 정리한 것이랍니다.

화가들은 뉴턴을 지나치지 않았어요. 세상에서 가장 아름다운 수학자가 화가들이니까요. 고드프리 넬러(1646~1723년)라는 화가가 뉴턴의 초상화를 그렸으며 시인이자 화가인 윌리엄 블레이크(1757~1827년)도 뉴턴의 초상화를 그렸답니다. 그런데 똑같은 뉴턴을 그린 이 두 초상화는 느낌이 너무 달라요.

넬러의 초상화는 뉴턴의 초상화 중 가장 유명한 작품으로 뉴턴의 모습을 아주 정확하게 묘사했지요. 가장 '뉴턴다운' 초상화라고 할 수 있어요. 하지만 블레이크의 뉴턴 초상화는 벌거벗은 몸으로 한 손에 컴퍼스를 쥐고 도형을 쳐다보고 있는데, 대학자이면서 고위 관료였던 뉴턴에게는 다소 충격적인 모습이지요. 블레이크는 복잡한 세상을 기하학적으로 표현할 수 있다고 믿는 단순한 사람으로 뉴턴을 묘사한 것으로 보여요.

앞서 저는 학교 다닐 때 미술과 음악 과목을 싫어했다고 했지요? 음악도 그렇지만 미술에는 정말 문외한이었답니다. 문외한은 전문 지식이 없는 사람을 뜻하지요. 그런데 미술에 아무리 문외한이라고 해도 몇 가지 미술 작품을 알게 됩니다. 그중 하나가 라파엘로 산치오(1483~1520년)의 〈아테네 학당〉이에요. 〈아테나 학당〉은 고대 그리스의 뛰어난 철학자 플라톤과 아리스토텔레스를 중심으로 고대 그리스를 대표하는 수학자이자 철학자 54명을 한 자리에 모아 그린 그림이에요. 라파엘로가 바티칸 궁에 있는 4개의 방 천장과 벽에 그린 그림 중 하나이죠. 가로가 7.7미터나 되는 커다란 그림인 만큼 54명의 학자가 각각의 특징에 맞게 여러 가지 표정으로 그려져 있답니다.

한가운데에는 플라톤과 아리스토텔레스가 그려져 있는데 플라톤은 손으로 하늘을 가리키고 아리스토텔레스는 땅을 가리키고 있답니다. 여러분도《미술관에 간 수학자》나 인터넷에서 〈아테나 학당〉을 찾아서 꼭 보세요. 손가락의 방향으로 플라톤의 이상주의와 아리스토텔레스의 현실주의를 상징하고 있어요.

알다시피 〈아테네 학당〉에는 소크라테스, 헤라클레이토스, 데모크리토스, 유클리드 등 많은 학자가 등장합니다. 그런데 54명 중 유일하게 여성이 있다는 사실을 알고 있나요? 그림의 왼쪽 아랫부분에 하얀색 옷을 입고 있는 사람이 여성 수학자 히파티아(370년경~414년)예요. 히파티아는 남성의 전유물이던 학문의 세계에 당당히 어깨를 나란히 한 고대 이집트의 여성 철학자이자 수학자로 유명해요.

르네상스 3대 화가라고 하면 흔히 레오나르도 다빈치(1452~1519년), 미켈란젤로(1475~1564년), 라파엘로를 말해요. 라파엘로는 다빈치와 미켈란젤로를 존경했다고 합니다. 그래서 〈아테네 학당〉에 이를 표현했는데 무엇인지 짐작이 되나요?

〈아테나 학당〉 가운데에 플라톤과 아리스토텔레스가 등장한다는 것은 알지요? 이 둘의 얼굴을 보면 우리가 흔히 알고 있는 플라톤과 아리스토텔레스의 얼굴이 아니에요. 사실은 플라톤의 얼굴은 레오나르도 다빈치로, 아리스토텔레스의 얼굴은 미켈란젤로로 바꾸어 그렸거든요. 다빈치와 미켈란젤로를 향한 존경심을 기발하게 표현한 것이지요. 가장 아름다운 수학자라고 하는 화가들의 수학 사랑을《미술관에 간 수학자》를 통해 느껴 보았으면 좋겠어요.

Mathematics book 19

3-2 자료의 정리

## 세상에 이런 연구가 다 있다니!

## 《황당하지만 수학입니다》

남호영 | 와이즈만북스(2022)

### 노벨상이 있다면 이그노벨상도 있다?

수학 교수인 아빠와 초등학생인 아들이 책상에서 각각 다른 수학 문제를 놓고 고민하고 있어요. 아빠는 문제를 어떻게 하면 더 어렵게 낼까 연구하고 있고요. 아들은 수학 문제를 어떻게 하면 빨리 풀 수 있을지 공부하고 있죠. 이렇게 연구와 공부는 목적이 다르답니다. 공부는 이미 알려진 것을 보고 들으면서 지식을 넓히는 일이지요. 반면 연구는 아직 세상에 알려지지 않은 것을 알아내는 일이에요. 그러니 교수는 주로 연구를 하고 학생은 공부를 한답니다.

물론 교수도 연구하다가 모르는 것이 있으면 공부를 하고, 학생도 공부하다가 어떻게 하면 공부를 안 할까 연구하지요. 연구와 공부에는 공통점이 하나 있어요. 바로 호기심을 해결하고자 하는 노력이에요. 우리는 살면서 궁금한 것이 많아집니다. '하루에 거짓말은 몇 번이나 할까?', '펭귄은 왜 똥을 발사할까?', '왼팔이 가려운데 왜 오른팔을 긁을까?' 등등 다소 황당해 보여도 한번 궁금하면 꼬리에 꼬리를 물지요. 하지만 궁금한 것이 많아도 호기심이 없으면 알아보려는 노력을 하지 않는답니다. 그래서 많은 사람이 그냥 그런가 보다 하고 말지요.

그런데 이런 황당한 궁금증을 해결하려고 연구하는 사람들이 있어요. 이런 연구를 하는 사람에게 상도 주지요. 바로 '이그노벨상'이에요. 노벨상은 들어 보았는데 이그노벨상은 처음이라고요? 노벨상에 없는 수학은 '필즈상'이라고 하는데 이그노벨상이라니요! (필즈상에 대해서는 뒤에서 자세히 설명할게요.) 하도 이상한 것을 연구하니 '으이그'라는 소리가 나와서 그런 이름을 붙인 걸까요?

이그노벨상은 1991년 미국의 유머 과학 잡지 〈기발한 연구 연감〉에서 제정한 상으로, '반복할 수 없거나 반복해서도 안 되는' 업적을 대상으로 노벨상이 발표되기 1~2주 전에 하버드대학교의 샌더스 극장에서 시상식을 하지요. 이그노벨상이라는 이름은 '불명예스러운'이라는 뜻의 영어 '이그노블'(ignoble)과 '노벨'(Nobel)을 합쳐 만든 거예요. 인류 최고의 명예인 노벨상을 빗대어 만들어졌지만 학문에 대한 대중의 관심을 높이기 위해 기발한 연구와 업적에 주는 상이랍니다. 분야도 다양해서 수학상, 물리학상, 화학상, 생물학상, 의학상, 평화상 등이 있고 그때그때 분야를 신설하기도 하지요. 수상자들의 연구 내용을 보면 황당한 것이 정말 많아요. 《황당하지만 수학입니다》는 이그노벨상 중 수학 관련 분야를 정리한 책이랍니다!

##  왼팔이 가려우면 오른팔을 긁어라!

《황당하지만 수학입니다》는 총 5권으로 되어 있어요. 이그노벨상의 수학상 수상자는 그리 많지 않아서 다른 분야의 상에서도 수학 관련 연구를 찾아 함께 소개하고 있지요. 이그노벨상은 과학 분야의 상이 가장 많은데 이 내용은 같은 출판사에서 출간한 《엉뚱하지만 과학입니다》라는 책에서 살펴볼 수 있어요.

여러분은 하루에 거짓말을 몇 번 정도 하나요? 한 번도 안 한다고요? 거짓말! 가슴에 손을 얹고 생각해 보세요. 1997년 미국 서던캘리포니아대학교 심리 연구팀이 성인 20명을 조사했더니 하루에 180번 정도 거짓말을 했대요. 또한 2002년 미국 매사추세츠대학교 연구팀이 성인 60명을 조사했더니 하루에 400번 정도 거짓말을 했대요. 그런가 하면 2014년 캐나다 워털루대학교 연구팀이 조사한 바로는 네 살은 2시간에 1번, 여섯 살은 1시간 30분에 1번씩 거짓말을 했다고 해요. 열 살 이후에는 횟수가 줄었고요. 조사할 때마다 차이가 크지요? '하얀 거짓말'도 포함하고 있어서 그렇대요. 하얀 거짓말은 남을 배려하는 착한 거짓말을 말하지요.

네덜란드 암스테르담대학교 연구팀은 거짓말 연구로 2016년 이그노벨상 심리학상을 받았어요. 연구 결과 사람들은 하루에 2번 정도 거짓말을 한다고 해요. 이 연구에서는 6~77세 1,005명을 조사했어요. 조사 결과를 보니 10대가 하루 평균 2.8회로 가장 많았고, 60대 이후는 하루 평균 1.6회로 가장 적었지요.

또 다른 황당한 연구로 이그노벨상을 받은 것 중에 '하루에 코는 얼마나 팔까?'가 있네요. 2001년 인도 방갈로르 국립 정신 건강 및 신경 과학 연구소의 연구팀은 4개 학교 200명의 학생을 조사했지요. 모든 학생이 하루 4번 코를 팠고, 7.6%의 학생은 20번 이상 팠대요. 또 17%의 학생은 심각한 코 후빔 증세가 있었다고 하네요. 여러분은 하루에 코를 몇 번 파나요? 참고로 이 연구팀이 받은 상은 '공공 보건상'이었다고 해요.

바퀴벌레는 대부분 싫어하겠죠? 그런데 바퀴벌레를 전문으로 연구하는 생물학자도 아닌데 바퀴벌레를 연구하여 2019년 이그노벨상 생물학상을 받은 사람들이 있어요. 싱가포르와 미국 등 8개 나라의 물리학자로 구성된 연구팀은 바퀴벌레가 자기장을 어떻게 감지하는지 알아내고, 살아 있는 바퀴벌레보다 죽은 바퀴벌레가 자성을 더 오래 유지한다는 사실을 밝혀냈어요.

바퀴벌레에는 나침반처럼 방향을 감지해서 회전하는 작은 자성 입자를 띤 세포가 있대요. 그래서 바퀴벌레를 자기장 안에 놓으면 바퀴벌레 안의 자성 입자가 한쪽으로 정렬하지요. 예상을 뒤엎고 산 것보다 죽은 것의 자기력이 훨씬 강하고 유지되는 시간도 엄청 길었대요. 시상식에 참석한 연구팀은 고무로 만든 바퀴벌레를 던져서 관중을 놀라게 했다고 해요. 다행히 웃고 넘어갔다고 하죠.

한편 2005년 독일 브레멘대학교의 빅토르 마이어로호우와 요제트

같은 펭귄이 엉덩이를 둥지 바깥쪽으로 내밀고 똥을 발사하는 것을 연구해 이그노벨 유체역학상을 받았대요. 두 사람은 펭귄의 키, 항문 구조, 똥을 발사하는 순서, 발사 거리 등을 모두 기록했어요. 그 결과 약 20센티미터 높이에서 발사된 펭귄 똥은 평균 40센티미터 날아간다는 것을 알아냈지요. 펭귄의 똥이 거의 액체로 되어 있어서 멀리 날아갈 수 있다고 해요.

팔이나 다리를 다쳐서 깁스, 즉 석고 붕대를 하면 한 가지 문제가 있어요. 석고 붕대 안쪽이 가려울 때 해결 방법이 없다는 거예요. 그런데 독일 뤼베크대학교 연구팀은 이 문제를 연구해 2016년 이그노벨상 의학상을 받았어요. 연구팀은 왼팔에 석고 붕대를 해서 긁을 수 없을 때 거울을 대서 오른팔이 왼팔인 것처럼 착각하게 하고 긁으면 가려움이 줄어든다고 밝혀냈죠. 연구팀 덕분에 많은 사람이 도움을 받았다고 해요. 가려움증 정도가 아니라 통증 치료에도 쓰인다고 하니 황당한 연구라고 할 수는 없겠네요.

이그노벨상 수상자 중 가장 유명한 사람은 아마도 안드레 가임 교수일 거예요. 영국 맨체스터대학교 물리학 교수인 안드레 가임은 2000년 자석을 이용하여 개구리를 자기 부상시키는 연구로 이그노벨상 물리학상을 공동 수상했지요. 안드레 가임이 유명한 이유는 2010년 차세대 신소재로 주목받고 있는 '그래핀'을 발명하여 노벨 물리학상을 받았기 때문입니다. 즉 현재까지 노벨상과 이그노벨상을 모두 받은 유일한 사람이지요.

## 황당한 연구도 수학으로 보면 다르다!

《황당하지만 수학입니다》는 황당한 연구로 이그노벨상을 받은 사례를 소개하지만 사실은 수학 이야기를 하고 있어요. 수와 연산, 패턴, 규칙성과 함수, 통계, 도형과 측정으로 한 권씩 나눠 황당한 연구뿐 아니라 수학의 기본 개념과 원리를 설명하고 있지요. 초등학교 수학 교과서에 맞춰 주제를 선정한 것이라 순서대로 보면 꽤 도움이 될 겁니다. 예를 들어 '하루에 거짓말은 몇 번이나 할까?'에서는 표를 보는 방법, '하루에 코를 얼마나 팔까?'에서는 백분율을 이야기하지요. 펭귄이 똥을 발사하는 연구에서는 평균 구하는 법을 알려 주고, 왼팔이 가려울 때 거울을 보고 오른팔을 긁은 것에서는 대칭에 관해 설명해 준답니다.

여러분은 궁금한 것이 없나요? 아무리 황당하고 어처구니없는 호기심도 연구 주제가 된다는 것을 알았으니 한번 도전해 보세요. 2017년 이그노벨상 유체역학상은 우리나라의 한지원 씨가 받았는데, 고등학교 재학 시절 커피가 담긴 와인잔을 들고 걸을 때 커피를 쏟는 현상을 연구해서 보고서로 쓴 덕분이라고 하네요.

수학 공부가 귀찮아지거나 뭔가 신선한 자극이 필요할 때《황당하지만 수학입니다》를 읽어 보도록 해요. '세상에는 별걸 다 연구하는 사람들이 있구나' 하는 생각과 함께 '세상에 수학이 없는 곳이 없구나' 하는 생각도 들 테니까요. 그리고 아무리 황당한 질문이나 호기심도 해결하려고 하는 마음을 가지고 노력해 보세요. 좋은 결과가 마중 나올 거예요.

➕➖✖️➗ Mathematics book 20

5-1 분수의 덧셈과 뺄셈

## 즐길 줄 아는 자가 이긴다!

## 《위대한 수학자의 수학의 즐거움》

레이먼드 플러드 | 베이직북스(2015)

### 수학으로 생명을 구한 나이팅게일

여러분은 수학 공부나 수학 문제를 푸는 게 즐겁나요? 대부분 즐겁지 않고 수학 공부를 왜 해야 하는지 모를 거예요. 일상생활에서 돈 계산 말고 수학이 왜 필요한지도 모를 수도 있고요. 하지만《위대한 수학자의 수학의 즐거움》에 나온 수학자들의 이야기를 읽다 보면 수학에 대한 생각을 바꾸게 될 겁니다.

《위대한 수학자의 수학의 즐거움》은 고대의 수학, 초기 유럽의 수학, 수학의 자각과 계몽기, 수학의 혁명기, 현대의 수학으로 나누어 총 97명의 수학자와 수학 이야기를 소개해요. 이 책을 통해 수학이 얼마나 많이 쓰이고 왜 중요한지 알게 될 거예요. 그리고 수학이 즐겁다는 것을 이해하고 앞으로 수학을 즐거워하게 될 수도 있어요.

여러분은 '백의의 천사' 나이팅게일을 잘 알지요? 나이팅게일은 이탈리아에서 태어나고 영국에서 활약한 간호사예요. '백의'는 흰옷이라는 뜻인데 나이팅게일이 간호사여서 그런 이름이 붙은 것이지요. 나이팅게일에 관해서는 위인전이나 다큐멘터리 등을 통해서 알고 있을 거예요. 그런데 나이팅게일이 수학으로 수많은 사람의 생명을 구했다는 것도 알고 있나요?

1853~1856년 러시아와 오스만 제국·영국·프랑스·사르데나 연합군이 크림반도와 흑해를 둘러싸고 '크림전쟁'을 하고 있었어요. 전쟁이 진행되는 동안 나이팅게일은 수학의 한 영역인 통계를 적극적으로 활용하여 군인들이 얼마나 많이 불필요하게 죽었는지 밝혀냈어요. 나이팅게일이 수집한 정보와 통계는 병원에 있는 환자 수, 나이·성별·질병으로 구분된 치료 유형, 병원에 머문 시간, 환자의 치료 정도 등이었어요. 이런 자료를 바탕으로 부채꼴 모양의 그래프를 만들었는데 이것이 나중에 '원그래프'로 발전하게 되었지요. 나이팅게일의 통계학적인 자료 수집 방법은 의료와 사회적 개선으로 이어졌습니다. 이것이 바로 수학의 힘이죠!

### 수학은 즐기는 자의 것!

나이팅게일의 일화를 통해 수학의 중요성을 알았으니 이번에는 수학 문제 푸는 즐거움을 한번 느껴 볼까요? 문제를 하나 내 볼게요.

나는 태어나서 8년 동안 부모님의 보호를 받고 자라다가 내 인생의 10분의 1은 초등학교, 20분의 1은 중학교, 20분의 1은 고등학교, 10분 1은 대학교와 대학원을 다녔다. 30분의 1 동안 군 복무를 한 다음 지금까지 15분의 8을 살고 있다. 내 나이는 몇 살일까?

어때요? 여러분은 이 문제를 풀 수 있나요? 풀이 방법도 알려 줄게요. 내 나이를 $x$라 할게요. 그러면 다음과 같이 식을 세울 수 있지요.

$$8+\frac{1}{10}x+\frac{1}{20}x+\frac{1}{20}x+\frac{1}{10}x+\frac{1}{30}x+\frac{8}{15}x=x$$

그럼 이 식을 한번 풀어 볼까요? 이 경우에는 분모가 다른 분수가 있으니 먼저 통분으로 분모를 같게 해 줘야 해요. 최소 공배수인 60으로 통분해서 풀어 보죠.

$$8+\left(\frac{6+3+3+6+2+32}{60}\right)x=x$$

$$8+\frac{52}{60}x=x$$

$$\left(1-\frac{52}{60}\right)x=8$$

$$\frac{8}{60}x=8$$

$$x=60$$

어때요? 분수의 덧셈만 할 줄 알면 별로 어렵지 않지요? 이 문제는 고대 그리스의 수학자인 디오판토스(246년경~330년경)와 관련된 것인데 제 나이로 살짝 바꾼 거예요. 그러면 디오판토스의 문제도 풀어 볼까요? 다음은 그리스 시화집에 나오는 글이에요.

이 무덤에 디오판토스가 있다. 아, 얼마나 놀라운가! 무덤에는 그의 나이가 과학적으로 기록되어 있다. 신은 그가 소년으로 인생의 6분의 1을 살도록 했고, 인생의 12분의 1이 더해졌을 때 신은 그의 턱을 솜털로 덮었다. 그리고 인생의 7분의 1이 지난 후 신은 그의 결혼 생활에 불을 붙였다. 결혼을 하고 5년 후에 신은 그에게 아들을 주었다. 슬프도다! 늦게 얻은 가엾은 아이야. 아버지가 산 인생의 절반만큼 살았을 때 가혹한 운명이 아이를 데려갔다. 4년 동안 슬픔을 과학으로 달래고 디오판토스는 그의 인생을 마쳤다.

그럼 문제를 함께 풀어 볼까요? 디오판토스의 나이를 $x$라 놓고 전체 식을 만들면 다음과 같습니다.

$$\left(\frac{1}{6}x+\frac{1}{12}x+\frac{1}{7}x\right)+5+\frac{1}{2}x+4=x$$

이 경우에도 분모가 모두 다르니 통분으로 분모를 같게 해 줘야 해요. 그럼 분모를 최소 공배수인 84로 통분해서 풀어 보죠.

$$\left(\frac{14+7+12+42}{84}\right)x+9=x$$

$$\frac{75}{84}x+9=x$$

$$\left(1-\frac{75}{84}\right)x=9$$

$$\frac{9}{84}x=9$$

$$x=84$$

그러니까 디오판토스는 84세에 세상을 떠난 거예요. 어때요? 수학 문제를 이렇게 풀어 보니 흥미롭죠? 이 문제를 응용하여 여러분도 문제를 만들어 보세요. 자기가 알고 있는 문제를 다른 사람에게 풀어 보게 하는 것도 재미있답니다.

## 물리학자인가, 수학자인가?

《위대한 수학자의 수학의 즐거움》에서는 갈릴레오 갈릴레이, 아이작 뉴턴, 제임스 클러크 맥스웰(1831~1879년), 알베르트 아인슈타인(1879~1955년) 등의 물리학자도 소개하고 있어요. 갈릴레이는 근대 물리학의 문을 활짝 열었고, 뉴턴은 고전물리학을 완성했고, 맥스웰은 전기와 자기를 통합하여 전자기학을 완성했고, 아인슈타인은 상대성 이론으로 현대 물리학을 개척했죠.

이 같은 천재 물리학자들은 수학자이기도 했어요. 갈릴레이는 코페르니쿠스의 태양중심설(지동설)을 지지했으며 1638년 《신과학 대화》라는 책에서 위치, 속도, 가속도가 시간에 따라 어떻게 달라지는지에 관한 수학적 이론을 제시했지요. 이 책에서 갈릴레이는 '지구는 돈다'는 신념을 뒷받침하는 수학적 기초를 쌓았고요. 이런 수학적 기초는 갈릴레이가 사망한 해에 태어난 뉴턴 덕분에 더욱 발전했답니다. 뉴턴은 수학과 과학에 엄청난 영향력을 미친 과학자로 미적분을 발명하여 시간 변화에 따라 움직이는 물체의 운동을 수학적으로 나타낼 수 있게 했지요.

맥스웰은 뉴턴과 아인슈타인 다음으로 가장 중요한 수리물리학자 중 한 명이에요. 수리물리학은 물리학에서 다루는 여러 가지 문제를 수학적 방법으로 접근하는 응용 수학의 한 분야랍니다. 맥스웰은 방정식 4개로 전기 현상과 자기 현상을 통합하여 전자기학이라는 물리학의 한 분야를 개척했지요. 또한 이 방정식을 통해 빛도 전자기파라는 사실을 밝혀냈답니다.

아인슈타인은 상대성 이론으로 물리학에 혁명을 일으켰고 그전까지 물리학에 쓰이지 않던 수학적 아이디어를 이용했지요. 1905년을 아인슈타인의 '기적의 해'라고 하는데, 이해에 물리학 역사를 뒤흔든 4개의 논문을 발표했기 때문이에요. 첫 번째는 광전 효과, 두 번째는 브라운 운동, 세 번째는 특수 상대성 이론, 네 번째는 질량-에너지 등가 원리를 설명하는 논문이었지요. 아인슈타인에게 수학적 아이디어를 제공한 사람은 베른하르트 리만과 헤르만 민코프스키(1864~1909년)였다고 해요. 민코프스키가 알려 준 공간과 시간에 관한 생각이 아인슈타인의 상대성 이론을 완성하는 데 수학적 기초를 마련한 것이지요.

《위대한 수학자의 수학의 즐거움》은 내로라하는 위대한 수학자뿐 아니라 현재 주목받고 있는 수학자도 소개하고 있어요. 바로 '필즈상 수상자' 코너에서 말이죠. 과학 분야에 노벨 과학상이 있다면 수학 분야에는 필즈상이 있지요.

필즈상은 노벨 과학상보다 훨씬 받기 어려워요. 노벨 과학상은 매년 살아 있는 과학자에게 수여되지만, 필즈상은 4년에 한 번씩 열리는 세계수학자대회에서 업적을 인정받은 만 40세 미만의 수학자에게 수여해요. 2014년에는 서울에서 세계수학자대회가 열렸고, 2022년 핀란드 헬싱키에서 열린 세계수학자대회에서는 프린스턴대학교 수학과 교수이자 한국 고등과학원 수학부 석학교수인 허준이가 필즈상을 받았지요.

2006년 필즈상은 러시아의 수학자 그리고리 페렐만으로 결정되었는데 페렐만은 이 상을 거부했다고 해요. 상보다는 우주의 신비를 푸는 수학이 더 중요하다고 말이죠. 수학의 즐거움과 진정한 힘 또는 위대함을 느끼고 싶다면 이 책을 천천히 읽어 보세요.

$c^2=a^2+b^2$

# 3부

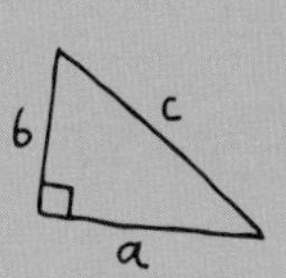


# 재미있는 수학 이야기

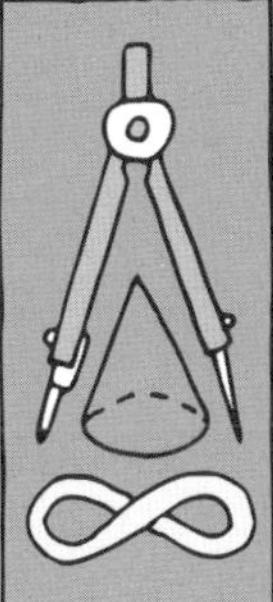

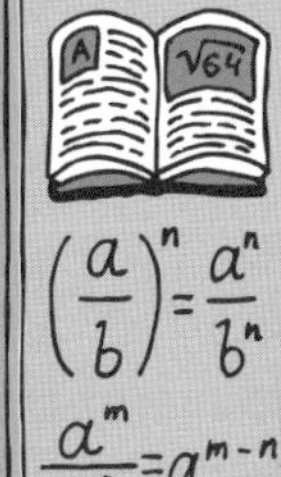


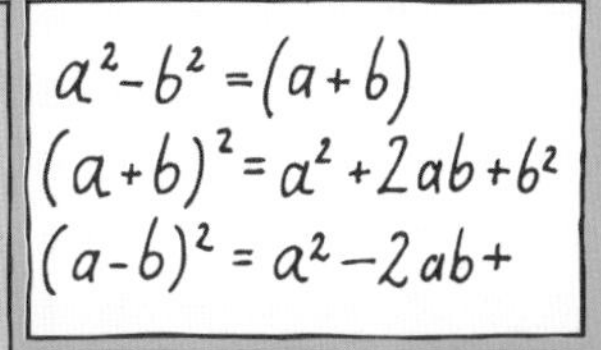


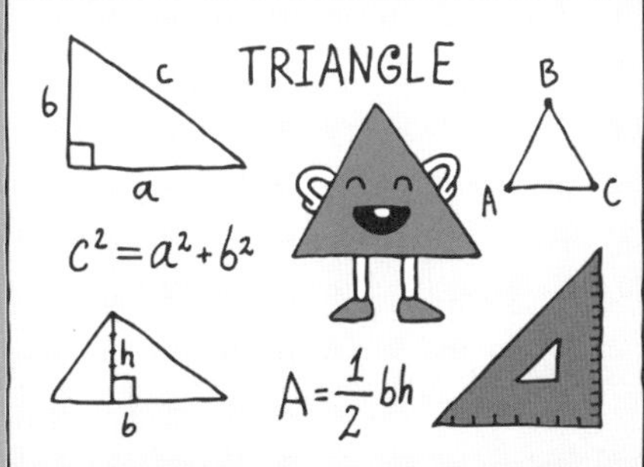

Mathematics book 21

5-1 약수와 배수 6-2 원기둥, 원뿔, 구

## 자연에 담긴 신비로운 수학

# 《세상을 움직이는 수학개념 100》

라파엘 로젠 | 반니(2016)

### 천적이 죽을 때까지 기다리는 대나무!

요즘 시골 마을에 가면 빈집을 종종 보게 되지요. 자식들은 도시로 가고 농사를 짓던 집 주인이 세상을 떠나기라도 하면 집이 더는 필요하지 않으니까요. 그런데 농촌의 집에는 주변에 대나무가 많아요. 집에 아무도 살지 않게 되면 대나무가 금세 집을 포위해 버리지요. 뿌리줄기가 워낙 깊고 멀리 뻗기 때문에 대나무는 뽑아내기 참 어렵습니다. 그런데 어느 날 길을 가다 보니 푸르고 왕성하게 자라던 대나무가 제초제를 뿌린 것처럼 일제히 말라죽었더라고요.

알고 보니 대나무는 벼과에 속하는 풀이어서 꽃을 피우면 씨앗을 남기고 죽는다고 해요. 풀과 나무의 특징이 바로 이것이랍니다. 나무는 겨울이 되어도 잎만 떨어지고 줄기는 그대로 살아 있지요. 그러나 한해살이풀은 겨울이 되면 완전히 죽고 여러해살이풀은 뿌리만 살아 있다가 봄에 줄기와 잎이 나오지요. 대나무는 '나무'라는 말이 들어가 있지만 실제로는 풀에 속해서 꽃을 피우면 죽고 말아요. 다만 70년이나 100년에 한 번 꽃을 피운다고 합니다.

일본에는 120년 만에 꽃을 피우는 일본대나무가 있다고 해요. 왜 이렇게 오랜만에 꽃을 피우는 걸까요? 과학자들은 대나무 씨앗을 먹는 설치류가 꽃을 피우기 전에 죽게 하기 위한 것이라는 분석을 내놓았어요. 식물이 오래 살아오면서 천적을 피하는 방향으로 진화한 셈이죠.

## 소수는 매미의 생존 전략?!

대나무 이야기는《세상을 움직이는 수학개념 100》에 나오는 내용이에요. 이 책은 수학에서 중요하게 다루는 개념 중 100가지를 선정해 소개하지요. 86번째로 다루고 있는 '소수' 항목을 보니 재미있는 이야기가 나오네요. 소수를 생존 전략으로 이용하는 매미 이야기예요.

한여름이 되면 도시든 시골이든 매미 소리가 들릴 거예요. 가만히 들어 보면 한 종류의 매미도 아니지요. 우리가 흔히 듣는 매미 소리는 말매미와 참매미의 소리예요. 말매미는 '왜~~~앵' 하며 끊지 않고 길게 울어요. 반면 참매미는 '왱, 왱, 왱, 왱, 왜앵~' 하고 짧게 끊어 운답니다.

이런 매미가 땅속에서 살다가 나와 날개돋이를 하는 것을 실제로 본 적이 있나요? 7월 말쯤이면 숲속이 아니더라도 집 주변에서도 매미의 날개돋이를 볼 수 있어요. 2시간 정도 지켜보면 날카로운 앞다리로 땅을 파고 나와 나무줄기나 가지를 움켜쥐고 날개돋이를 하지요. 어린벌레의 등이 갈라지고 멋진 날개를 가진 매미가 나오는 것을 보면 장엄한 생명의 신비를 느낄 수 있답니다. 그런데 이렇게 힘들게 나왔어도 2주 정도만 살다가 죽고 말아요. 매미는 알에서 깨어나 어린벌레가 되어 땅속으로 들어간 다음, 나무 수액을 빨아먹으면서 7년 정도 살다가 날개돋이를 한 후 짝짓기를 하고 알을 낳고 죽지요. 그러고 보면 매미의 수명은 7년 정도 되는 셈이네요.

매미는 '알-어린벌레(애벌레)-어른벌레'로 성장하는 안갖춘탈바꿈 곤충이에요. 나비처럼 '알-애벌레-번데기-어른벌레'로 성장하는 갖춘탈바꿈을 하는 곤충과는 한살이가 다르지요. 예를 들어 말매미가 알을 낳고 죽으면 그 알이 7년 후에 땅속에서 나와 어른 말매미가 된답니다.

그런데 미국에 사는 십칠년매미는 17년마다 한 번씩 나와요. 17년 전 알에서 깨어난 어린벌레가 땅속에서 17년을 살다가 다 함께 나오는 것이죠. 그리고 며칠 동안에 짝짓기하고 알을 낳고 죽는답니다. 그러면 17년 후에 또 일제히 나오는 거예요. 왜 하필 17년일까요? 십칠년매미뿐만 아니라 십삼년매미도 있는데 이 매미는 13년마다 일제히 나온대요. 13이나 17은 특별한 수예요. 나누어떨어지는 수가 1과 자기 자신밖에 없지요. 이런 수를 소수라고 해요. 자세히 설명해 볼게요.

1을 뺀 모든 수는 나누어떨어지게 하는 수가 2개 이상이에요. 여러 번 설명했지만 나누어떨어지게 하는 수를 약수라고 하지요. 2부터 10까지 약수는 다음과 같습니다.

2의 약수: 1, 2
3의 약수: 1, 3
4의 약수: 1, 2, 4
5의 약수: 1, 5
6의 약수: 1, 2, 3, 6
7의 약수: 1, 7
8의 약수: 1, 2, 4, 8
9의 약수: 1, 3, 9
10의 약수: 1, 2, 5, 10

여기서 2, 3, 5, 7은 약수가 2개이고, 4와 9는 약수가 3개, 6, 8, 10은 약수가 4개예요. 이렇게 약수가 2개인 2, 3, 5, 7 같은 수를 소수라고 해요. 다시 말해 1은 소수가 아니며 2를 제외한 모든 짝수도 소수가 아니에요. 그런데 소수와 매미가 무슨 상관이냐고요?

만약 어떤 매미가 6년마다 한 번씩 땅속에서 나온다고 해 볼까요? 6은 1, 2, 3, 6으로 나누어떨어지는 수이기 때문에 이런 햇수를 주기로 생활하는 동물은 매미와 생활 주기가 겹치게 되지요. 그 동물이 매미의 천적이라면 매미가 땅속에서 어렵게 나올 때마다 마주치게 될 거예요. 그렇지만 소수인 해마다 땅속에서 나온다면 천적들과 마주칠 확률이 줄어들지요. 십칠년매미는 매년 나오는 천적과는 17년, 2년마다 나오는 천적과는 34년, 3년마다 나오는 천적과는 51년이 지나야 만나게 됩니다. 십삼년매미와 십칠년매미도 같은 해에 동시에 나왔다면 다음에는 221년이 지나야 만나게 되지요. 매미가 왜 소수의 햇수를 기준으로 나오는지 알겠지요?

《세상을 움직이는 수학개념 100》에서는 '재미있고 효율적인 거품 / 부피', '눈송이의 또 다른 아름다움 / 코흐 곡선', '더 나은 컨베이어 벨트 만들기 / 뫼비우스의 띠' 등 특이하고 재미있어 보이는 개념들이 눈에 많이 띄네요. 차례를 먼저 보고 관심 있는 것부터 읽어도 좋을 것 같아요. 또 100가지 개념을 크게 네 가지로 묶어 1부 형태, 2부 행동, 3부 패턴, 4부 특별한 숫자로 정리해 놓았어요.

## 컨베이어 벨트를 오래 사용하려면?

또 하나 재미있는 내용을 소개해 볼게요. 뫼비우스의 띠에 관한 이야기예요. 종이로 된 띠를 양손으로 잡고 180도 비틀어서 붙이면 뫼비우스의 띠가 만들어져요. 아주 간단하게 만들 수 있는 띠에 엄청난 결과를 가져오는 수학이 담겨 있답니다.

뫼비우스의 띠에 연필로 선을 그어 보세요. 띠 가운데에 선을 그어 가다 보면 선이 만나게 됩니다. 그런데 앞뒤 면에 선이 모두 그어져 있어요. 만약 뫼비우스의 띠가 아니라면 선이 한쪽 면에만 그어져 있겠죠? 하지만 뫼비우스의 띠는 양쪽 모두 그어집니다. 이것이 바로 뫼

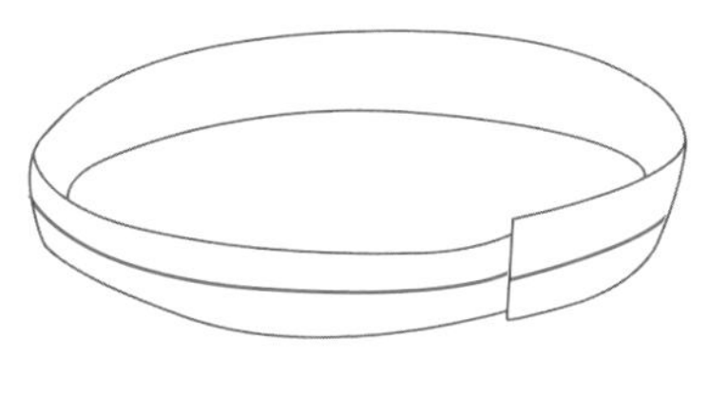

동그란 띠에 선을 그었을 때

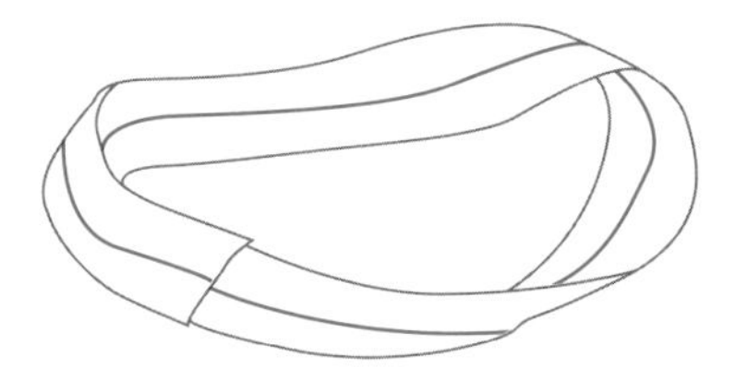
뫼비우스의 띠에 선을 그었을 때

비우스의 띠의 비밀인데 바깥쪽 면과 안쪽 면을 구분할 수 없다는 것이지요. 이것을 응용한 기술이 컨베이어 벨트랍니다.

컨베이어 벨트는 두 바퀴에 벨트를 걸어 돌리면서 그 위에 물건을 올려 연속으로 운반하는 장치입니다. 1913년 헨리 포드가 자동차 생산 공장에 설치하여 대량 생산의 길을 연 아주 중요한 발명품이지요. 1975년에는 뫼비우스의 띠 모양의 컨베이어 벨트가 개발되었어요. 이 컨베이어 벨트는 양면을 모두 사용할 수 있어서 수명이 연장되었지요. 이후 레코드 테이프나 타자기 리본 등에도 뫼비우스의 띠가 응용되었답니다.

뫼비우스의 띠는 독일의 수학자이자 천문학자인 아우구스트 페르디난트 뫼비우스(1790~1868년)가 발견했어요. 비슷한 시기에 독일의 수학자 요한 베네딕트 리스팅(1808~1882년)도 이 띠를 발견했대요. 리스팅은 이런 띠와 관련된 개념을 정리해 '위상수학'이라는 용어를 만들어 냈지요. 어렵게 느껴지겠지만 위상수학이란 찰흙 공과 접시가 위상수학적으로 같고, 손잡이가 있는 컵과 도넛이 위상수학적으로 같다는 것이에요. 찰흙으로 만든 접시가 있다고 해 보세요. 이것을 그냥 뭉치면 찰흙 공이 되지요. 그러니 수학에서는 찰흙 공과 접시가 공간상 같은 형상을 가지고 있다고 봅니다. 하지만 손잡이가 있는 컵과 도넛은 구멍이 있잖아요? 손잡이가 있는 컵도 도넛처럼 만들 수 있다고 생각해 보면 공간적으로 같다고 볼 수 있지요. 수학은 생각보다 그리 특별하지 않답니다.

이 책에는 이런 이야기가 100가지나 있지요. 아직 초등학생이라면 이 책은 좀 어려울 수 있어요. 하지만 수학은 초등학교 1학년 때 처음 배우는 '9까지의 수'가 결국에는 고등학교까지 이어지는 학문이지요. 도형도 마찬가지예요. 초등학교 1학년 때 배우는 '여러 가지 모양'이 결국 기하학으로 발전하는 것이니 기초를 탄탄하게 다지는 게 중요해요. 단원마다 배우는 개념을 확실하게 이해하고 넘어가면 어려운 수학도 해 볼 만하지요. 도전은 언제나 아름답잖아요? 수학자들에게 수학에 대해 한마디로 말하라고 하면 대부분 '수학은 아름답다'라고 해요. 수학이 왜 아름다운지 이 책을 통해 알아보세요.

Mathematics book 22

2-2 네 자리 수

## 엉뚱해서 밤새 읽는 재미

## 《재밌어서 밤새 읽는 수학 이야기》

사쿠라이 스스무 | 더숲(2013)

### 밤을 새울 수 있는 열정

여러분은 밤을 새워 본 적이 있나요? 아니면 어떨 때 밤을 새울 수 있을 것 같나요? 놀 때 말고 공부를 하거나 책을 읽느라 밤을 새운 적도 있나요? 초등학생이라면 어떤 경우라도 굳이 밤을 새울 필요는 없다고 생각해요. 성장기 때는 잠을 충분히 자는 것이 더 중요하지요.

그런데 너무 재미있는 책이라면 가끔은 밤늦게까지 읽게 되는 것 같아요. 만약 그 책이 수학책이라면 엄마 아빠가 뭐라고 하지는 않을 거예요. 그런 면에서 《재밌어서 밤새 읽는 수학 이야기》를 한번 읽어 보세요. 《재밌어서 밤새 읽는》 시리즈로 나온 책으로 수학뿐 아니라 물리, 지구과학 등 과학 이야기가 계속 출간되었지요. 특이하게도 이 시리즈에서 수학 이야기만 총 7권 나왔답니다. 앞으로 더 나올지도 모르지요.

이 책은 초등학교 고학년이나 중학생이 읽어 보면 좋을 것 같아요. 중학교에서 배우는 것이 많이 나오기 때문입니다. 그래도 수학을 재미있게 이야기하고 있어 수학에 관심이 있는 초등학생에게 추천하고 싶네요.

### 방귀 냄새를 반으로 줄이려면?

재미있는 내용 몇 가지를 소개해 볼게요. '방귀를 반으로 줄이면 냄새도 반으로 줄어들까?'라는 이야기인데요. 이것이 수학과 무슨 상관이 있을까요? 우리는 다섯 가지 감각인 시각, 청각, 미각, 후각, 촉각에 의지해서 사는데 이 감각을 느끼는 데도 어떤 법칙이 있대요.

먼저 닫힌 방에서 방귀 같은 고약한 냄새를 맡고 방향제나 공기 청정기를 사용해 반 정도로 줄였다고 가정해 보세요. 그럼에도 여전히 냄새가 난다면 '냄새가 반만' 난다고 느낄까요? 사실은 그렇지 않대요. 여전히 냄새가 고약하다고 느낀다고 해요. 냄새를 반으로 줄이려면 냄새의 90%를 줄여야 한대요.

소리도 마찬가지예요. 우리는 곤충의 소리나 콘서트의 음량을 똑같이 느낄 수 있다고 해요. 인간이 음량의 절댓값을 느끼려면 곤충의 소리는 음량이 적어서 작게 들리고 콘서트의 소리는 음량이 많아서 크게 들려야 해요. 하지만 실제로는 그렇지 않지요. 우리는 작은 소리도 큰 소리와 똑같이 느껴요. 이것은 소리의 크고 작음과 상관없이 느끼는 감각이 같기 때문이에요. 예를 들어 10의 에너지를 가진 소리가 있다면 이 소리를 몇 배로 만들어야 사람이 2배로 커졌다는 것을 느낄 수 있을까요? 보통 '2배니까 에너지의 양을 20으로 하면 되지 않을까?' 하고 생각하지요.

하지만 사람의 청각은 그리 예민하지 않대요. 2배라고 느끼게 하려면 소리를 실제로는 10배로 크게 만들어야 하지요. 그러니까 10의 에너지를 가진 소리가 100의 에너지를 가진 소리가 되어야만 2배로 느낀답니다. 3배가 되게 하려면 10×10×10으로 실제로는 10의 100배에 해당하는 에너지가 필요하지요. 소리의 세기를 나타내는 단위인 'dB(데시벨)'을 보면 10dB과 20dB은 2배 차이지만 에너지로는 10배 차이가 난답니다. 이렇게 사람의 감각은 덧셈이 아니라 곱셈으로 계산된다고 해요.

이런 사실은 수식으로 정해지기도 했어요. 독일의 심리학자 에른스트 베버(1795~1878년)와 독일의 물리학자이자 심리학자인 구스타프 테어도어 페히너(1801~1887년)가 만든 '베버-페히너 법칙'이에요. 초등학생이 이해하기에는 좀 어렵지만 풀어 보면 감각의 강도는 자극의 강도에 비례해 10배씩 커진다는 의미랍니다. 아직은 방귀 냄새의 강도를 반으로 줄이려면 그냥 반으로 줄여서는 안 된다는 점만 알면 될 것 같네요. 방귀 냄새의 강도까지 수학적으로 계산해 보다니 참 재미있네요.

## 덧셈과 뺄셈도 문화 차이?!

또 다른 이야기는 거스름돈에 관한 거예요. 여러분이 만약 마트나 편의점의 점원이라면 거스름돈을 잘 계산해야겠지요? 하지만 요즘은 컴퓨터가 거스름돈을 척척 계산해 주지요. 이처럼 필요한 계산을 기계가 다 해 주니 굳이 수학을 공부하지 않아도 된다고 생각하는 사람이 많은 것 같아요. 물론 수학에 계산만 있지는 않지만요. 점원이야 거스름돈을 직접 계산하지 않는다 해도 물건을 사러 가는 쪽에서는 거스름돈을 머릿속에서 계산해야 할 때가 있어요.

예를 들어 엄마가 10,000원을 주면서 두부 한 모와 콩나물 한 봉지를 사고 거스름돈은 용돈으로 쓰라고 한다면 얼마나 남을지 알고 싶겠지요? 두부 한 모가 2,500원이고 콩나물 한 봉지가 2,700원이라면 우선 사야 할 물건 값은 2,500+2,700이니 5,200(원)이에요. 그러면 10,000원에서 5,200원을 빼면 4,800원이 용돈이 되겠네요. 자, 거스름돈을 어떻게 계산했는지 다시 한번 생각해 볼까요? 10,000원에서 우선 5,200원을 뺐지요. 즉 10,000-5,200=4,800(원)이 되었는데 이 뺄셈을 할 때 천의 자리와 백의 자리에서 받아내림을 했답니다.

그런데 일본에는 우리와 좀 다른 거스름돈 계산법이 있다고 해요. 받아내림하지 않고 '더해서 9'가 되게 하는 방법이에요. 1,000원을 내고 342원어치 물건을 샀다고 해 보죠. 우리처럼 거스름돈을 계산한다면 모든 자리에서 받아내림을 해야 합니다. 하지만 '더해서 9' 방법은 나머지 자리에 더해서 9가 되는 수를 더하고, 일의 자리에만 더해서 10이 되는 수를 더합니다. 1,000-342를 계산할 때 백의 자리인 3에

'더해서 9'가 되는 6, 십의 자리인 4에 '더해서 9'가 되는 5, 그리고 일의 자리인 2에 '더해서 10'이 되는 8로 바꾸는 거예요. 즉 1,000-342를 999-342+1로 바꾼 것이지요. 이를 계산하면 658이라는 값이 나옵니다.

앞서 나온 엄마의 심부름도 같은 방법으로 거스름돈을 계산한다면 10,000-5,200은 9,900-5,200+100=4,700+100=4,800(원)이 되겠네요. '더해서 9' 계산법은 저도 이 책을 통해 처음 알게 되었는데 받아내림을 할 때처럼 헷갈릴 일은 없을 것 같아요. 하지만 우리는 거스름돈을 주로 뺄셈으로 계산하니까 익숙하게 쓰기는 어려울 것 같습니다.

한편 미국에서는 거스름돈을 계산할 때 덧셈을 주로 이용한답니다. 그러니까 10,000원을 가지고 5,200원어치 물건을 사면 물건 값에 얼마를 더해야 10,000원이 될지 계산하는 것이지요. 예전에 어디선가 우리나라는 '뺄셈 문화'이고 미국은 '덧셈 문화'라고 하는 말을 들은 적이 있는데 맞는 이야기인 것 같네요. 거스름돈 계산에도 문화 차이가 있다니 신기하지요?

《재밌어서 밤새 읽는 수학 이야기》는 이렇듯 흔치 않은 이야기가 많이 나와요. 수학을 공부하고 대하는 문화 차이까지 다양한 이야기가 펼쳐지지요. 차근차근 읽어 보면 수학에 대한 생각이 확실히 바뀔 것으로 보여요. 다만 앞서 말했듯이 중학교에서 배우는 수학도 나오므로 학년과 관심도를 생각해서 골라 보면 좋겠네요. 그리고 밤새우면서까지 읽지 않아도 된답니다.

**+ − × ÷ Mathematics book 23**

4-1 규칙 찾기

## 죽을 가능성도 수로 나타낸다니?!

## 《참 재밌는 수학 이야기》

애나 웰트만 | 진선아이(2022)

### 좋아하는 수와 싫어하는 수?

많은 집에서 설날이나 추석날 아침에 차례를 지낼 겁니다. 차례는 과일, 고기, 생선, 여러 가지 전(부침개) 등 음식을 차려서 조상님께 인사를 올리는 것이지요. 그런데 차례를 지내다 보면 '짝을 맞추면 안 된다'라는 말을 종종 듣게 될 거예요. 그러니까 뭐든 짝수로 올리지 말라는 이야기지요. 이처럼 우리의 생활은 여러 가지 면에서 수 또는 수학과 관련이 깊답니다.

차례나 제사 음식을 차릴 때 땅에 뿌리 내린 곡식, 채소, 과일은 짝수로 그릇 수를 준비하고, 그렇지 않은 고기나 생선은 홀수로 그릇 수를 준비한다고 해요. 물론 집안마다 조금씩 다를 수도 있죠. 그래서 '남의 집 제사에 감 놔라 배 놔라 한다'라는 속담도 있지요. 남의 일에 참견하지 말라는 의미랍니다.

러시아에서는 누군가에게 꽃을 선물할 때 홀수 송이여야 한대요. 짝수 송이는 불길하다고 생각하기 때문이지요. 《참 재밌는 수학 이야기》는 수에 관한 미신을 비롯해 40가지 주제를 각각 2쪽씩 펼쳐서 소개하고 있어요. 그래서 한눈에 보기 편하지요. 그럼 수에 관한 미신을 더 살펴볼까요?

4층이나 13층이 없는 엘리베이터나 13열이나 17열 좌석이 없는 비행기를 본 적이 있나요? 왜 4, 13, 17 같은 수를 제외했을까요? 그것은 나라마다 특정한 수가 행운이나 불운을 가져온다고 믿기 때문이에요. 우리나라, 중국, 일본은 4를 싫어하지요. '죽을 사(死)'와 발음이 같거나 비슷하기 때문이랍니다. 반면 독일에서는 4가 행운의 수이고 네잎클로버가 행운을 상징하기 때문에 좋아하지요.

한편 미국과 유럽의 여러 나라에서는 7을 행운의 수로 생각해서 일주일, 무지개 색, 음계, 세계 7대 불가사의 등에 7이 들어 있지요. 중국 사람들은 8이라는 수를 가장 좋아해요. 그래서 2008년 베이징 올림픽은 8월 8일 오후 8시 8분에 시작했지요. 하지만 인도에서는 8이 불길한 수래요. 17(1+7=8)이나 26(2+6=8)과 같이 각 자릿수를 더해서 8이 되는 수도 마찬가지예요.

더 소개해 보자면 일본에서는 9가 '고난'을 뜻하는 말과 발음이 비슷하여 싫어하지만 태국에서는 '앞으로 나아간다'라는 말과 발음이 비슷해 가장 운 좋은 수라고 생각한대요. 방콕에서 지하철을 개통했을 때 첫 승객 99,999명에게 기념품을 주기도 했답니다. 서양에서는 대개 13을 무서워해서 '13 공포증'이라는 말도 있다고 하니 세상 사람들은 수에 아주 민감한 것 같아요. 여러분은 어떤 수를 가장 좋아하고 또 싫어하나요?

## 죽을 가능성은 100만 분의 몇?

혹시 '마이크로모트'(micromort)라는 말을 들어 본 적이 있나요? '마이크로'(micro)는 100만 분의 1이라는 뜻입니다. 그래서 마이크로미터가 100만 분의 1미터예요. '모트'(mort)는 사망을 뜻하는 영어 단어인 mortality에서 따온 말입니다. 따라서 마이크로모트는 '죽을 가능성이 100만 분의 1'이라는 뜻으로 어떤 일을 할 때 얼마나 위험한지를 나타내는 척도라고 해요. 이런 척도도 다 있었네요.

예를 들어 자동차로 이동할 때는 1마이크로모트라고 하는데 100만 명 중 1명이 자동차로 이동할 때 죽는다는 의미예요. 스카이다이빙은 10마이크로모트이고, 에베레스트산 등반은 37,932마이크로모트입니다. 에베레스트산을 등반하는 것이 얼마나 위험한지 잘 알겠지요? 또한 아기가 태어날 때는 430마이크로모트, 아기를 낳을 때는 170마이크로모트라고 해요. 출산은 생각보다 꽤 위험한 일이네요. 캥거루를 만나는 경우는 0.1마이크로모트라고 하는데 이것은 몇만 분의 1일까요? 직접 한번 따져 보세요. 마이크로모트라는 말은 스탠퍼드대학교의 로널드 아서 하워드 교수가 처음 만들었답니다.

또 하나 재미있는 것은 '아들일까 딸일까 역설'이에요. 역설이란 그 자체로 모순이 되거나 논리적으로 성립되지 않는 진술을 말해요. 세상에는 맞는 말처럼 보이지만 모순되거나 불합리한 것이 많아요. 하지만 이런 역설을 수학으로 해결할 수 있지요. 만약 아이가 둘이 있는데 한 아이는 딸이라면 다른 아이도 딸일 가능성은 얼마나 될까요? 언뜻 보면 아들 아니면 딸이니 확률은 50%가 되지요. 그런데 실제로는 다른 아이가 딸일 가능성은 3분의 1밖에 되지 않아요. 논리적으로 맞지 않는 것 같지요? 그래서 역설이라고 해요. 이름도 '아들일까 딸일까 역설'이라고 한대요.

그럼 왜 3분의 1밖에 안 되는지 생각해 볼까요? 우선 아이가 둘인 가족이 만들어지는 경우는 네 가지예요. 딸-아들, 딸-딸, 아들-딸, 아들-아들이지요. 그런데 이미 딸이 하나 있으니까 아들-아들은 될 수 없지요. 그러면 딸-아들, 딸-딸, 아들-딸 세 가지 경우만 남게 돼요. 이 중 두 가지 경우가 한쪽은 딸이고 다른 쪽은 아들이에요. 그러니까 다른 아이가 아들일 가능성은 3분의 2이고 딸일 가능성은 3분의 1밖에 안 되는 거죠. 어때요? 다른 아이도 딸일 가능성이 반반이 아니지요?

## 그런 거 같기도 하고, 아닌 것도 같기도 하고

역설 중에 아주 유명한 것이 고대 그리스의 수학자 제논이 말한 '제논의 역설'이에요. 먼 옛날 그리스에서 어떤 거북이 영웅 아킬레우스에게 100미터 달리기를 하자고 했대요. 느림보 거북이 영웅에게 달리기 대결을 하자고 하다니 바보 거북인가 봐요. 아킬레우스는 거북보다 2

배 더 빨리 달릴 수 있는데 말이지요. 그런데 거북은 아킬레우스보다 20미터만 앞에서 달리면 자기가 반드시 이길 거라고 주장했어요. 그 주장이 너무나 그럴듯해서 아킬레우스는 시합도 하기 전에 패배를 인정했답니다.

거북의 주장은 이랬어요. 거북이 20미터 앞에서 출발하면 아킬레우스가 거북을 향해 출발하지요. 아킬레우스가 거북이 있던 20미터 지점까지 오면 그사이에 거북은 10미터를 달려 30미터 지점에 있게 되지요. 아킬레우스가 10미터를 더 달려 30미터 지점까지 오면 거북은 5미터를 달려 35미터 지점까지 오지요. 또 아킬레우스가 5미터를 달려 35미터 지점까지 오면 거북은 2.5미터를 달려 여전히 앞서 있지요. 이렇게 따지면 아킬레우스가 거북보다 2배 빨리 달려도 결코 거북을 따라잡을 수 없어요. 어딘가 이상하지요? 그래서 역설이라고 하는 거예요.

이 문제는 아킬레우스와 거북이 결승점을 통과하는 데 걸리는 시간을 비교해 보면 쉽게 해결된답니다. 아킬레우스가 거북보다 2배 더 빨리 달리니까 아킬레우스가 100미터 결승점에 도착하면 거북은 50미터를 달려 70미터 지점에 있게 되겠지요? 30미터 차이로 아킬레우스가 이길 수밖에 없어요.

### 재미없는 수학은 가라!

수학의 재미는 뭐니 뭐니 해도 어려운 문제를 풀었을 때일 거예요. 《참 재밌는 수학 이야기》에 있는 문제 하나를 풀어 볼까요? 바로

'SUM+SUM=DONE'이라는 문제입니다. 이런 문제를 '복면산'이라고 해요. 수가 가려져 있다는 것이지요. 같은 문자는 같은 수라는 것이고 모두 0부터 9까지의 수예요. 정답이 하나가 아니니 가족들과 누가 더 정답을 많이 찾는지 시합해 봐도 좋을 것 같네요. 간단한 문자로 된 복면산이지만 받아올림이 있는 세 자리 수의 덧셈을 잘 알아야 풀 수 있는 문제지요. 여러분의 몇 개의 정답을 찾았나요?

그런데 수학에는 풀리지 않는 문제도 있어요. 2000년 미국의 클레이수학연구소는 앞으로 풀어야 할 '7가지 문제'에 '밀레니엄 문제'라는 이름을 붙이고 누구든 풀면 100만 달러를 상금으로 주겠다고 약속했어요. 그런데 2002년 러시아의 수학자 그리고리 페렐만이 그중 하나인 '푸앵카레 추측'이라는 문제를 풀었어요. 이 풀이가 맞는지 확인하는 데도 4년이 걸렸다고 해요. 페렐만은 상금 100만 달러를 거절했다고 해서 또 한 번 화제가 되기도 했지요.

또 수학에는 어려운 문제가 아닌 것 같은데 풀리지 않은 문제가 있어요. 여러분도 설명을 잘 읽고 한번 풀어 보세요. 먼저 자연수 하나를 골라요. 고른 수가 짝수면 2로 나누어요. 홀수라면 3을 곱하고 1을 더해요. 이 과정을 되풀이하면 어떤 수든 마지막에는 1이 될까요? 이것이 문제예요. 우선 제가 좋아하는 26을 넣어서 계산해 볼게요. 짝수이니 2로 나누면 13이에요. 13은 홀수이니 3을 곱하고 1을 더하면 40이 되네요. 계속 되풀이해 볼게요.

26-13-40-20-10-5-16-8-4-2-1

26부터 10번 만에 1로 돌아왔네요. 여러분도 좋아하는 수로 한번 해 보세요. 그런데 26보다 1 작은 수인 25는 21번 만에 1이 되고, 1 큰 수인 27은 무려 111번 만에 1이 되었답니다.

수학자들은 무슨 수로 시작하든 이 문제에서는 마지막에 1이 된다고 생각해요. 하지만 확실히 그렇다고 말하지는 못합니다. 지금까지 아주 많은 수가 1이 되는 것을 확인했지만 모든 수를 다 해 볼 수는 없으니까요. 90년이 지나도록 아직 풀리지 않은 이 문제를 그래서 '콜라츠 추측'이라고 부른답니다.

이런 비슷한 문제가 또 있어요. '골드바흐 추측'이라고 하는 문제로 풀리지 않는 문제 중 가장 오래된 것이에요. 바로 '2보다 큰 모든 짝수는 소수 둘을 더한 것과 같다'는 것이에요. 여러분은 소수가 무엇인지 알지요? 여기서 말하는 소수는 1과 자기 자신으로만 나누어떨어지는 수를 말해요. 즉 약수가 1과 자신밖에 없는 수예요. 2는 약수가 1과 2로 가장 작은 소수예요. 11은 약수가 1과 11밖에 없어 소수가 되지요.

그러면 2보다 큰 짝수를 소수 둘의 합으로 나타내 볼까요? 4는 2+2, 28은 5+23 또는 11+17, 42는 5+37, 11+3, 13+29, 19+23과 같이 나타낼 수 있지요. 그런데 수가 클수록 확인하기가 어려워지고 모든 짝수를 다 해 보기 어려우니 아직 풀리지 않는 문제가 된 것이랍니다.

《참 재밌는 수학 이야기》는 여느 수학책처럼 여러 가지 주제를 다루고 있지만 그동안 몰랐던 것을 많이 알아가는 재미가 있는 것 같아요. 이 책을 통해 수학의 색다른 재미를 느끼길 바랍니다.

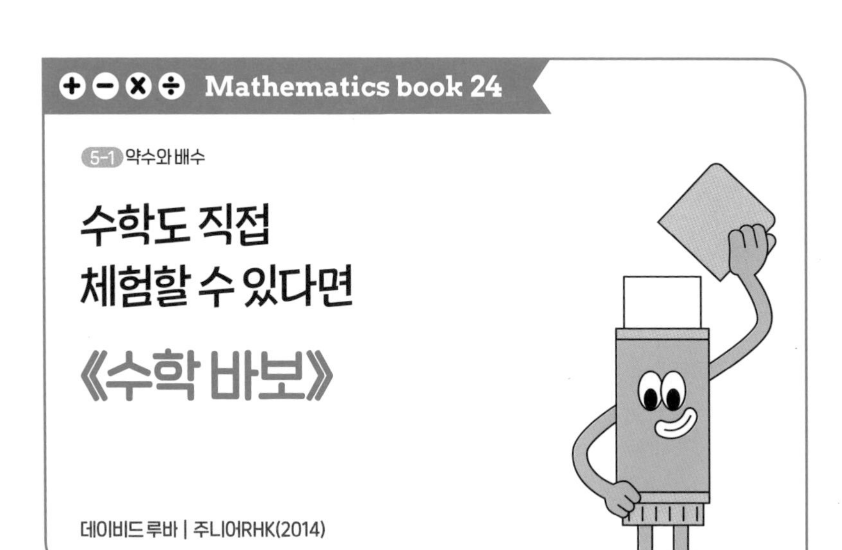


## 수학을 보여 주는 체험관을 찾아라!

어린이 과학 잡지와 수학 잡지를 20년 정도 만들면서 생긴 습관이 몇 가지 있어요. 그중 하나가 여행을 가게 되면 그곳에 과학관, 자연사박물관, 수학 체험관, 식물원이나 수목원이 있는지 찾아보는 거랍니다.

언젠가 처음으로 미국에 해외 취재를 갔어요. 워싱턴에 있는 박물관 단지를 보고 충격받았던 것이 생생하게 기억나네요. 링컨기념관과 국회의사당이 멀리서 마주 보고 있는데 그 옆으로 스미소니언국립자연사박물관, 항공우주박물관, 국립미술관 등 엄청나게 큰 박물관들이 줄지어 있었지요. 그런데 수학 관련 박물관이나 전시관 또는 체험관은 찾지 못했답니다.

그러다 2012년 뉴욕에 국립수학박물관이 개장했다는 소식을 들었어요. 세계 최초의 수학 박물관은 2002년 독일 기센에 세워진 '마테마티쿰'이에요. 그러니까 과학 관련 박물관, 전시관, 체험관 등에 비해 수학 관련 박물관은 비교적 최근에 세워졌다고 볼 수 있지요.

우리나라에도 수학 전문 전시관이 두 군데 정도 있어요. 서울노원수학문화관과 부산수학문화관이에요. 지금까지 수학 박물관 이야기를 한 것은《수학 바보》라는 책이 로건과 베네딕트가 수학 박물관에 견학 갔다가 로봇을 잘못 건드려 수학 감각을 잃게 되는 이야기이기 때문이에요. 두 사람은 수학 감각을 되찾기 위해 수학 박물관에서 수학 체험을 하면서 문제를 풀어 나가지요. 여러분도 로건과 베네딕트가 되어 수학 감각을 찾아보세요.

《수학 바보》에 나오는 문제 하나를 내 볼게요. '1부터 99까지 더하라'는 문제예요. 수학 감각을 잃은 로건과 베네딕트는 2분 안에 이 문제를 풀었을까요? 이 문제는 천재 수학자 카를 프리드리히 가우스가 열 살 때 선생님이 '1부터 100까지 더하라'고 하자마자 푼 것으로 유명하지요. 다만 이 책에서는 1부터 99까지 더하는 거예요. 방법은 똑같아요. 1과 99를 더하면 100이고 2와 98을 더하면 역시 100이지요. 계속하면 49와 51을 더해 100이 되는데 이런 것이 49개 있으니 4,900이고 나머지 50을 더하면 정답은 4,950이지요. 1부터 100까지 더한다면 여기에 100만 더하면 되니 5,050이네요.

## 어떤 수로 나누어떨어지는지 보는 습관

제 또 다른 습관은 지나가는 자동차의 번호가 3으로 나누어떨어지는지 보는 것이랍니다. '별 습관이 다 있구나' 하는 생각이 들 거예요. 그런데 습관이 참 무서운 게 한번 자리 잡으면 잘 없어지지 않더라고요. 로건과 베네딕트에게 주어진 문제를 한번 살펴볼까요?

**5분 안에 다음 중 답이 틀린 것을 하나 고르시오.**

① 478×18=8,604

② 27×135=3,645

③ 9×18,726=168,534

④ 58×72=4,176

⑤ 72×388=27,136

이 문제를 5분 안에 풀 수 있나요? 저는 10초 만에 풀었답니다. 제 습관과 관련된 문제라서요. 이 문제를 딱 보았을 때 수학 감각이 있다면 일의 자리끼리 먼저 곱해 보았을 거예요. 일의 자리끼리 곱해서 답에 나온 일의 자리가 되지 않으면 틀린 계산이 되니까요. 그런데 일의 자리 계산은 모두 맞지요? 그럼 이제 하나하나 곱해 봐야 할까요? 이 문제에 숨은 규칙을 찾으면 빠르게 풀 수 있답니다.

이 수들은 3으로 나누어떨어지는 수와 관련이 있어요. 어떤 수가 3으로 나누어떨어지는지 금세 아는 방법이 있답니다. 3의 단 곱셈 구구를 외우면서 3의 배수를 보면 3, 6, 9, 12, 15, 18, 21, 24, 27, …

이지요. 두 자릿수인 것은 자릿수끼리 더해요. 12는 1+2=3, 15는 1+5=6, 18은 1+8=9, 21은 2+1=3, 24는 2+4=6, 27은 2+7=9. 어때요? 3의 배수가 되는 수는 각 자릿수를 더하면 모두 3, 6, 9 중 하나가 돼요. 3의 배수인 수는 3으로 나누면 당연히 나누어떨어지겠지요?

예를 들어 2,679는 3으로 나누어떨어질까요? 2+6+7+9=24이고 24는 2+4=6이므로 3의 배수예요. 그러니까 3으로 나누어떨어지지요. 그렇다면 6으로 나누어떨어지는지 알려면 어떻게 할까요? 6은 3×2지요. 즉 3의 배수인 2를 곱하면 6의 배수가 되고, 3의 배수 중 짝수는 6의 배수이기도 하다는 거예요. 그러니까 2,679는 3의 배수이기는 하지만 홀수이므로 6의 배수는 아니에요. 2,676이라면 3의 배수이고 짝수이므로 6의 배수이기도 하지요.

또 어떤 수가 9로 나누어떨어지는지 알려면 어떻게 할까요? 9의 배수는 9, 18, 27, 36, 45, 54, 63, 72, 81, …이지요. 이런 수는 각 자릿수끼리 더하면 모두 9가 된답니다. 예를 들어 123,456,789는 9의 배수일까요? 1부터 9까지 더하면 45이고 각 자릿수를 더하면 9가 되니까 9의 배수가 맞네요. 이런 사실을 알고 있다면 이 문제를 금방 풀 수 있을 거예요.

다시 문제를 살펴볼까요? 곱하는 수나 곱해지는 수 중 하나가 모두 9의 배수예요. 그러면 정답도 당연히 9의 배수가 되어야 하지요. 그러면 이제 ①~⑤번의 값이 9의 배수인지 각각 계산해 볼까요? ①~④번까지는 각 자릿수를 더하면 모두 9가 되니까 9의 배수가 맞아요. 하지만 ⑤번 27,136은 2+7+1+3+6=19이고 19는 1+9=10 그리고 10은

1+0=1이니까 9의 배수가 아니에요. 자동차 번호가 3으로 나누어떨어지는지 보는 습관이 나쁘지는 않지요?

더 쉬운 방법도 있어요. 예를 들어 2,576,934가 3의 배수인지 볼 때 각 자릿수끼리 더하는 것도 귀찮지요? 이럴 때는 3의 배수인 6, 9, 3은 생각하지 않고 나머지 2, 5, 7, 4만 더하는 거예요. 그러고 보니 2와 7, 5와 4를 더하면 각각 9가 되네요. 6, 9, 3도 더하면 18이고 1과 8을 더하면 9가 되지요. 이 수는 짝수이기도 하니 3의 배수, 6의 배수, 9의 배수예요. 9로 나누어 보니 몫이 286,326이에요. 이 수도 역시 9의 배수라는 걸 잘 알겠지요? 그냥 별생각 없이 적은 수인데 3, 6, 9의 배수였네요.

어쩌면 이 글을 보고 나서 많은 사람이 지나가는 자동차의 번호가 3으로 나누어떨어지는지 보지 않을까 싶네요. 먼저 집에 있는 자동차의 번호부터 따져 보겠지요? 여기에 더해 핸드폰 번호나 주민등록번호도 3으로 나누어떨어지는지 생각해 보세요. 수학을 항상 가까이하는 습관이랍니다.

근데 왜 하필 3으로 나누어떨어지는 수냐고요? 모든 수는 1로 나누어떨어지니 의미가 없고, 모든 짝수는 2로 나누어떨어지지요. 4로 나누어떨어지는 수는 십의 자리까지만 4의 배수인지 보면 되고요. 5로 나누어떨어지는 수는 일의 자리가 0 또는 5이고요. 8로 나누어떨어지는 수는 백의 자리까지만 8의 배수인지 보면 되지요. 7로 나누어떨어지는 수는 좀 복잡하고요. 그러니 3으로 나누어떨어지는지 보는 것이랍니다.

## 무시하면 큰일 나는 거듭제곱

아 참! 주인공 로건과 베네딕트는 무사히 수학 감각을 되찾았을까요? 아직도 여러 가지 문제를 해결해야 해요. 여러분이라면 하루에 만 원씩 1년 동안 받는 것과 첫째 주에 1원, 둘째 주에 2원, 셋째 주에 4원, 다음 주에는 그 전주의 2배씩 받는 것 중 무엇을 선택할 것 같나요? 하루에 만 원이면 1년이면 365만 원이네요. 반면 1원씩 받으면 1년은 52주밖에 안 되니까 365만 원도 안 될 것 같지요?

이 문제는 아주 유명한 거예요. 시작은 인도인데요. 왕이 매일 같이 심심해하자 한 신하가 전쟁놀이를 할 수 있는 판과 말을 만들어 주었대요. 바로 '체스'예요. 64개의 작은 직사각형으로 된 판에서 말을 움직여 공격하기도 하고 방어하는 놀이지요. 왕은 이 놀이가 너무 재미있어서 신하에게 상을 주려고 했어요. 신하는 사양했지만 왕은 꼭 주고 싶었지요. 마지못해 신하는 체스판 64개의 작은 직사각형마다 하루는 밀 1알, 다음 날은 밀 2알, 그다음 날은 전날의 2배인 4알씩 달라고 했대요. 왕은 너무 겸손하다며 흔쾌히 승낙했지요.

열흘 정도 지나자 재정을 담당하는 관리가 왕에게 말했대요. 이렇게 밀을 주다가는 온 세상의 밀을 다 주어도 모자랄 것 같다고 말이지요. 왜 그럴까요? 다시 아까 문제로 돌아가 볼까요? 첫째 주에 1원, 둘째 주에 2원, 셋째 주에 4원씩 주면 1+2+4+8+16+32+… 이렇게 52주 동안 주어야겠지요? 이것은 2의 거듭제곱으로 나타낼 수 있어요. $1+2^1+2^2+2^3+2^4+2^5+\cdots$처럼 말이지요.

이런 식으로 52주 동안 준다면 $2^{51}$이 되겠지요? 2를 51번 곱할 수 있나요? 계산기가 없으면 엄청 어렵지요. 다행히 계산기에는 같은 수를 계속 곱하는 방법이 있어요. 숫자 '2'와 '×' 버튼을 누른 다음 다시 '2'와 '=' 버튼을 누르면 4가 나와요. 이 상태에서 '×'와 '2'를 누르지 말고 '=' 버튼을 계속 누르는 거예요. 그러면 8, 16, 32가 차례로 나와요. 32는 $2^5$이니까 여섯 번째 주에 받는 액수예요. 그러니까 '2×2=4'를 한 다음 '='를 48번 누르면 $2^{51}$이 되지요.

실제로 해 볼게요. 4가 나온 상태에서 '='를 20번 누르니까 4,194,304원이 되네요. 하루에 만 원씩 받는다 치면 1년에 365만 원인데, 1원씩 받는 방법으로 하니까 23주째에 400만 원이 넘어가네요. 여기서 '='를 5번만 더 눌러도 1억 원이 넘고요. 그러니 $2^{51}$은 계산기로도 계산하기 어려운 수가 되지요. 더 중요한 것은 받아야 할 총 액수는 일주일마다 받는 돈을 모두 더한 값이라는 거예요. 심지어 인도의 신하는 셋째 날부터 전날의 2배를 받는 것이니 재정 담당 관리가 온 세상 밀도 모자란다고 할 수밖에 없지요. 체스판을 만든 신하는 그만큼의 밀을 정말 받으려고 한 것이 아니라 수학의 힘이 이렇게 대단하다는 것을 보여 주려고 한 것이겠지요.

수학을 무시하며 수학 박물관에 들어갔다가 '수학 바보'가 된 로건과 베네딕트가 어떤 수학 문제를 풀어 가며 수학 감각을 되찾는지 책을 읽어 보세요. 《수학 바보》는 2013년에 미국에서 출간되었는데, 지은이인 데이비드 루바가 2012년에 미국에 설립된 국립수학박물관을 보고 이 책을 썼는지는 알 수 없어요. 아무튼 우리나라에 큰 수학 박물관이 생겼으면 좋겠네요.

'백문이 불여일견'이고 '백견이 불여일행'이라고 하잖아요? 백 번 듣는 것은 한 번 보는 것만 못하고, 백 번 보는 것은 한 번 해 보는 것만 못하다는 말이지요. 수학도 체험해 보면 생각하는 것이 많이 달라질 거예요.

**+ − × ÷ Mathematics book 25**

5-1 약분과 통분 5-2 분수의 곱셈

## 빵을 만들 때 수학이 필요한 이유

## 《수학 유령 베이커리》

김선희 | 살림어린이(2013)

### 수학을 잘해야 빵집 조수가 된다?!

보통 엄마와 아이라면 이런 대화를 자주 하게 되지요.

**엄마:** 이제 게임 좀 그만하고 수학 문제라도 풀지?

**아이:** 수학을 공부해서 얻다 쓰는지 모르겠어요.

**엄마:** 수학이 일상생활에서도 얼마나 필요한데 그래.

**아이:** 어휴, 수학은 덧셈과 뺄셈만 할 줄 알면 된다고요. 저는 열심히 게임해서 최고의 게이머가 될 거예요.

**엄마:** 게임을 잘하는 데도 수학적 사고력이 필요하다고!

그런데《수학 유령 베이커리》를 읽으면서 엄마와 핑거라는 아이의 정반대 대화를 보고 저도 모르게 '큭' 하고 웃고 말았어요. 대화를 잠깐 볼까요?

**엄마:** 이휴, 넌 오늘도 방에서 꼼짝도 하시 않니? 핑거야, 이제 그만 좀 해. 수학을 그렇게 열심히 공부해서 어디에 쓰려고 그래.

**핑거:** 수학이 일상생활에서도 얼마나 필요한데요.

**엄마:** 수학이 일상생활에서 필요하다는 말은 내 평생 처음 들어 본다.

**핑거:** 모르시는 말씀. 수학은 문제 해결 능력을 키우는 과목이잖아요. 수학 문제뿐만 아니라 살아가면서 부딪치게 될 문제를 논리적으로 잘 풀어 가려면 수학적 두뇌가 있어야 한다고요.

세상에 이런 대화가 있을까요? 아마도 없을 거예요. 어쩌면 유령 세계이니까 가능할 수도 있죠.《수학 유령 베이커리》의 주인공인 핑거는 세상에서 가장 맛있는 빵을 만드는 빵집 주인이 되고 싶어 해요. 핑거가 사는 유령 마을에는 '빵아저씨의 즐거운 빵집'(줄여서 빵빵집)이라는 빵집이 있어요. 핑거는 마침 빵을 사러 갔다가 빵빵집에서 조수를 구한다는 안내문을 보게 되지요. 조수가 되면 빵아저씨의 제빵 기술을 모두 배울 수 있지만 엄격한 심사를 통과해야 한대요.

빵아저씨가 말하는 엄격한 심사란 분수와 소수를 잘 알아야 한다는 것이었어요. 빵을 만들려면 분수와 소수가 중요하거든요. 핑거는 엄마와의 대화에서도 알 수 있듯이 수학 문제 푸는 것이 취미예요. 학교에서도 수학 시간을 가장 좋아하고 어려운 수학 문제일수록 꼭 끝까지 풀어야 직성이 풀리는 성격이랍니다.

마침내 빵아저씨의 조수가 되기 위한 치열한 경쟁이 시작되지요. 마들렌, 더치, 모카라는 유령도 조수가 되겠다며 시험에 참가했거든요. 빵아저씨는 조수 1명을 뽑기 위해 어떤 수학 문제를 낼까요? 여러분도 문제가 나오면 책을 잠깐 덮고 문제부터 풀어 보세요.

## 바보셈을 하는 이유

초등학교 수학 교과서를 넓게 보면 먼저 수를 배워요. 1학년 때 한 자리 수를 배우고 4학년이 되면 만, 억, 조까지 큰 수를 배우지요. 그다음은 도형 영역으로 삼각형, 사각형, 원, 평면도형, 각도, 입체도형을 배우고 6학년 2학기에는 원뿔, 원기둥, 구까지 배우지요. 그리고 비교하기, 규칙 찾기, 분류하기, 표와 그래프 등을 배우는데 가장 큰 비중을 차지하는 것은 역시 수와 연산이에요. 덧셈, 뺄셈, 곱셈, 나눗셈을 배우고 그다음 3학년 1학기에 분수와 소수를 배우는데 이때 학생들이 처음으로 수학이 어렵다는 생각을 많이 한대요.

분수와 소수는 기본적으로 1보다 작은 수를 표현하고 계산하는 것이에요. 평상시에는 1보다 큰 수를 많이 쓰기 때문에 1보다 작은 수는 익숙하지 않죠. 특히 분수의 덧셈, 뺄셈, 곱셈, 나눗셈은 자연수의 사칙연산에 비해 어려워요. 앞서 살짝 설명했지만 분모가 다른 분수의 덧셈과 뺄셈을 할 때는 통분으로 분모를 똑같이 만들어야 하는데 처음에는 쉽지 않거든요.

그래서 처음 분수의 덧셈을 할 때 많은 학생이 '바보'가 되지요. 무슨 말이냐고요? 예를 들어 분수의 덧셈을 모르면 $\frac{1}{2}+\frac{1}{3}$을 할 때 분모는 분모끼리 분자는 분자끼리 더해서 $\frac{2}{5}$라고 답하지요. 이런 셈을 '바보셈'이라고 해요. 정확하게 덧셈을 하면 분모인 2와 3의 최소 공배수인 6으로 통분을 해서 $\frac{1}{2}+\frac{1}{3}=\frac{3}{6}+\frac{2}{6}=\frac{5}{6}$가 되지요.

그런데 그거 알아요? $\frac{1}{2}+\frac{1}{3}=\frac{2}{5}$라는 바보셈도 때로는 맞는다는 거요. 어떤 야구 선수가 어제 2타수 1안타를 쳐서 분수로는 $\frac{1}{2}$이 되고, 오늘 3타수 1안타를 쳐서 분수로 $\frac{1}{3}$이 됐다고 해 보죠. 그러면 어제와 오늘을 합치면 5타수 2안타가 되어 $\frac{2}{5}$가 되지요. 그러니까 바보셈이 늘 바보 같은 건 아니예요. 물론 학교 시험에서 이렇게 계산하면 틀렸다고 하지만요.

아무튼 바보셈처럼 매번 계산하지 않으려면 처음 배울 때 개념을 확실히 알아 두어야 해요. 수학은 개념을 제대로 알면 학년이 높아질수록 기본이 탄탄해지는 과목이랍니다. 그러면 빵아저씨가 낸 1차 시험 문제를 함께 풀어 볼까요?

180개의 빵 중 $\frac{5}{9}$는 초코빵, $\frac{1}{4}$은 치즈빵이라면 나머지 과일빵은 몇 개일까?

이런 문제는 초등학교 5학년 2학기 '분수의 곱셈' 단원에서 배우는 내용이에요. 아직 어리더라도 분수의 의미를 잘 알면 풀 수 있지요. $\frac{5}{9}$는 전체를 똑같이 9로 나누었을 때 5라는 것이고, $\frac{1}{4}$은 전체를 똑같이 4로 나눈 것이 1이라는 거예요.

먼저 전체인 180을 9로 나누면 20이고 이것이 5개 있으니 20×5가 되어 초코빵은 100개네요. 또 전체인 180을 4로 나누면 45이고 이것이 1개 있으니 치즈빵은 45개예요. 그러면 180에서 100을 빼고 45를 더 빼면 과일빵은 35개가 되지요. 어때요? 분수의 개념을 알면 쉽게 구할 수 있지요?

1차 시험에 통과한 4명에게 바로 2차 시험 문제가 주어졌어요. 하지만 2차 시험에서는 마들렌이라는 여자아이 유령이 그만 탈락하고 말았어요. 핑거는 마들렌을 10년에 한 번씩 돌아오는 유령 나라의 명절날에 놀이동산에서 만난 적이 있었어요. 사실 핑거는 그날 마들렌을 보고 한눈에 반했답니다. 하지만 빵빵집의 조수가 되는 게 더 중요했기 때문에 시험에 집중하지요. 그런데 3차 시험 전날 핑거가 누군가에게 납치되고 말았어요. 비밀의 방에 갇힌 핑거는 그곳에 사는 마루 유령에게서 3차 시험이 끝날 때까지 누군가 가두어 놓았다는 얘기를 듣게 되었습니다.

위기의 순간, 핑거는 비밀의 방에서 비밀 통로로 가는 문제를 풀어 3차 시험 시작 직전에 빵빵집에 도착해요. 그리고 3차 시험에서 모카가 탈락하면서 마지막 시험에는 핑거와 더치만 남습니다. 비밀의 방에 핑거를 가둔 유령은 누구일까요? 여러분은 짐작이 가나요? 계속해서 4차 시험과 마지막 시험까지 핑거와 함께 도전해 보세요. 끝까지 문제를 푼다면 분수와 소수에 대해 더 큰 자신감이 생길 거예요.

Mathematics book 26

5-1 분수의 덧셈과 뺄셈

# 수학으로 가득한 캠프장

## 《캠핑할 때도 수학이 필요할까?》

샤르탄 포스키트 | 사파리(2021)

###  캠핑에서 찾은 거대한 삼각형과 육각형

엄마 아빠와 캠핑을 간다면 어느 계절이 가장 좋을까요? 사람마다 좋아하는 계절이 다르겠지요? 저는 겨울이 좋아요. 밤에 장작불을 바라보며 이런저런 이야기를 하면 밤이 깊어갈수록 가족 간의 사랑도 깊어지지요. 고개를 들어 하늘을 보면 눈이 부시도록 푸른 시리우스가 보여요. 시리우스는 큰개자리의 일등성으로 밤하늘에서 가장 밝은 별이랍니다. 겨울철 캠핑의 참맛은 쏟아질 듯한 밤하늘의 별을 관측하는 것이라고 생각해요. 겨울의 밤하늘에는 아주 밝게 보이는 일등성이 가득하지요.

겨울의 대삼각형이라는 말을 들어 보았나요? 영어로는 '윈터 트라이앵글'(Winter Triangle)이라고 해요. 큰개자리의 시리우스, 오리온자리의 베텔게우스, 작은개자리의 프로키온을 연결하면 겨울철 남쪽 밤하늘에 거대한 삼각형이 만들어지지요.

한편 오리온자리 주변에 있는 일등성들을 연결하면 거대한 육각형이 만들어진답니다. 큰개자리의 시리우스, 오리온자리의 리겔, 황소자리의 알데바란, 마차부자리의 카펠라, 쌍둥이자리의 폴룩스, 작은개자리의 프로키온 말이지요. 이를 겨울의 대육각형, 즉 '윈터 헥사곤'(Winter Hexagon)이라고 합니다. 헥사곤이 육각형이라는 것을 알 수 있겠지요? 여기에 낮에 쳐놓은 그늘막인 '헥사타프'까지 있다면 하늘에는 겨울의 대육각형, 땅에는 그늘막 육각형이 우리를 도형의 세계로 안내하지요.

이렇게 캠핑을 하다 보면 텐트와 캠프장 주변이 온통 수학에 둘러싸여 있다는 것을 깨닫게 되지요. 그래서《캠핑할 때도 수학이 필요할까?》라는 책도 있답니다. 영국에서 출간된 이 책은 '플랩북'으로 되어 있어서 접힌 부분을 펼쳐 가며 볼 수 있죠. 캠핑과 수학의 관련성을 잘 보여 주면서 책장을 들춰 보는 재미가 쏠쏠해요. 플랩북이라고 해서 어린 학생들이 본다고 생각하면 안 돼요. 이 책에는 초등학교 5학년 때 배우는 입체도형 등 고학년 수준의 수학도 나온답니다. 물론 다 그런 것은 아니니 겁부터 먹지는 말고요.

##  다리가 8개인 문어가 옥토퍼스인 이유

밤하늘에서 볼 수 있는 육각형인 헥사곤이 그늘막에도 있다고 했지요? 바로 헥사타프인데요. '타프'(tarp)는 방수포를 뜻하는 '타폴린'(tarpaulin)의 줄임말이에요. 이를 캠핑에서 그늘막 또는 방수막으로 사용하면서 타프라고 부르게 되었지요. '헥사'(hexa)는 그리스어로 6을 의미하는 접두사예요. 그래서 헥사타프하면 육각형 모양의 타프를 뜻하지요. 타프는 사각형 모양도 있어요. 이를 '렉타타프'(rectatarp)라고 합니다. 이 정도면 '렉타'(recta)가 4를 의미한다는 것을 알 수 있겠지요?

수와 관련된 접두사를 또 알아볼까요? 다리가 8개인 문어를 영어로 '옥토퍼스'(octopus)라고 하잖아요? 여기서 '옥토'(oct)는 8을 의미하는 접두사이고 퍼스(pus)는 다리를 뜻합니다. 또한 미국 국방성을 '펜타곤'(Pentagon)이라고 하는데 '펜타'(penta)는 5를 의미하지요.

한편 '테트리스'(Tetris)라는 게임 이름은 4를 의미하는 접두사 '테트라'(tetra)에서 왔어요. 테트리스 게임에 나오는 도형이 정사각형 4개를 변끼리 이어 붙인 모양이거든요. 이런 모양을 '테트로미노'라고 해요.

## 사탕의 개수도 방정식으로 알아낸다!

《캠핑할 때도 수학이 필요할까?》는 엄마·아빠·아들·딸 그리고 강아지 1마리가 캠핑을 준비하면서 시작되지요. 접힌 부분을 하나씩 들춰보면 그 안에 퀴즈나 수학에 관한 설명이 담겨 있답니다. 첫 번째 퀴즈는 '4명의 가족과 강아지 1마리가 캠핑을 가는데 손과 발은 각각 몇 개일까요?'라는 것이에요. 저는 손도 발도 모두 10개라고 답했지요. 그리고 정답 부분을 열어 보니 손은 8개이고 발은 12개라고 나와 있네요. 강아지는 손이 없고 발만 있으니까요.

또 하나 퀴즈를 내 볼게요. 이건 좀 어려울 수도 있어요.

배낭에 사탕이 여러 개 있어요. 사탕의 2분의 1은 초록색이고, 4분의 1은 빨간색이에요. 파란색 사탕도 2개, 노란색 사탕도 3개 있지요. 사탕은 모두 몇 개일까요?

이 문제를 풀려면 2분의 1과 4분의 1을 더할 줄 알아야 해요. '분수의 덧셈과 뺄셈'은 4학년 2학기 때 분모가 같은 분수, 5학년 1학기 때 분모가 다른 분수로 나누어 배우지요. 여기서는 두 분수의 분모가 다르니 덧셈을 하기 전에 통분으로 분모를 똑같이 해 줘야 합니다. $\frac{1}{2}$과 $\frac{1}{4}$에서 분모를 똑같게 하려면 $\frac{1}{2}$의 분모와 분자에 각각 2를 곱하면 되지요. 그러면 $\frac{1}{2}$은 $\frac{1\times2}{2\times2}=\frac{2}{4}$가 되지요. 여기에 $\frac{1}{4}$을 더하면 $\frac{2}{4}+\frac{1}{4}=\frac{3}{4}$이 됩니다.

그러니까 초록색 사탕과 빨간색 사탕이 전체 사탕의 $\frac{3}{4}$을 차지하는 거예요. 그렇다면 파란색 사탕 2개와 노란색 사탕 3개를 합한 5개의 사탕은 전체 사탕의 $\frac{1}{4}$이 되겠네요. 어떤 수의 $\frac{1}{4}$이 5라는 것을 잘 생각해 볼까요? $\frac{1}{4}$은 전체를 똑같이 네 묶음으로 나눈 것 중 하나지요. 그 한 묶음에 사탕이 5개이니 $\frac{3}{4}$은 세 묶음이고 사탕의 개수는 15개네요. 배낭 안에는 모두 20개의 사탕이 들어 있다는 것이지요. 초록색 사탕은 전체의 $\frac{1}{2}$인 10개, 빨간색 사탕은 전체의 $\frac{1}{4}$인 5입니다. 여기에 파란색 사탕 2개, 노란색 사탕 3개를 모두 더하면 10+5+2+3=20(개)이 되지요. 어렵지만 하나하나 따져 보면 알 수 있지요?

이런 문제는 인도의 수학자 바스카라가 그의 딸 이름으로 펴낸《릴라바티》라는 책에 나오는 문제와 비슷해요. 재미 삼아 한번 풀어 보세요. 여기서는 제가 문제를 살짝 바꾸었지만 정답은 똑같아요.

벌 무리의 $\frac{1}{5}$은 해바라기 꽃에, $\frac{1}{3}$은 민들레꽃에, 그들의 차의 3배는 엉겅퀴 꽃에 날아갔다. 남겨진 벌 한 마리는 장미의 향기와 라일락의 향기에 갈팡질팡하면서 허공에서 방황하고 있다. 벌 무리는 모두 몇 마리일까?

좀 더 쉽게 풀어 볼까요? 우선 $\frac{1}{5}$과 $\frac{1}{3}$이 나왔어요. 이 이야기는 벌 전체의 수가 5와 3으로 나누어떨어진다는 거예요. 나누어떨어지지 않으면 벌의 마릿수를 셀 수 없지요. 5와 3으로 나누어떨어지는 수 중 가장 작은 수는 15예요. 그러면 벌 전체 수를 15마리라고 생각하고 문제를 정리해 보세요.

해바라기 꽃에는 벌이 3마리, 민들레꽃에는 벌이 5마리 있겠지요? 즉 2마리 차이인데 3배라고 했으니 6마리네요. 1마리는 남아 있고요. 모두 더해 보면 3+5+6+1=15(마리)가 되네요. 어때요?

이 문제는 벌 전체의 수를 미지수인 $x$라고 하고 방정식을 만들어서 풀 수도 있지요. 미지수는 중학교 때부터 배우니 방정식을 세우는 게 어렵다면 엄마 아빠와 함께 풀어 보세요. 그전에 문제를 잘 읽어 보고 이해해야 한답니다.

### 369 게임도 규칙이 중요하다!

캠핑까지 가서 골치 아픈 수학을 생각한다니 너무하다고요? 물론 맛있는 음식을 만들어 먹고 가족들과 밀린 이야기를 나누고 게임을 하며 놀면 더 재미있지요. 하지만 캠핑을 가서도 얼마든지 유익한 시간을 보낼 수 있답니다. 텐트를 치거나 캠프장 주변을 둘러보면서 다양한 모양 찾기, 말뚝을 박을 때 어떤 각도가 좋은지 생각하기, 매듭을 묶는 여러 가지 방법을 떠올려 보기, 꽃잎의 수에서 규칙 찾기, 수학 낱말로 끝말잇기 등 수학으로 할 수 있는 것이 아주 많지요.

하지만 뭐니 뭐니 해도 캠핑에서 가장 신나는 수학 놀이는 '369게임'이지요. 그런데 여러분은 369게임을 어떻게 하나요? 3, 6, 9가 들어 있는 수에서 손뼉을 치나요? 아니면 3의 배수에서 손뼉을 치나요? 첫 번째 게임으로 하면 1-2-짝-4-5-짝-7-8-짝-10-11-12-짝-14-15-짝-17-18-짝-20…처럼 하게 되지요. 그리고 두 번째 게임으로 하면 1-2-짝-4-5-짝-7-8-짝-10-11-짝-13-14-짝-16-17-짝-19-20…처럼 하지요. 어떤 방식이든 규칙을 잘 정해서 해 보면 좋겠네요. 캠핑을 떠날 때 《캠핑할 때도 수학이 필요할까?》를 미리 읽어 본다면 소중한 추억을 만들 수 있을 거예요.

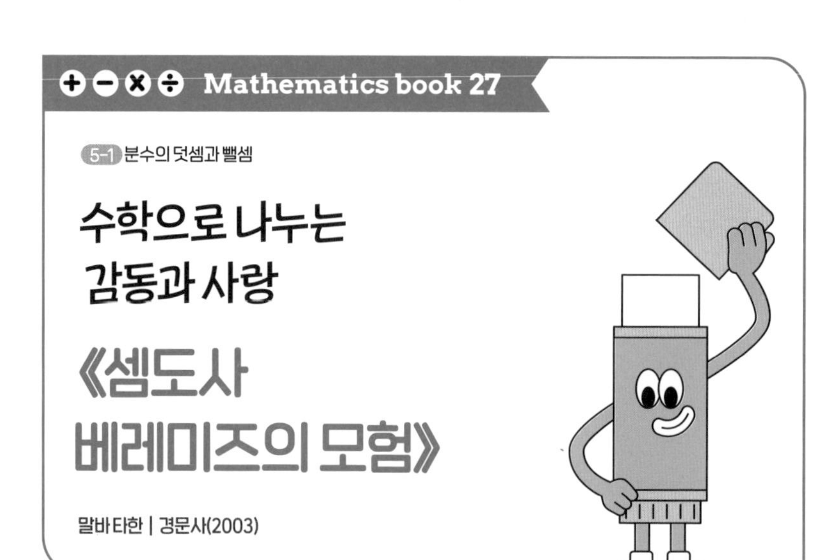


## 낙타 35마리를 나누어 가지는 방법은?

앞서 《어린이를 위한 수학의 역사》에 삼 형제가 아버지의 유언에 따라 낙타 17마리를 $\frac{1}{2}, \frac{1}{3}, \frac{1}{9}$씩 나눠 가지는 일화를 소개했죠? 17은 2, 3, 9로 나누어떨어지지 않기 때문에 고민하던 삼 형제는 낙타를 타고 지나가던 노인의 도움으로 문제를 해결합니다. 바로 노인이 타고 온 낙타 1마리를 합쳐 18마리 낙타로 다시 계산한 것이죠. 따라서 첫째는 $\frac{1}{2}$인 9마리, 둘째는 $\frac{1}{3}$인 6마리, 셋째는 $\frac{1}{9}$인 2마리를 나눠 가지면 됩니다. 그러고도 1마리가 남으니 노인이 도로 타고 가면 되지요. 다시 알아봐도 참 기막힌 생각이지요?

그런데 이 이야기는 오래전부터 알려져 있었어요. 《셈도사 베레미즈의 모험》이라는 책을 보면 여기에 한술 더 뜬 이야기가 나옵니다. 이 책은 하낙 타드 마이아가 셈을 잘하는 도사인 베레미즈 사미르를 만나 바그다드에서 겪은 이야기를 들려주는 방식입니다. 대부분 셈과 수학에 관한 이야기죠. 둘이서 바그다드로 오면서 만난 첫 수학 문제 또한 낙타를 나눠 가지라는 유언이었어요.

이번에는 낙타가 35마리였고 유언은 앞서 말한 일화와 같았어요. 낙타를 첫째는 $\frac{1}{2}$, 둘째는 $\frac{1}{3}$, 셋째는 $\frac{1}{9}$씩 가지라는 것이죠. 그렇다면 셈도사 베레미즈는 이 문제를 어떻게 해결했을까요? 17마리 낙타와 방법은 똑같아요. 둘이서 타고 온 낙타 1마리를 합쳐 36마리의 낙타를 나눈 것이죠. 그래서 첫째는 36마리의 $\frac{1}{2}$인 18마리, 둘째는 36마리의 $\frac{1}{3}$인 12마리, 셋째는 36마리의 $\frac{1}{9}$인 4마리를 갖게 되었습니다. 그런데 세 아들이 나눠 가진 낙타를 합치면 18+12+4=34(마리)예요. 낙타 2마리가 남네요? 둘이서 낙타 1마리를 번갈아 타고 왔는데 이제 2마리가 생겼어요. 하지만 이렇게 나누어도 세 아들은 각자 낙타를 더 많이 받은 셈이라 불만이 없었죠.

이 책의 화자, 즉 말하는 사람인 하낙은 이 책의 지은이인 말바 타한이라고 할 수 있어요. 브라질의 유명한 수학 교사이자 작가랍니다. 《셈도사 베레미즈의 모험》은 수학의 역사부터 수학이 필요한 이유, 그리고 수학으로 문제를 해결한 이야기들을 소개합니다.

다시 낙타 이야기로 돌아와서 만약 낙타가 53마리라면 같은 방법으로 잘 나눌 수 있을까요? 53은 2, 3, 9로 나누어떨어지지 않아요.

그래서 여러분이 타고 온 낙타 1마리를 더해 54가 되면 첫째는 54의 $\frac{1}{2}$인 27마리, 둘째는 54의 $\frac{1}{3}$인 18마리, 셋째는 54의 $\frac{1}{9}$인 6마리를 가지면 되지요. 그러면 나누어 준 낙타는 모두 27+18+6=51(마리)이에요. 그리고 3마리가 남지요. 세 아들이 1마리씩 더 가질 수 있지만 여러분은 낙타를 돌려받지 못할 수 있어요. 그러니까 아무 때나 이런 방법을 쓰면 안 되겠지요?

## 나누기 7의 신비?!

이 책에서 해결한 문제 중 흔히 보지 못한 문제가 있어 소개할게요. 인도의 한 왕이 죽으면서 딸들에게 진주를 남겼어요. 첫째 딸부터 일정한 규칙에 따라 나누어 가지라는 유언과 함께 말이지요.

첫째 딸은 진주 1개와 나머지의 $\frac{1}{7}$을 가지고, 둘째 딸은 진주 2개와 나머지의 $\frac{1}{7}$을 가지고, 셋째 딸은 진주 3개와 나머지의 $\frac{1}{7}$을 가지는 방식으로 나누는 거였어요. 이런 식으로 쭉 이어지기 때문에 딸이 몇 명인지도 알아야 하고 진주 개수도 밝혀내야 하죠.

어떤 수를 7로 나누면 특이한 것이 많지요. 우선 7의 단 곱셈 구구는 7, 14, 21, 28, 35, 42, 49, 56, 63이잖아요? 첫째 딸이 진주 1개를 갖고 나머지의 $\frac{1}{7}$을 가져야 하니까 진주의 총 개수는 7의 단 곱셈 구구보다 1개 더 많아야 해요.

먼저 진주의 개수가 63+1=64(개)라고 해 볼게요. 그러면 첫째는 진주 1개와 나머지인 63의 $\frac{1}{7}$인 9개이므로 10개를 가지게 되고 54개가 남아요. 둘째는 진주 2개와 나머지인 52의 $\frac{1}{7}$을 가져야 하는데 52는

7로 나누어떨어지지 않아요. 이런 방식으로 따져 보면 처음의 진주는 35+1=36(개)이라는 결론이 나와요. 첫째는 진주 1개와 35의 $\frac{1}{7}$인 5개를 더한 6개, 둘째는 진주 2개와 28의 $\frac{1}{7}$인 4개를 더한 6개, 셋째는 진주 3개와 21의 $\frac{1}{7}$인 3개를 더한 6개, 넷째는 진주 4개와 14의 $\frac{1}{7}$인 2개를 더한 6개, 다섯째는 진주 5개와 7의 $\frac{1}{7}$인 1개를 더한 6개, 그리고 나머지가 6개인데 이것은 여섯째가 가지면 되지요. 그러니까 왕은 6명의 딸에게 진주를 똑같이 나누어 주려고 했던 거예요. 수학적 사고력과 함께 말이지요.

계산기로 어떤 수를 7로 나눠 보세요. 1을 7로 나누면 0.142857 142857…로 '142857'이 계속 반복되지요. 2나 3을 7로 나눌 때도 142857이 반복된답니다. 이번에는 142,857에 2를 곱해 보면 142,857×2=285,714로 142,857이 순서가 바뀌어 나와요. 3을 곱해도 142,857×3=428,571이 되어 순서만 바뀔 뿐 나오는 숫자는 변함없지요. 이처럼 수에는 신기한 것이 많답니다. 재미있는 수에 관심을 가져 보면 수학에 한 걸음 다가가게 될 거예요.

셈도사 베레미즈는 계속해서 수학 문제를 해결해요. 하나 더 문제를 소개할게요. 모양과 크기가 똑같은 8개의 진주가 있는데 그중 하나만 미세하게 가벼워요. 양팔 저울을 2번만 써서 가벼운 진주를 찾으라는 문제랍니다. 《피타고라스 구출작전》을 소개하며 나왔던 문제와 비슷하네요. 그리 어려운 문제는 아니니 직접 풀어 보세요.

1개씩 올려서 가벼운 진주를 찾으려면 양팔 저울을 4번 써야 할 수도 있지요. 그렇다면 정답은 무엇일까요? 먼저 구슬을 3개, 3개, 2개로 나누는 거예요. 그다음 양팔 저울 양쪽에 3개씩 올려요. 아무런 변화가 없다면 남은 2개 중 1개가 가벼운 구슬이니 1개씩 양팔 저울에 올려 보면 가벼운 구슬을 찾을 수 있지요. 만약 3개씩 올린 양팔 저울에 변화가 있다면 가벼운 쪽 접시에 올린 3개 중에 가벼운 구슬이 있겠지요? 그중 아무거나 2개를 양팔 저울에 1개씩 올리면 가벼운 구슬을 찾을 수 있어요. 양팔 저울을 2번만 써서 해결했네요!

이처럼 셈도사 베레미즈는 수학이 단순히 셈만 하는 학문이 아니라 일상생활의 문제를 해결해 주는 학문이라는 사실을 이 책을 통해 알려 주고 있어요.

### 인간을 먼저 생각하는 수학적 사고력

또 수학적 사고력은 한 사람의 일생을 바꾸기도 하지요. 이 책에 감동적인 이야기가 하나 있네요. '50 대 50'이라는 주제의 이야기예요. 감옥에 불이 나서 죄수들이 고통을 받게 되자 자비로운 임금이 죄수들에게 남은 형기를 반으로 줄여 주기로 했어요. 죄수들의 남은 형기를 조사해서 10년이 남았다면 5년을 줄여 주면 되겠지요. 그런데 문제가 생겼어요. 죄수 중에 무기수가 있었던 거예요. 그 무기수는 4년째 복역 중이었지요.

그렇다면 이 무기수의 형량을 어떻게 반으로 줄일 수 있을까요? 쉽게 생각하면 남은 생애의 절반으로 형을 줄이면 될 것 같지요? 하지만 남아 있는 생이 얼마인지 알 수 없으니 형을 반으로 줄일 수도 없지요. 셈도사 베레미즈는 이 문제를 어떻게 해결했을까요?

만약 남은 수명이 8년 이상이라면 무기수의 인생을 셋으로 나누어 생각할 수 있지요. 이미 복역한 4년과 자유의 몸으로 살게 될 4년, 그리고 세 번째 부분도 둘로 나누어야 하지요. 수감 생활과 자유 생활로 말이지요. 따라서 남은 수명을 모르더라도 4년 동안 수감 생활을 했으니 이제 4년은 자유 생활을 해야 한다는 것입니다. 4년의 자유 생활이 끝나면 다시 감옥에 들어가 남은 인생의 절반을 보내게 되지요. 예를 들어 1년 동안 수감 생활을 했다면 다시 1년은 자유 생활을 하면 되고요.

그런데 이것도 문제가 있어요. 1년을 수감 생활을 했는데 4개월 만에 죽었다고 해 보세요. 그러면 무기수의 형량이 반으로 줄어들지 못한 것이죠. 수감 생활을 한 만큼 밖에서 자유 생활을 하지 못했으니까요. 그래서 셈도사 베레미즈의 결론은 그 무기수에게 '조건부 자유'를 인정하는 것이었답니다. 감시하는 조건 아래 풀어 주는 것이죠. 수학적 사고력이 한 사람의 인생을 바꿀 수도 있다는 것을 보여 주는 일화입니다.

《셈도사 베레미즈의 모험》에서는 사람들이 공평하게 사는 방법도 알려 주고 있지요. 때로는 확실한 정답을 내리지 않고 인간적으로 판단하면서요. 셈도사 베레미즈의 활약을 지켜보면서 수학의 의미를 되새겨 보면 좋겠습니다.

Mathematics book 28

5-1 약수와 배수, 분수의 덧셈과 뺄셈

## 친구들은 무엇이 궁금할까?

# 《수학 선생님도 궁금한 101가지 초등수학 질문사전》

김남준 외 | 북멘토(2015)

### 어떤 수를 0으로 나누면 안 되는 이유

《수학 선생님도 궁금한 101가지 초등수학 질문사전》은 교육대학교에서 수학교육을 전공한 선생님들이 수학 수업을 하면서 학생들이 질문한 101가지 내용을 풀어내는 내용이에요. 이 책은 초등학교 수학의 다섯 가지 영역인 수와 연산, 도형, 측정, 규칙성, 확률과 통계로 나누어 질문을 정리했어요. 확률과 통계는 교육과정이 바뀌면서 '자료와 가능성'이라고 부르지만 배우는 내용은 똑같아요.

수와 연산 영역에서 눈에 띄는 질문이 있네요. '0'에 대한 질문인데요. '어떤 수를 0으로 나누면 왜 안 되나요?'라는 거예요. 0의 특성을 잘 나타내는 질문이군요.

우선 0은 어떤 수에 더하거나 빼도 변함없지요. 즉 100에 0을 더하거나 빼도 그대로 100이 됩니다. 그런데 100에 0을 곱하면 아무것도 없는 상태가 되지요. 그렇다면 100을 0으로 나눈다면 어떻게 될까요? 예를 들어 100을 5로 나누면 100÷5=20이 되지요. 이것은 나누는 수인 5와 몫인 20을 곱하면 나누어지는 수인 100이 된다는 거예요. 즉 20×5=100이 되지요.

100을 0으로 나누었을 때 어떤 수 □가 된다고 해 볼까요? 100÷0=□라면 □×0=100이 되어야 해요. 하지만 어떤 수를 곱하더라도 100이 될 수 없지요? 그래서 어떤 수도 0으로 나눌 수 없는 거예요.

그러면 반대로 0을 100으로 나누면 어떻게 될까요? 0÷100=□라고 한다면 □×100=0이 되지요? 이 경우에는 □가 0이 되면 0×100=0이 되니 나누어지네요. 즉 0을 어떤 수로 나누면 어떤 수에 상관없이 0이 되지요. 이렇게 0에 대한 사칙연산은 특별해요. 헷갈리지 않고 잘 알아 두면 좋겠네요.

## 갑자년은 있어도 갑축년은 없다?!

1392년은 태조 이성계가 조선을 건국한 해예요. 또 1492년은 콜럼버스가 아메리카 대륙을 발견한 해이고, 1592년은 일본이 조선을 침략해 전쟁을 일으킨 해입니다. 육십갑자로 1392년은 임신년, 1492년 임자년이라고 부르기도 해요. 특히 1592년은 임진년인데, 그래서 그 해 일본이 일으킨 전쟁을 '임진왜란'이라고 하지요. 이 세 가지 역사적인 사건은 100년의 차이가 있고 모두 '임' 자가 들어가네요.

옛날에는 육십갑자로 연도, 달, 날짜, 시각을 나타냈어요. 육십갑자는 '갑, 을, 병, 정, 무, 기, 경, 신, 임, 계'라고 하는 10개의 '간'과 '자, 축, 인, 묘, 진, 사, 오, 미, 신, 유, 술, 해'라고 하는 12개의 '지'를 한 개씩 짝지은 것으로 '갑자'에서 시작합니다.

'갑자'에서 시작하여 다시 '갑자'로 돌아오는데 걸리는 해를 따져 보려면 하나씩 짝지어 일대일로 대응해도 되지만 10과 12의 최소 공배수를 구해 보면 쉬워요. 10의 배수는 10, 20, 30, 40, 50, 60, …이고, 12의 배수는 12, 24, 36, 48, 60, …이니 최소 공배수는 60이네요. 그래서 갑자년에서 다시 갑자년이 되는 데 60년이 걸리지요. 우리가 태어난 지 만 60년이 되는 해를 '회갑' 또는 '환갑'이라고 하는 것은 다시 갑으로 돌아왔다는 뜻이에요.

그런데 왜 '갑축년'이나 '갑묘년' 또는 '갑사년'과 같은 것은 없을까요? 이것은 수학에서 아주 중요한 개념이에요. 10개의 '간'과 12개의 '지'가 모두 한 번씩 짝을 지을 수 있는 가짓수는 '10×12'여서 120가지예요. 즉 '갑'이 12개의 '지'와 한 번씩 만나면 12가지가 되고, '을'이 12개의 '지'와 한 번씩 만나면 또 12가지가 되지요. 이렇게 집합에서 말하는 '일대다 대응'을 하면 120가지가 나오지요. 그런데 10간 12지는 '일대일대응'이에요. '간'과 '지'가 톱니바퀴처럼 돌아가면서 대응하지요. 그래서 한 번 만났다가 다시 만나는 데는 최소 공배수만큼의 횟수가 지나야 하는 거예요. 그래서 '갑'과 '축'은 절대 만날 수 없지요.

## 타율은 타석수가 아닌 타수가 중요!

한편 이 책의 규칙성 영역을 읽다가 또 하나 재미있는 질문을 발견했어요. 야구 경기에서 타율에 관한 이야기예요. 혹시 '심슨 패러독스'라는 말을 들어 보았나요? 타율은 안타 수를 타수로 나누는 것으로 1과 같거나 작고 0과 같거나 큰 소수로 나타내고 '○할 ○푼 ○리'로 부르지요.

예를 들어 한 선수가 4번 타수에서 안타를 3개 쳤다면 $3 \div 4$ 또는 $\frac{3}{4}$으로 0.75가 되는데 소수점 아래의 수인 7과 5는 7할 5푼이라고 읽지요. 그런데 A와 B 두 선수가 있어요. A 선수는 지난 시즌 10타수 4안타($\frac{4}{10}$)로 4할 그리고 이번 시즌 100타수 25안타($\frac{25}{100}$)로 2할 5푼을 기록했어요. B 선수는 100타수 35안타($\frac{35}{100}$)로 3할 5푼 그리고 이번 시즌은 10타수 2안타($\frac{2}{10}$)로 2할을 기록했고요.

언뜻 보면 두 시즌 동안 A 선수의 타율이 높아 보여요. 그러면 실제로 두 선수의 두 시즌 타율을 합해 보면 정말 A 선수의 타율이 더 높을까요? 계산해 볼게요. 먼저 A 선수는 $\frac{4}{10}+\frac{25}{100}=\frac{29}{110}$로 110타수 29안타예요. B 선수는 $\frac{35}{100}+\frac{2}{10}=\frac{37}{110}$로 110타수 37안타가 되지요. 어때요? 두 시즌을 합쳐 보면 오히려 B 선수의 타율이 더 높지요? 이래서 '패러독스'라고 하는 거예요. 패러독스는 일반적으로는 모순이 없어 보이지만 특정한 경우에 논리적 모순이 생기는 것을 말해요.

타율 또한 단순한 '분수의 덧셈' 같지만 초등학교에서 배우듯이 하면 안 돼요. 즉 A 선수의 두 시즌 타율인 $\frac{4}{10}$와 $\frac{25}{100}$를 $\frac{4}{10}+\frac{25}{100}$처럼 더하면 분모를 100으로 통분해서 $\frac{40}{100}+\frac{25}{100}=\frac{65}{100}$가 되지요. 마찬가지로 B

선수는 $\frac{35}{100}+\frac{2}{10}=\frac{35}{100}+\frac{20}{100}=\frac{55}{100}$가 되어 A 선수의 타율이 더 높게 나오지요. 그러나 야구의 타율은 분모는 분모끼리 분자는 분자끼리 더해야 한답니다.

그런데 이 책에서는 사소한 잘못을 하고 있네요. 타율의 정의를 '총 안타 수를 총 타석수로 나눈 값'이라고 잘못 이해하고 있는 것이에요. 정확하게는 '타율은 총 안타 수를 총 타수로 나눈 값'이랍니다. 아마도 야구 규칙보다는 수학적인 계산에 초점을 맞춘 것으로 보여요. 실제로 수학을 이야기하는 데는 큰 문제가 되지 않는답니다.

타석수와 타수가 어떻게 다르냐고요? 타석수는 타자가 타석에 들어간 횟수예요. 타석에 들어가면 타격을 하여 1루타, 2루타, 3루타, 홈런을 치거나 1루, 2루, 3루 또는 홈까지 가다가 아웃이 되겠지요. 또 삼진을 당하는 등 여러 가지 결과가 나옵니다. 그중에 포볼, 몸에 맞는 볼, 희생 번트, 희생 플라이, 수비수의 실책으로 1루에 갈 때는 타석수에는 포함되지만 타수에는 포함되지 않아요. 예를 들어 어떤 타자가 한 경기에서 6번의 타석에 들어가서 희생 번트 1번, 포볼 1번, 삼진 1번, 2루 땅볼 아웃, 안타 1개, 홈런 1개를 쳤다면, 6타석 4타수 2안타가 되는 거예요. 그러면 타율은 $\frac{2}{4}$로 0.5, 즉 5할이 된답니다. 이제 타율을 정확히 알겠지요?

초등학생들이 수학 공부를 하면서 무엇을 궁금해하는지 알고 싶다면 이 책을 한번 읽어 보세요. 나와 똑같은 것을 궁금해한다면 반가울 거예요. 또 그런 궁금증을 수학교육을 전공한 초등학교 수학 선생님들이 풀어 주고 있으니 더 믿을 만하겠지요?

Mathematics book 29

4-2 다각형

## 건축과 수학의 아름다운 만남

# 《수학이 보이는 가우디 건축 여행》

문태선 | 궁리출판(2021)

### 아주 특별한 정다각형 3종 세트는?

내가 살고 있는 집이나 학교 건물에서 도형을 많이 볼 수 있지요. 주로 사각형으로요. 건물 전체도 사각형, 문도 사각형, 방도 교실도 사각형이네요. 집이 아닌 건축물 중에는 삼각형을 여러 개 연결한 철탑이나 다리가 있어요. 집을 잘 짓기로 유명한 꿀벌은 육각형 모양의 집을 짓지요.

정삼각형, 정사각형, 정육각형은 특별한 힘을 가지고 있어요. 평면을 겹치지 않고 빈틈없이 덮을 수 있는 정다각형은 이 세 가지밖에 없답니다. 평면을 빈틈없이 덮으려면 정다각형의 꼭짓점이 모였을 때

360° 가 되어야 해요. 정삼각형을 예로 들어 보면, 알다시피 삼각형의 세 내각을 모두 합하면 180° 이죠. 그런데 정삼각형은 내각의 크기가 모두 같으니 한 내각의 크기가 60° 입니다. 60° 의 각이 몇 개 모여야 360° 가 될까요? 그렇지요. 60° ×6=360° 이니 정삼각형 6개를 꼭짓점끼리 모이게 하면 평면을 빈틈없이 덮을 수 있네요.

이렇게 정다각형으로 평면을 겹치지 않고 빈틈없이 덮는 것을 '테셀레이션'이라고 해요. 테셀레이션이 가능한 정다각형은 정삼각형, 정사각형, 정육각형뿐이지요. 정오각형은 어떨까요? 정오각형의 내각의 합은 540° 예요. 한 내각의 크기는 540° ÷5=108° 가 되네요. 따라서 정오각형 3개를 한 꼭짓점에 모아도 108° ×3=324° 가 되어 360° 가 되지 않는답니다.

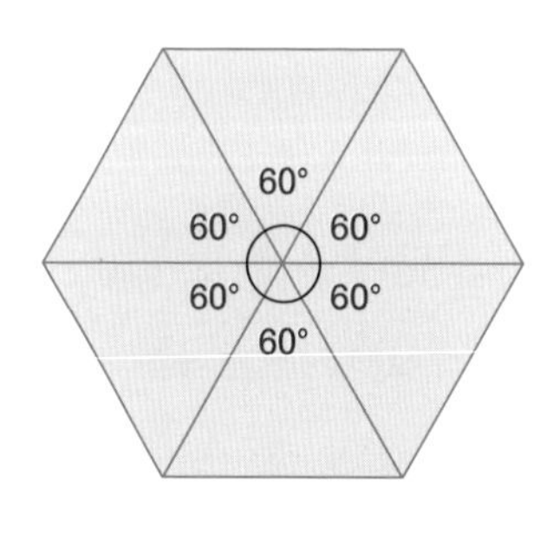

정삼각형으로 평면을 덮을 때

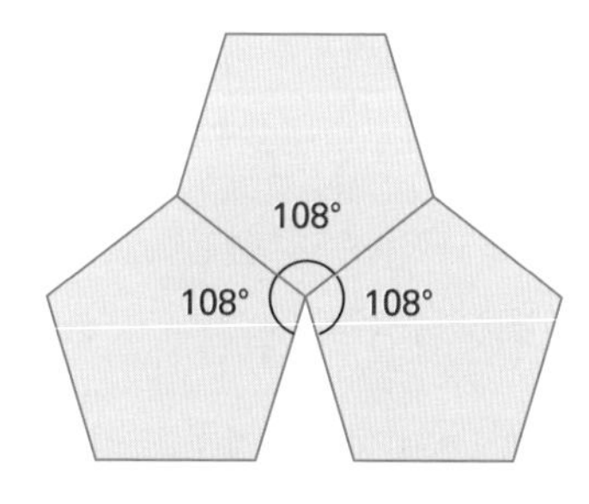

정오각형으로 평면을 덮을 때

물론 정다각형이 아닌 다각형으로도 평면을 빈틈없이 덮을 수 있답니다. 집 안의 화장실 바닥이나 벽을 잘 보세요. 꼭 정삼각형, 정사각형, 정육각형이 아니어도 다양한 도형의 타일로 덮여 있지요? 이렇게 다양한 도형을 변끼리 이어 붙여 평면을 덮는 것은 '트렌카디스'라고 해요. 특히 스페인의 천재 건축가 안토니 가우디(1852~1926년)는 건물의 바닥이나 벽에 트렌카디스 기법으로 타일을 즐겨 장식했어요. 《수학이 보이는 가우디 건축 여행》에서 가우디의 독특한 건축 세계를 볼 수 있답니다.

가우디는 1852년 스페인의 바르셀로나에서 남서쪽으로 100킬로미터 정도 떨어진 레우스에서 태어났어요. 아버지와 할아버지가 모두 대장장이여서 어렸을 때부터 금속 다루는 일에 관심이 많았지요. 하지만 가업인 대장장이 일보다는 산업 혁명으로 발전하는 도시에서 걸맞은 일을 하기 위해 17세 때 형과 함께 바르셀로나로 유학을 왔어요. 이때 바르셀로나 건축 학교에 입학해 건축 공부를 본격적으로 시작했답니다.

트렌카디스 기법을 좀 더 자세히 설명하자면 타일, 유리, 세라믹 등을 깨트려 그 조각으로 바닥, 벽, 천장 등을 장식하는 것을 말해요. 혹시 미술 시간에 종이를 잘라서 모자이크 기법으로 작품을 만들어 본 적이 있나요? 트렌카디스 기법은 이와 비슷하답니다. 건물의 벽이나 바닥을 테셀레이션처럼 규칙적으로 만들었던 것과 비교하면 가우디의 건축 방법은 파격적이라고 할 수 있지요. 가우디는 공장에서 주문한 타일이 도착하자마자 모두 깨뜨렸대요. 사람들이 깜짝 놀랐지만 깨진 타일이 필요했거든요.

또한 가우디는 건축 못지않게 수학도 많이 공부했다고 합니다. 건축가인데 수학 공부를 왜 열심히 했던 걸까요? 《수학이 보이는 가우디 건축 여행》에서 그에 대한 이유를 알 수 있어요. 이 책의 지은이인 문태선 선생님은 스페인의 바르셀로나에 다녀온 후에 '왜 아무도 가우디 건축 속 수학 이야기를 하지 않을까?' 하는 의문을 품었다고 해요. 그래서 자신이 직접 역사적인 여행가인 '마르코 폴로'가 되어 가우디와 함께 7일 동안 여행을 떠난다는 방식으로 이 책을 쓰게 되었답니다. 물론 실제가 아닌 가상이지만 이 책에서는 진짜 가우디를 만난 것처럼 생생하게 이야기를 전해 주고 있어요.

##  곡선을 사랑한 건축가 가우디

앞서 설명했듯이 고대 이집트에서는 피라미드를 똑바로 짓기 위해 직각삼각형을 이용했어요. 피라미드는 정사각뿔 모양인데 바닥이 90°이어야만 완성했을 때 4개의 변이 한 점에서 만나겠지요? 조금이라도 직각이 되지 않으면 뾰족한 꼭짓점이 만들어지지 않을 거예요.

그런데 가우디의 건축물 중에는 기둥이 똑바로 서 있지 않은 것이 많아요. 직선보다는 곡선을 주로 썼기 때문이지요. 가우디는 곡선은 자연이 만든 선이고, 직선은 인간이 만든 선이라고 생각했습니다. 그래서 건축과 함께 수학과 자연을 공부했죠.

여기서는《수학이 보이는 가우디 건축 여행》에 소개된 가우디의 건축물 중에 특히 수학에 관한 것들을 추려 설명할게요. 먼저 '구엘 별장'과 '구엘 궁전'이에요. 구엘은 스페인의 성공한 사업가이자 백작인 에우세비 구엘을 말하는데 가우디가 마음껏 건축을 할 수 있게 후원한 사람이에요. 구엘 별장은 출입문부터 독특한데요. 평범한 직사각형이 아닌 사다리꼴이며 신화에서 모티브를 얻은 날개 달린 용이 헤스페리데스 정원의 황금 사과를 지키고 있는 것 같아요. 이것은 헤라클레스의 12가지 과업 중 하나인데 이 별장의 주인이 영웅 헤라클레스 같은 사람이 되었으면 하는 의미를 담았다고 해요.

한편 별장 안으로 들어가는 문이나 지하의 마구간 천장이 포물선 모양이에요. 포물선은 쉽게 말해 던져진 공이 중력 때문에 떨어지면서 그리는 궤적입니다. 가우디의 건축물에는 이렇듯 곡선이 많이 쓰였어요. 직선보다는 곡선을 써서 건축물을 부드럽게 표현한 것이죠. 또한 구엘 궁전의 출입구도 포물선 모양인데 철을 길게 뽑아 구부려서 장식물을 만들었다고 해요. 타고난 재능과 대장장이 일을 하던 집안 환경이 더해져 하나의 작품이 완성된 것이지요.

또한 '성 테레사 수녀원'의 입체 십자가에서 가우디의 '차원'에 관한 생각을 알 수 있어요. 수학에서 말하는 차원은 점은 0차원으로, 선은 1차원으로, 면은 2차원으로, 입체는 3차원으로 보는 것이지요. 가우디가 입체 십자가를 만들게 된 이유는 마르코와 가우디의 대화를 통해 직접 알아보세요. 또한 수녀원 복도를 포물선 아치로 만들었는데 아치의 수학적 특성도 알아가며 가우디의 수학 사랑을 느낄 수 있답니다.

한편 '바트요 주택'의 천장을 보면서 마르코와 가우디는 '나선'에 대해 이야기해요. 나선은 소용돌이 모양으로, 자연에서는 식물의 덩굴손, 달팽이 껍데기, 태풍에 숨어 있지요. 우주 은하 중에서도 나선 모양이 있답니다. 또 나선도 종류가 있어요. 나선의 폭이 똑같은 '아르키메데스 나선'과 나선의 폭이 점점 커지는 '로그 나선'이죠. 로그는 어려운 수학 용어이긴 한데 달팽이 껍데기의 나선처럼 폭이 점점 커지는 나선 정도로 알아 두면 되겠네요.

《수학이 보이는 가우디 건축 여행》은 이렇듯 가우디의 건축물에 담겨 있는 수학 이야기를 하고 있는데요. 곡선에 관한 이야기가 많네요. 곡선은 가우디의 독특한 건축 양식이라고 했지요? 그런데 마지막 7일차 건축 여행에서는 특별한 이야기가 펼쳐집니다. 바로 '마방진' 이야기예요. '성가족성당'이라는 건축물을 소개하면서 가로 4칸, 세로 4칸짜리 마방진 이야기가 나와요. 마방진은 가로, 세로, 대각선의 네 수를 더했을 때 모두 똑같은 수가 되도록 수를 배열하는 것이지요. 특히 '수난의 파사드'라는 조각 작품에 4×4 마방진이 있는데 보통 마방진과는 달라요. 일반적인 4×4 마방진은 가로, 세로, 대각선의 네 수의 합이 34인데, 이 작품에서는 33이 되도록 만들었대요. 왜 그랬을까요? 책을 보면서 직접 확인해 보세요.

##  손가락이 6개였다면?

1997년 제가 이제 막 〈과학소년〉이라는 어린이 과학 잡지의 편집장이 되었을 때 눈에 띄는 책이 나왔어요. 일상생활에서 쓰이는 도구와 그 원리를 그림으로 아주 자세히 설명한 《도구와 기계의 원리》라는 책이랍니다. 이 책을 쓴 지은이인 데이비드 맥컬레이는 과학자가 아니라 인테리어 디자이너였어요. 이후 그림책 작가이자 일러스트레이터로 널리 알려졌지요. 맥컬레이는 정교하고 정확한 그림을 바탕으로 유머와 재치를 듬뿍 담은 책을 여러 권 펴냈답니다.

데이비드 맥컬레이의 책에는 매머드가 주인공으로 자주 등장해요.

《매머드 매쓰》에서도 매머드와 그의 친구인 코끼리땃쥐가 나옵니다. 두 주인공의 재미있고 우스꽝스러운 행동으로 수학의 기본부터 재미있는 숫자 퍼즐까지 알차게 소개하고 있지요.

이 책은 매머드의 발가락 개수를 세면서 시작해요. 우리 또한 아기 때 말을 배우면서 비슷한 시기에 '하나, 둘, …'처럼 수 세는 법을 배워 갑니다. 숫자는 수를 나타내는 기호와 같으니 좀 더 나중에 배우지요. 우리가 처음 하나부터 열까지 세는 방법을 배우는 것은 우리의 손가락이 모두 열 개이기 때문이에요. 책을 펼쳐 보니 코끼리땃쥐가 매머드의 발가락을 가리키며 1부터 10까지 세고 있네요.

그런데 메머드도 우리처럼 발가락이 5개일까요? 여기저기 자료를 찾아보니 2019년에 코끼리의 발가락이 6개라는 주장을 뒷받침하는 연구 결과가 발표되었다고 하더라고요. 보통 포유류의 발가락 개수는 다양해요. 사람처럼 5개인 동물도 있고 말처럼 1개인 동물도 있죠. 하지만 발가락이 6개인 포유동물은 없어요. 개의 발가락은 앞뒤 모두 5개이고 고양이는 앞발에는 5개, 뒷발에는 4개예요. 코뿔소는 3개, 소는 2개, 돼지는 4개지요. 그런데 발가락 개수가 뭐 그리 중요하냐고요?

동물 분류에서 발가락 개수는 아주 중요해요. 초식동물 같은 경우에는 발가락 개수가 홀수인 동물을 '기제류', 짝수인 동물을 '우제류'라고 해요. 여기서 '기'는 홀수라는 뜻이고 '우'는 짝수를 뜻해요. '제'는 발굽을 뜻하고요. 그래서 말, 당나귀, 코뿔소는 기제류이고 소, 사슴, 돼지 등은 우제류지요. 동물을 분류하는 데도 홀수와 짝수와 같은 수학이 등장한다니 신기하지 않나요?

우리가 흔히 잘못 알고 있는 것 중 하나가 '매머드가 코끼리의 조상'이라는 거예요. 정확하게 말하면 매머드는 코끼리의 조상이 아니라 코끼리의 한 종류예요. 지금 남아 있는 코끼리 종류는 아프리카코끼리와 아시아코끼리인데, 매머드는 두 코끼리와 같은 조상에서 갈라져 나온 것이지요. 먼저 아프리카코끼리가 갈라져 나왔고, 그다음에 아시아코끼리와 매머드가 갈라져 나왔죠. 그런데 코끼리 발가락이 6개라면 매머드 발가락도 6개였을 거예요. 그렇다면 코끼리땃쥐가 12까지 세었을지도 모르겠네요.

이렇게 《매머드 매쓰》는 수를 세는 것도 매머드의 발가락부터 시작해서 묶어 세는 방법과 필요성, 숫자의 종류 등을 알려 주고 있지요. 앞서 설명했지만 '0'은 없는 것과 비어 있는 것을 나타내잖아요? 100과 2025에서 0은 위치에 따라 값이 달라지지요. 100은 일의 자리와 십의 자리가 없다는 것이고, 2025는 백의 자리가 없다는 뜻이니까요. 이 책에서는 매머드와 코끼리땃쥐가 사과를 포장하는 공장에서 일하는 모습으로 수의 자릿값에 대해 알려 준답니다.

## 사칙연산에 숨어 있는 개념

수에 대해 알았으면 이제는 수의 연산도 알아야겠지요? 이 책은 덧셈, 뺄셈, 곱셈, 나눗셈, 즉 사칙연산도 재미있는 상황을 통해 소개하고 있어요.

여러분은 덧셈, 뺄셈, 곱셈, 나눗셈에 각각 두 가지 개념이 있다는 것을 알고 있나요? 먼저 덧셈의 두 가지 개념은 '이어 세는 것'과 '모두 세는 것'이에요. 6+3은 6부터 7, 8, 9를 이어 세어도 9가 되지만 6과 3을 한꺼번에 세어도 9가 되지요. 뺄셈의 두 가지 개념은 '남는 것'과 '차이'예요. 즉 9-3은 9에서 거꾸로 세면 8, 7, 6이 되어 6이 되지만 9개와 3개 중에서 9개가 3개보다 6개 차이 난다고도 볼 수 있죠.

곱셈의 두 가지 개념은 '같은 수를 계속 더하는 것'과 '몇 배'인지 아는 것이에요. 3×5는 3을 5번 더해 15가 되는 것이고, 15는 3의 5배 또는 5의 3배라고 할 수 있지요. 또 나눗셈의 두 가지 개념은 '똑같이 나누어 갖는 것'과 '몇 번 포함'되어 있는지 아는 것이에요. 12÷4는 12를 4로 똑같이 나누면 3명이 가질 수 있고, 12에 4가 3개 포함되었다는 의미가 있지요.

### 수를 가지고 놀아 보자!

여러 수학책을 읽다가 마방진에 대해 한 번쯤 들어 보았을 거예요. 앞서 소개한 《수학이 보이는 가우디 건축 여행》이라는 책에서도 마방진이 나왔지요? 마(魔)는 마술, 방(方)은 네모, 진(陣)은 배열을 뜻해요. 마방진은 네모 칸 안에 숫자들을 가로, 세로, 대각선의 수의 합이 모두 같도록 마술처럼 늘어놓는 것이지요. 가로와 세로가 3칸인 경우를 3차 마방진, 4칸인 경우를 4차 마방진이라고 해요. 우선 3차 마방진은 다음과 같이 나타낼 수 있어요.

| 2 |  | 4 |
|---|---|---|
|  |  |  |
| 6 |  | 8 |

빈칸은 여러분이 채울 수 있겠지요? 어딘가에 똑같이 그려서 정답을 한번 맞혀 보세요. 살짝 정답을 공개하자면 다음과 같아요. 가로, 세로, 대각선의 수를 더하면 모두 15가 된답니다.

| 2 | 9 | 4 |
|---|---|---|
| 7 | 5 | 3 |
| 6 | 1 | 8 |

4차 마방진은 아래와 같아요.

| 16 |  | 2 | 13 |
|---|---|---|---|
|  |  |  | 8 |
|  | 6 |  |  |
| 4 |  | 14 | 1 |

4차 마방진의 가로, 세로, 대각선 네 수의 합은 얼마일까요? 칸이 모두 16개이고 1부터 16까지 한 번씩 들어가야 하지요. 1부터 16까지의 합은 17×8=136이고 가로 또는 세로가 4줄 또는 4칸이니 136을 4로 나눈 값인 34가 가로 또는 세로의 네 수의 합이 되겠네요. 가로, 세로, 대각선의 수의 합이 34가 되도록 빈칸을 채워 보세요. 참고로 정답은 다음과 같아요.

| 16 | 3 | 2 | 13 |
|---|---|---|---|
| 5 | 10 | 11 | 8 |
| 9 | 6 | 7 | 12 |
| 4 | 15 | 14 | 1 |

그런데 이 책을 읽다 보니 삼각형 모양으로 된 마방진도 나오네요. 이런 것을 '삼각진'이라고 한대요. 삼각형 모양으로 숫자를 배열한다는 것이지요. 1부터 9까지 수를 넣는 4차 삼각진은 아래와 같아요.

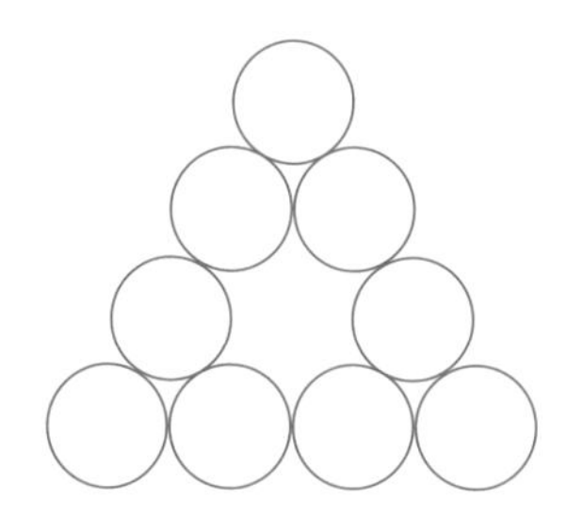

그러면 위에서부터 꼭짓점에 각각 5, 1, 9가 있다고 하고 한 변의 네 수의 합이 20이 되게 삼각진을 만들어 볼까요? 변마다 두 수만 더 찾으면 되겠네요. 먼저 5+○+○+9=20에서 ○+○=6이 되어야겠지요? 1부터 9까지 수가 들어가고 1, 5, 9는 이미 들어가 있으니 남은 2, 3, 4, 6, 7, 8 중에서 두 수를 더해서 6이 되는 것은 2와 4네요. 또 1+○+○+9=20에서 ○+○=10이 되어야 하니까 두 수는 3과 7이에요. 마지막 1+○+○+5=20에서 ○+○=14가 되어야 하는데 6과 8을 더하면 14가 돼요. 4차 삼각진을 완성해 보면 다음과 같지요.

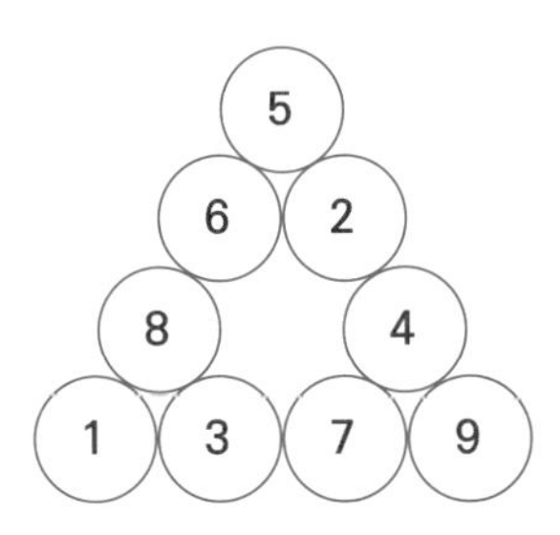


그러면 4차 삼각진보다 더 간단한 3차 삼각진은 어떨까요? 그려 보면 다음과 같습니다.

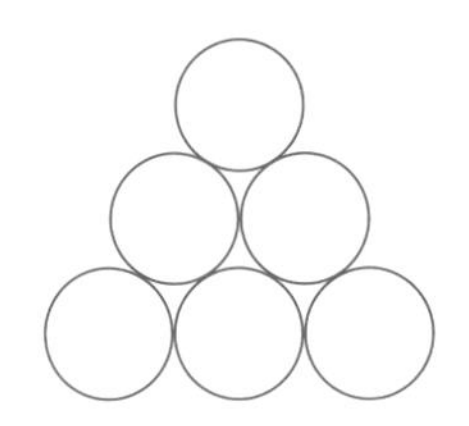

3차 삼각진은 1부터 6까지 수를 넣어야 해요. 그러면 한 변의 세 수의 합이 9가 되도록 삼각진을 만들어 볼까요? 1부터 6까지의 수 3개로 합이 9가 되는 방법은 (1, 2, 6), (1, 3, 5), (2, 3, 4)로 세 가지예요. 이 중 1, 2, 3은 2번 나오고 4, 5, 6은 1번 나오네요. 수를 배열하면 아래와 같지요.

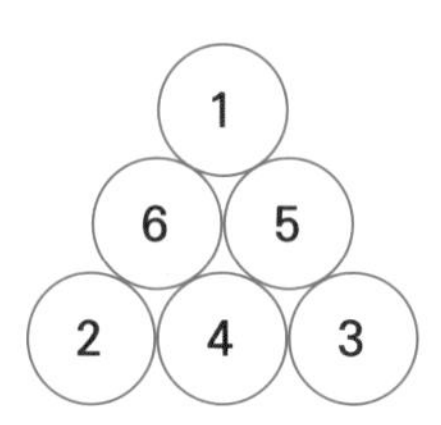


그렇다면 같은 방법으로 3차 삼각진을 만드는데, 이번에는 한 변의 세 수를 더해서 각각 10, 11, 12가 되도록 해 보세요. 혼자 하기 어렵다면 엄마 아빠랑 함께해 봐도 좋겠네요. 문제를 풀어 보고 다음 정답과 맞는지 확인해 보세요.

1. 한 변의 세 수를 더해서 10이 되는 삼각진(숫자 위치는 바뀔 수 있음)

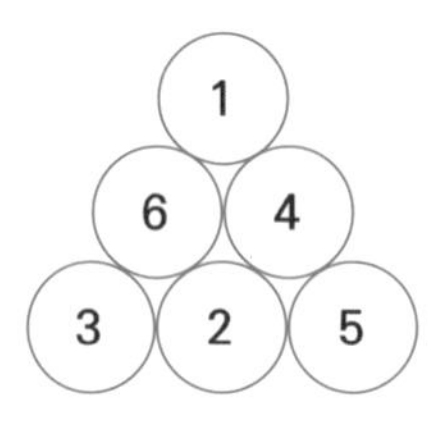

2. 한 변의 세 수를 더해서 11이 되는 삼각진(숫자 위치는 바뀔 수 있음)

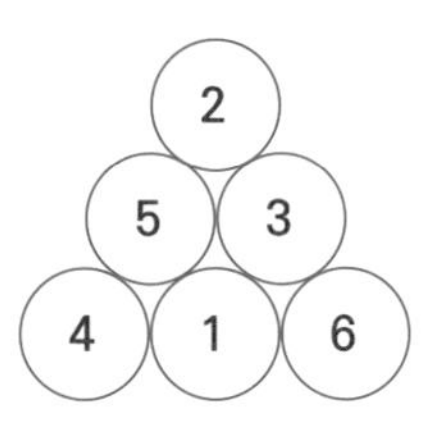


3. 한 변의 세 수를 더해서 12가 되는 삼각진(숫자 위치는 바뀔 수 있음)

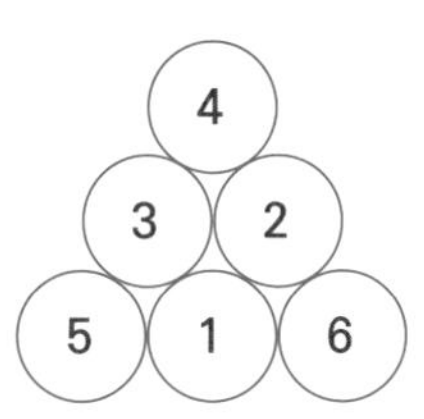


《매머드 매쓰》에는 수학 개념과 재미있는 이야기가 매머드처럼(?) 방대하게 들어 있어요. 초등학교 수학 교과서에 나오지 않는 음수, 제곱, 제곱근 같은 개념도 등장하지만 매머드와 코끼리땃쥐가 설명해 주니 머릿속에 쏙쏙 들어오는 것 같아요. 그러고 보니 매머드(mammoth)에서 중간의 'mmo'를 빼면 매쓰(math)가 되네요. 매머드와 매쓰(수학)는 먼 옛날부터 관계가 있었나 봐요.

**Mathematics book 31**

4-2 다각형

# 조앤 롤링은 마법사이자 수학자?!

# 《해리포터 수학카페》

명백훈, 정은주 | 살림Math(2008)

## 평면을 빈틈없이 덮을 수 있는 정다각형은?

트리 위저드 시합의 4번째 선수로 뽑힌 해리가 첫 번째 시합을 마치고 기념 무도회장에서 춤추는 장면을 혹시 기억하나요? 바라던 사람은 아니지만 파트너에게 최선을 다하려고 관심 없는 춤을 추네요. 그런데 무도회장의 바닥이 모두 정사각형으로 되어 있네요. 그렇다면 무도회장 바닥을 크기와 모양이 같은 오각형으로 빈틈없이 덮을 수 있을까요? 반드시 정오각형일 필요는 없답니다.

이 문제는 《해리포터 수학카페》 1권에 나옵니다(총 2권으로 출간되었어요). 《해리포터》 시리즈는 1997년 6월 영국에서 처음 출간된 《해리포터와 마법사의 돌》을 시작으로 전 세계에 마법 열풍을 불러왔지요. 마법 세계의 모험과 우정을 이야기하는《해리포터》시리즈에는 수학과 과학으로 생각해 볼 만한 이야깃거리가 아주 많답니다. 이를 다룬 책이《해리포터 수학카페》이지요.

그렇다면 처음에 소개한 문제부터 풀어 볼까요? 도형으로 바닥을 겹치지 않고 빈틈없이 채우는 것을 테셀레이션이라고 해요. 앞서 소개했지만 간단히 알아볼게요. 정다각형으로 테셀레이션이 되는 경우를 살펴보죠. 우선 정삼각형은 내각의 합이 180° 라서 정삼각형 6개를 한 꼭짓점에 모이게 하면 빈틈없이 채울 수 있지요.

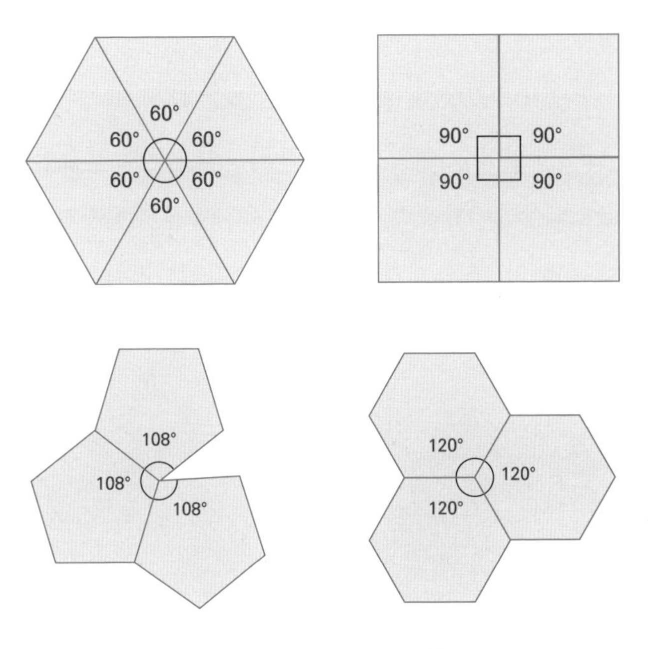


정다각형으로 테셀레이션을 만들었을 때
왼쪽부터 정삼각형, 정사각형, 정오각형, 정육각형

정사각형은 삼각형 2개로 나눌 수 있으니 내각의 합이 180° × 2=360° 예요. 그러면 정사각형 4개를 한 꼭짓점에 모이게 하면 빈틈없이 채울 수 있지요. 그다음 정오각형은 삼각형 3개로 나눌 수 있으니 내각의 합은 180° ×3=540° 예요. 그러면 한 내각의 크기는 540° ÷5=108° 가 되지요. 하지만 정오각형 3개를 한 꼭짓점에 모이게 하면 108° +108° +108° =324° 가 되어 360° 가 되지 않아요. 그러니까 정오각형은 평면을 빈틈없이 채울 수 없지요.

이제 정육각형이에요. 정육각형은 삼각형 4개로 나눌 수 있으니 내각의 합은 180° ×4=720° 예요. 한 내각의 크기는 720° ÷6=120° 가 되어 정육각형 3개를 한 꼭짓점에 모이게 하면 360° 가 되어 평면을 빈틈없이 채울 수 있지요.

그렇다면 크기와 모양이 같은 오각형으로는 테셀레이션을 할 수 없을까요? 그렇지 않아요. 여기서 수학적 사고의 전환이 필요합니다. 정육각형으로 테셀레이션을 만든 다음 정육각형을 이등분하면 크기와 모양이 똑같은 오각형 2개가 생겨요. 정오각형이라면 테셀레이션이

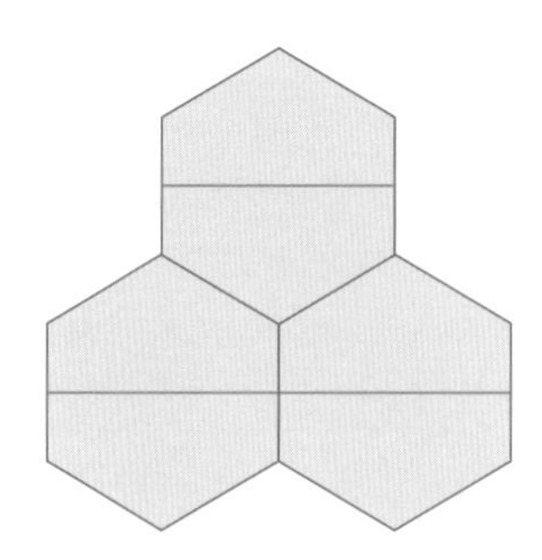

정육각형을 이등분하여 테셀레이션을 만든 경우

되지 않지만 정육각형을 이등분하면 크기와 모양이 똑같은 오각형으로 테셀레이션을 할 수 있지요. 수학적 사고라는 게 별거 아니지요?

## 4라는 수가 가진 여러 가지 의미

《해리포터 수학카페》 1권에는 '연금술의 비밀을 캐는 수학'이라는 부제가 붙어 있어요. 그리고 2권의 부제는 '논리와 암호의 난관을 돌파하는 마법의 수학'이지요. 이 책은 연금술, 논리, 암호를 통해 해리포터 이야기를 풀어내는데요. 읽어 보니 《해리포터》 시리즈에는 과학만큼이나 수학도 많이 들어 있네요.

연금술이란 납이나 구리같이 흔한 금속으로 금이나 은과 같은 귀금속을 만드는 기술을 말해요. 연금술사들은 수많은 실험을 하면서 화학 발전에 크게 기여했지요. 고대 그리스의 위대한 철학자이며 과학자인 아리스토텔레스도 연금술사였고, 근대 과학을 집대성한 영국의 물리학자 아이작 뉴턴도 연금술 연구로 마지막 생애를 바쳤지요. 그런데 연금술은 수학과도 아주 깊은 연관이 있어요.

연금술은 세상 만물이 불, 흙, 공기, 물로 이루어져 있다는 4원소설에 근거를 두고 있지요. 4원소가 어떻게 결합하느냐에 따라 모든 물질이 만들어지고, 물질은 고체, 액체, 기체, 플라스마 형태로 존재한다고 봐요. 그래서 수학자들은 4라는 수에 특별한 의미를 부여하고 있답니다.

또한 4는 똑같은 수를 더하거나 곱해도 둘 다 똑같은 수가 나오는 최초의 수예요. 즉 2+2=4, 2×2=4가 되는 것이지요. 그래서 4는 최초의 여성을 상징하는 수가 되었고 에덴동산 한가운데서 솟아난 강물도 동서남북 사방으로 흘러 정원을 비옥하게 적시는 거예요. 해리포터가 호그와트 마법 학교에 온 지 4년이 된 해에 지난 100년 동안 열리지 않았던 트리 위저드 시합이 열렸지요. 불의 잔으로 인해 해리가 4번째 선수로 뽑힌 것도 의미심장하지 않나요? 호그와트의 기숙사가 그리핀도르, 슬리데린, 후플푸프, 래번클로로 4개인 것도 4라는 수와 관련되어 있답니다.

## 마법사와 머글의 수학적 차이는?

소크라테스의 제자이자 아리스토텔레스의 스승이었던 플라톤도 철학자이자 연금술사였지요. 플라톤은 4원소가 정다면체로 이루어졌다고 생각했어요. 불은 정사면체, 흙은 정육면체, 공기는 정팔면체, 물은 정이십면체로 되어 있다는 것이지요. 정다면체는 다섯 종류밖에 없어요. 마지막 정다면체인 정십이면체는 제5의 원소에 해당하며, 플라톤은 4원소의 결합이 제5의 원소로 인해 이루어진다고 믿었지요.

실제로 제5원소인 정십이면체를 잘라 정육면체를 만들 수 있고, 정육면체를 자르면 정사면체, 정사면체를 자르면 정팔면체, 정팔면체를 자르면 정이십면체를 만들 수 있지요. 이것은 연금술에서 불, 물, 공기, 흙이 서로 순환하면서 만물을 이룬다고 보는 것과 같아요. 이를 가능하게 해 주는 것이 제5의 원소이고 연금술사들이 말하는 '마법사의 돌'인 것이지요. 해리포터 시리즈 1권이 《해리포터와 마법사의 돌》인 것이 이해되지요?

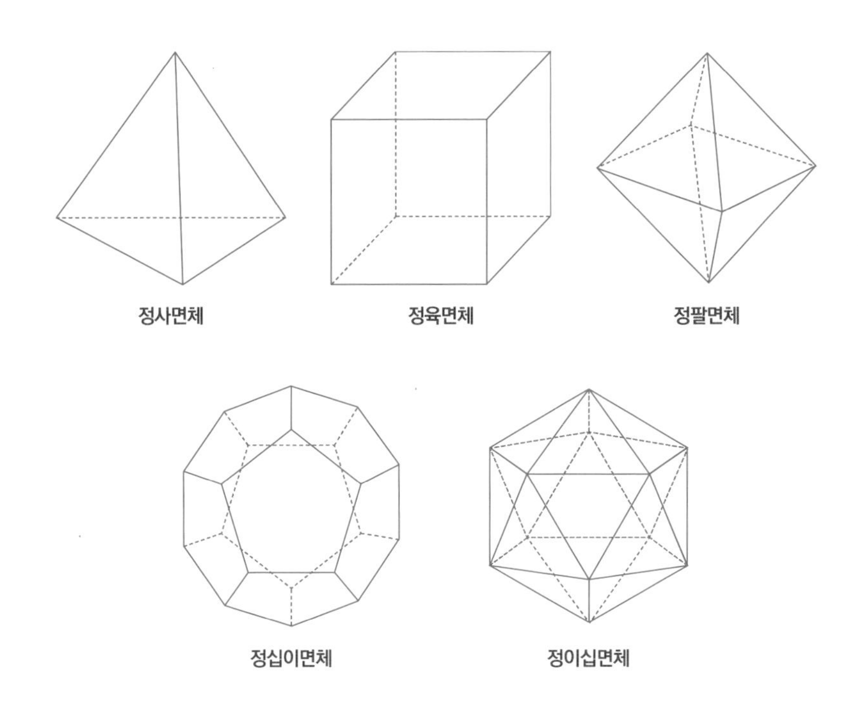


다섯 가지 정육면체

《해리포터 수학카페》 2권의 주제는 논리, 암호, 음악이에요. 해리포터와 헤르미온느는 앞으로 나아가는 문과 뒤로 돌아가는 문이 모두 맹렬한 불길에 휩싸여 있는 방에 갇히게 되지요. 방 안의 테이블에는 크기가 다른 7개의 병이 있고 그 옆에는 방을 빠져나갈 수 있는 단서가 적힌 종이 1장이 있지요. 단서를 논리적으로 풀어낸 헤르미온느는 뒤로 돌아가는 문으로 가는 병을 찾아 도움을 요청하러 가고, 해리포터는 앞으로 나아가는 병을 찾아 볼드모트와 용감하게 맞섰어요. 헤르미온느의 말이 인상적이네요. "이건 마법이 아니야. 논리지. 많은 마법사는 논리적이지 못했어. 그들은 이곳에 영원히 갇히곤 했지."

그래서 '머글은 마법치, 마법사는 논리치'라는 말이 나왔나 보네요. 머글은《해리포터》시리즈에서 마법 능력이 없는 평범한 사람을 이르는 말이에요. 마법사들은 원하는 대로 다 할 수 있는데 논리가 뭐 필요하겠어요? 하지만 똑똑한 헤르미온느는 논리적 사고로 위기를 넘길 수 있었지요. 여러분도 이 책을 읽고 헤르미온느처럼 논리적으로 생각해 보세요.

### 이것이 바로 수학!

《해리포터 수학카페》에 수학의 특성을 아주 잘 나타내는 문제가 있어 소개할게요. 베르나르트 볼차노(1781~1848년)라는 수학자가 낸 문제인데요. 여러 대학의 입학 시험에도 출제되었다고 해요. 문제는 다음과 같아요.

1-1+1-1+1…의 정답이 세 가지가 나올 수 있는 이유를 설명하라.

언뜻 보면 이 문제의 정답은 0밖에 없는 것으로 보여요. 즉 정답을 S라고 하면 $S=(1-1)+(1-1)+(1-1)\cdots=0$이 되는 것이지요. 그런데 이 문제는 $S=1-(1-1+1-1+1-1\cdots)=1-0=1$로도 볼 수 있답니다. 그러면 다음과 같이 풀어낼 수 있죠.

$$S=1-(1-1+1-1+1\cdots)$$

$$S=1-S$$

$$S+S=1$$
$$2S=1$$
$$S=\frac{1}{2}$$

그러니까 똑같은 문제인데도 정답은 $0, 1, \frac{1}{2}$이 되지요. 즉 괄호를 어디에 놓느냐에 따라 답이 달라집니다. 이 연산의 정답을 S라고 하는 데서부터 다양한 값이 나올 수 있는 상황이 만들어지는 거예요.

또 하나 재미있는 역설을 하나 소개할게요. 《해리포터 수학카페》 2권에 나오는 내용이에요. 어떤 법정에서 판사가 사형수에게 다음과 같은 처분을 내렸다고 해요. "다음 주 월요일부터 토요일 사이의 하루를 택해 교수형을 집행합니다. 그러나 그날이 언제인지는 알리지 않았으므로 사형수는 그날 아침까지 교수형 집행일을 예측할 수 없습니다."

사형수가 가만히 생각해 보다가 이렇게 소리쳤대요. "판사는 거짓말을 하고 있다. 판사의 말대로라면 다음 주 어느 날도 교수형을 집행할 수 없다." 사형수의 생각은 이랬어요.

금요일까지 형이 집행되지 않으면 토요일에 형이 집행될 수밖에 없다. 그러면 나는 토요일 아침에 오늘 형이 집행될 것을 예측할 수 있다. 따라서 판사의 말은 거짓말이 되므로 형은 토요일에 집행될 수 없고, 형은 월요일에서 금요일 사이에 집행되어야 한다. 만약 목요일까지 형이 집행되지 않는다면 토요일에는 형이 집행될 수 없으므로 형은 금요일에 집행되어야 한다. 그렇다면 또 금요일 아침에 형이 집행되리라 예측할 수 있다. 그래서 금요일에도 형의 집행은 불가능하다. 이렇게 계속하다 보면 월요일밖에 남지 않고 월요일 아침에 형의 집행을 예측할 수 있게 되어 결국 월요일에도 형은 집행될 수 없다.

이렇게 해서 사형수는 형이 집행될 수 없음을 증명했다고 생각하고 마음 놓고 있었지요. 그러나 사형수의 예측과 달리 수요일에 형이 집행되었어요. 이를 '토요일의 교수형 역설'이라고 한답니다.

《해리포터》 시리즈는 소설이나 영화 자체로도 흥미진진하지만 그 속에 숨어 있는 수학 또한 새로운 재미를 선사합니다. 이 시리즈를 접했다면 《해리포터 수학카페》에서 수학을 설명할 때 그 장면이 떠오르겠죠? 이 책을 통해 주인공들이 어떻게 위기를 극복하고 마법사의 돌을 지켜내는지 수학적으로 생각해 보면 좋을 것 같아요.

그러고 보면 《해리포터》 시리즈를 쓴 조앤 롤링은 대단한 수학자이자 과학자인가 봐요. 여기에 문학자, 역사학자, 예술가, 점성술사 등등 참 대단하지요? 아니, 조앤 롤링은 마법사가 확실하네요.

**Mathematics book 32**

5-1 자연수의 혼합계산

## 매일매일 수학이 더 즐거워진다!

## 《초등학생을 위한 수학실험 365》

수학교육학회연구부 | 바이킹(2018)

### 마술 같은 수학쇼!

혹시 핸드폰을 가지고 있나요? 없다면 엄마나 아빠의 핸드폰을 잠시 빌려 보세요. 물론 그 핸드폰의 전화번호는 알고 있겠지요? 핸드폰에서 계산기 앱을 열고 다음과 같이 계산해 보세요.

1. 010 다음에 오는 전화번호 여덟 자리 중 앞 네 자리의 수에 125를 곱한다.
2. 나온 수에 다시 160을 곱한다.
3. 이렇게 해서 나온 수에 전화번호 여덟 자리 중 뒤 네 자리의 수를 더

한다.

4. 한 번 더 전화번호의 뒤 네 자리의 수를 더한다.

5. 마지막으로 그 수를 2로 나눈다.

어때요? 어디서 많이 본 수가 나오지 않았나요? 그래요. 그 핸드폰의 전화번호 여덟 자리 수가 나왔을 거예요. 참 신기하지요? 이 방법을 외운 다음 다른 사람에게 '핸드폰 번호를 알아맞히는 마술'을 선보이면 다들 깜짝 놀랄 거예요.

이 마술 같은 이야기는 《초등학생을 위한 수학실험 365》 2학기 책에 나옵니다. '실험'이라고 하면 과학에만 있는 줄 알았다고요? 물론 과학 실험이 가장 먼저 떠오르지요. 학교에 과학실험실은 있어도 수학실험실은 없으니까요. 하지만 수학도 얼마든지 실험 또는 놀이로 배울 수 있답니다.

이 책에는 초등학생들이 집이나 학교에서 쉽고 재미있게 할 수 있는 수학 실험 366가지가 실려 있어요. 1학기와 2학기 두 권으로 나뉘어 있고 1월 1일부터 12월 31일까지 날짜별로 실험을 소개하지요. 왜 365가지가 아니고 366가지냐고요? 2월이 29일까지 있는 해가 있기 때문이에요. 366가지 수학 실험은 수학 교과서에 따라 정리되어 있어 공부하는 데도 도움이 된답니다.

그렇다면 앞서 이야기한 핸드폰 번호를 알아내는 마술에는 어떤 원리가 담겨 있을까요? 전화번호 앞 네 자리의 수에 125를 곱하고 또 160을 곱한 것은 125×160=20,000을 곱한 거예요. 그러니까 앞 네 자리의 수의 2만 배가 된 것이지요. 이 수에 뒤 네 자리의 수를 2번 더 했지요? 이렇게 하면 전화번호 여덟 자리의 수의 2배가 된 거예요. 이 수를 2로 나누면 전화번호 여덟 자리가 나오는 것이지요. 알고 보면 참 쉽지요?

##  생일도 수학으로 알아맞힐 수 있다?

이번에는 생일을 알아맞히는 마술을 알려 줄게요. 우선 자기 생일로 다음과 같이 따라 해 보세요.

1. 태어난 달에 4를 곱한다.
2. 나온 수에 8을 더한다.
3. 다시 나온 수에 25를 곱한다.
4. 다시 태어난 날을 더한다.
5. 마지막으로 그 수에서 200을 뺀다.

어떤 수가 나왔나요? 여러분의 생일이 차례대로 나왔지요? 이 방법도 알아 두었다가 핸드폰 번호 알아맞히는 마술과 같이해 보세요. 이번에도 어떻게 해서 생일을 알아맞혔는지 알려 줄게요.

우선 생일을 나타내는 수를 세 자리의 수 또는 네 자리의 수로 생각하는 거예요. 그래서 '태어난 달×100+태어난 날'이 되도록 하는 것이지요. 먼저 태어날 달에 4를 곱하고, 또 8을 더하고 25를 곱한 것을 식으로 나타내면 (태어난 달×4+8)×25가 되잖아요? 이것은 (태어난 달×4×25)+(8×25)와 같지요. 그러니까 태어난 달에 100을 곱하고 200을 더한 거예요. 여기에 태어난 날을 더한 다음 200을 빼 주면 생일만 남지요.

수학 공부를 하면서 재미있다고 느낀 적 있나요? 아마 별로 없을 거예요. 어렵고 지루한 계산만 해 왔기 때문이겠지요. 그런데 재미있는 과학 실험을 할 때는 다르지요? 자석이 물체를 끌어당기거나 밀어내는 모습, 용액의 색깔이 바뀌는 모습, 이산화탄소가 생겨 촛불이 꺼지는 모습을 보면 보면 신기하고 재미있지요. 수학도 마찬가지예요. 앞의 이야기처럼 수를 가지고 마술을 부릴 수도 있고 덧셈·뺄셈·곱셈·나눗셈을 아주 쉽게 하는 방법도 있지요.

### 받아올림이나 받아내림을 하기 전에

57+39를 하면 일의 자리에서 받아올림을 해야 하지요. 받아올림을 하지 않고 덧셈을 하는 방법도 있어요. 56+40을 하는 거예요. 57에서 1을 빼서 39에 1을 더해도 결과는 달라지지 않지요. 그래서 받아올림을 하지 않고 바로 96이 나오는 거예요.

뺄셈도 마찬가지예요. 57-39를 하려면 7에서 9를 뺄 수 없어 받아내림을 해야 하지요. 그러면 이번에는 57과 39에 각각 1을 더해서 58-40으로 계산해도 답은 18로 같습니다.

곱셈은 어떨까요? 28×25를 하려면 종이와 연필을 가지고 세로셈으로 풀어야 하지요. 그런데 어떤 수에 25를 곱할 때는 쉽게 할 수 있어요. 28은 7×4이니까 28×25=7×4×25가 되는데 4×25가 100

이잖아요? 그러니까 금세 700이 되는 것을 알 수 있지요. 45×45처럼 일이 자리가 5인 같은 수를 곱할 때도 쉽게 하는 방법이 있답니다. 먼저 일의 자리끼리 곱해 25를 쓰고 십의 자리 4에 1을 더한 5를 4와 곱하는 거예요. 그러면 45×45의 값이 2,025인 걸 금방 알 수 있어요. 65×65도 같은 방법으로 할 수 있지요. 이것은 연습 삼아 직접 해 보세요.

나눗셈도 쉽게 하는 방법이 있어요. 200÷25를 한다면 마찬가지로 종이와 연필로 세로셈을 하겠지요. 이럴 때는 200과 25에 각각 4를 곱하는 거예요. 나누는 수를 100으로 만드는 것이지요. 그러면 800÷100이 되니까 몫이 8이 되지요. 어때요? 어떤 계산을 할 때 무턱대고 시작하지 말고 수의 특성을 먼저 생각해 보세요. 아무런 특징이 없을 때는 기존 방법으로 하면 되지만 10, 20, 30, 40, 50…처럼 십의 단위로 떨어지게 만든다면 쉽게 계산할 수 있답니다.

### 실험은 과학만 있는 게 아니야!

《초등학생을 위한 수학실험 365》에는 수와 연산뿐만 아니라 도형, 측정, 규칙성, 자료와 가능성 같은 초등학교 수학 교과서와 관련된 수학실험이 모두 나와 있답니다. 이번에는 도형 관련 수학 실험 중에 하나 소개할게요. 4학년 1학기 '각도' 단원에서 우리는 삼각형 내각의 합이 180° 라는 것을 배웁니다. 이를 증명하는 방법 중에 가장 쉬운 것이 3개의 각을 잘라 한곳에 모아 보는 것이에요. 그러면 평각이 되지요. 평각은 180° 를 의미합니다.

그런데 이 책에는 삼각형 내각의 합이 왜 180°인지 간단한 실험을 통해 알아보고 있어요. 연필을 가지고 삼각형의 변을 따라 움직이기만 하면 돼요. 연필이 없으면 화살표를 그려도 되고요. 먼저 삼각형을 그려요. 연필을 끝이 밑변의 다른 꼭짓점을 향하게 삼각형 밑변에 놓아요. 그다음 밑변을 따라 오른쪽 꼭짓점으로 이동합니다(①). 꼭짓점에 도착하면 내각만큼 돌린 다음 위쪽 꼭짓점으로 향해요(②). 위쪽 꼭짓점에 도착하면 내각만큼 돌려서 원래 꼭짓점으로 돌아와요(③). 연필 또는 화살표가 처음과 다르게 180° 돌아서 반대 방향을 가리키지요? 이것이 삼각형 내각의 합이 180°라는 증거랍니다.

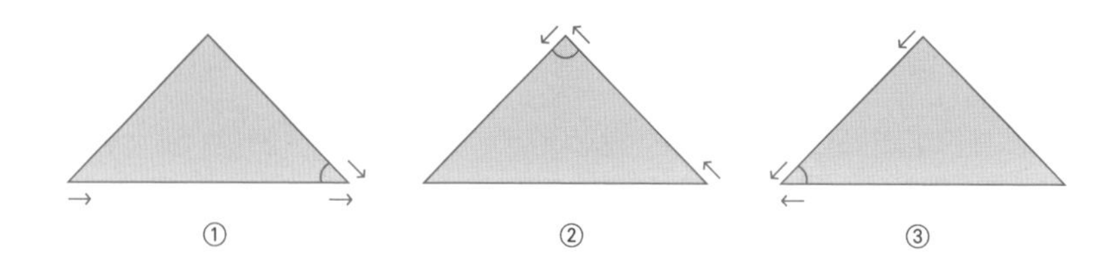


그렇다면 같은 방법으로 사각형도 해 볼게요.

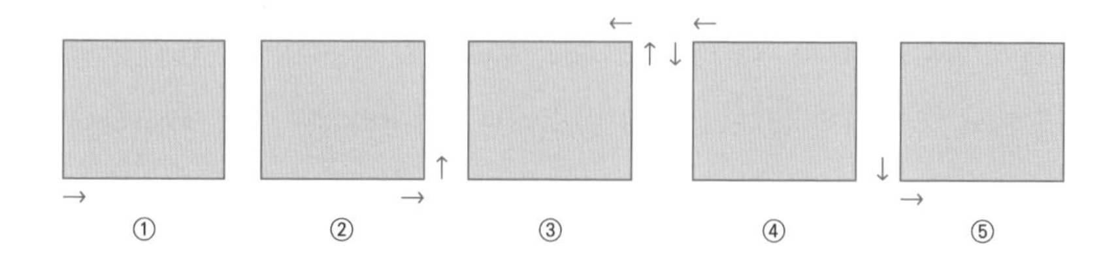


①부터 ⑤까지 돌아오는 동안 화살표가 완전히 한 바퀴 돌았지요? 이것은 360°가 되었다는 거예요. 사각형의 내각의 합이 360°인 것과

같지요. 이것이 바로 수학 실험이자 수학 활동이랍니다.

혹시 끝말잇기 좋아하나요? 이번에는 이 책을 따라 곱셈 구구 끝말잇기를 해 보면 어떨까요? 이삼은육-육이십이-이칠은십사-사사십육-육삼십팔-팔칠은오십육…. 끝없이 이어질 것 같다고요? 1의 단 곱셈 구구부터 9의 단 곱셈 구구까지는 모두 81개지요. 그런데 곱셈 구구 끝말잇기는 81개 모두 할 수 없대요. 몇 개까지 가능한지 엄마 아빠와 함께 실제로 해 보면 좋겠네요.

《초등학생을 위한 수학실험 365》는 원래 일본에서 출간되었어요. 일본수학교육학회 연구부의 회원들이 만들어서 교육 현장에서 쓰던 것을 모아 책으로 엮은 것이지요. 수학 관련 실험, 놀이, 활동 중에 일본의 물건이나 방식으로 되어 있는 것을 한국에서 출간할 때 알맞게 바꾸었기 때문에 거리낌 없이 따라 할 수 있답니다. 이 책을 옆에 두고 수학이 지루할 때마다 원하는 부분을 따라 하면 수학의 흥미를 계속 유지하면서 즐겁게 공부할 수 있을 거예요.

**+ − × ÷ Mathematics book 33**

3-1 길이와 시간 6-2 원의 넓이

## 수학 문제를 풀어야 살아남을 수 있다!

## 《세상에서 제일 무시무시한 수학책》

션 코넬리 | 종이책(2013)

### 무시무시한 수학 문제 속으로!

어느 날 우연히 바둑을 주제로 하는 텔레비전 드라마에서 신기한 일이 벌어지는 것을 보게 되었어요. 혹시 알고 있을지도 모르지만 바둑에는 비기는 것을 막기 위해 '반집'이라는 규칙이 있어요. 흑이 먼저 두게 되면 백이 불리하므로 백에게 6집 반의 덤을 주고 시작하는 것이지요. 대국이 끝나고 집의 수를 세면 집 수의 차이는 항상 자연수가 되지요. 그러니 덤까지 계산하면 누군가는 몇 집 반으로 승부가 나는 거예요. 예를 들어 집의 수를 계산해 보니 흑은 56집이고 백은 50집이라면 흑이 6집 많지요. 이때 백에게 준 덤까지 계산하면 백이 0.5집,

즉 반집으로 이기는 것이지요. 그래서 흑을 잡고 두는 사람이 이기려면 최소한 7집 차이는 되어야 한답니다.

그런데 그 드라마에서 비기는 일이 일어난 거예요. 두 집짜리 패가 만들어지면서 아무리 두어도 끝없이 반복되는 일이 생긴 것이지요. 이를 '장생'이라고 한대요. 실제로 우리나라 바둑 역사에서 딱 한 번 있었다고 하네요. 드라마 주인공은 장생이라는 무승부 비법으로 절체절명의 위기를 극복합니다. 상황에 따라 비기는 것이 서로에게 좋을 수도 있구나 하는 생각이 들었죠.

드라마니까 비기는 것으로 마무리 짓지만 실제로 어떤 문제를 해결해야만 살아남을 수 있다면 어떨까요? 악당에게 잡혀서 어느 방에 갇혔다고 해 보죠. 아무리 둘러봐도 탈출할 수 있는 방법은 문을 열고 나가는 것뿐이고 방 안에는 모래시계 2개만 있습니다. 모래시계 하나로는 9분을 잴 수 있고, 다른 하나로는 13분을 잴 수 있어요. 문을 열고 탈출하려면 문에 있는 버튼을 누른 후 정확히 30분 기다렸다가 다시 버튼을 눌러야 합니다.

자, 2개의 모래시계로 정확하게 30분을 재려면 어떻게 해야 할까요? 이 문제는《세상에서 제일 무시무시한 수학책》에 나옵니다. 이 책에는 24개 문제가 실려 있는데 하나같이 조건이나 제한 시간에 맞게 해결해야 하는 아주 무시무시한 문제예요. 실제로 악당에게 잡혀서 탈출해야 하는 일이 벌어지면 안 되겠죠? 하지만 이런 일이 일어났다고 가정하고 문제를 풀어 보세요. 엄마 아빠와 함께 풀어도 좋고요.

## 당황하지 말고 침착하게 풀어라!

이 책에서는 고대 그리스의 수학자 유클리드가 문제를 해결하는 데 도움을 주고 있어요. 책 속 힌트 보고 풀어 보도록 해요. 저는 다음과 같이 문제를 풀었는데, 여러분이 풀어낸 방법과 같은지 비교해 보세요. 여러 가지 정답이 있을 수 있거든요.

먼저 9분짜리와 13분짜리 모래시계를 동시에 뒤집어 시간을 재기 시작해요. 9분짜리 모래시계가 다 떨어지면 다시 뒤집어요. 이후 13분짜리 모래시계가 다 떨어지면 그대로 놔두고 9분짜리 모래시계를 뒤집어요. 4분이 더 지나 모두 13분이 지났어요. 9분짜리 모래시계를 뒤집어서 쏟아졌던 모래가 밑으로 떨어지면 다시 4분이 지난 거지요? 그러면 9+4+4=17이니까 17분이 지났어요. 이제 13분짜리 모래시계를 뒤집어요. 이 모래가 다 떨어지면 13분이 지나 30분이 되었음을 알 수 있지요. 모래가 모두 떨어지는 순간 문의 버튼을 누르면 '짜잔!' 하고 문이 열리겠지요?

탈출의 기쁨을 누리기도 전에 갑자기 눈앞에 불빛이 번쩍하더니 또 다른 방에 갇히고 말았어요. 눈을 떠 자세히 살펴보니 머리 위에서 엄청나게 큰 칼날이 그네처럼 왔다 갔다 하네요. 몸을 일으키려고 하니 밧줄에 꽁꽁 묶여 있고요. 칼날이 몸을 지나는 주기를 계산해 보니 한 번 지나가는 데 7초가 걸렸어요. 칼날이 한 번 지날 때마다 2cm씩 내려오네요. 칼날이 마지막으로 지날 때 가슴과의 거리는 30cm예요. 살려달라고 소리를 지르면 나를 묶어 놓은 악당들에게 먼저 죽게 될 거예요.

그런데 다행스럽게 쥐 한 마리가 내 몸을 묶고 있는 밧줄을 갉아 먹고 있네요. 밧줄만 끊으면 이 위기를 벗어날 수 있겠어요. 쥐가 밧줄을 끊는 데 걸리는 시간은 1분. 과연 살아서 나갈 수 있을까요? 얼른 계산해 보세요. 유클리드의 힌트는 이거예요.

첫째, 쥐가 밧줄을 다 갉아먹는 데 걸리는 시간을 알고 있다.
둘째, 칼날이 얼마큼 낮게 내려오면 몸에 닿을지, 한 번 지나갈 때마다 얼마나 낮아지는지, 주기는 어떻게 되는지 알고 있다.

그럼 살아남을 수 있을지 계산해 볼게요. 쥐가 밧줄을 갉아먹는 데 1분, 즉 60초가 걸려요. 칼날이 몸으로부터 30cm 떨어져 있고, 한 번 지날 때마다 2cm씩 내려와요. 그러면 30÷2=15니까 15번이 지나면 몸에 닿겠지요? 한 번 지나갈 때마다 7초 걸려요. 그러면 15×7=105(초)예요. 105-60=45(초)니까 45초의 여유가 있네요. 다행히 쥐 덕분에 살았네요.

## 수학적 사고력이 없으면 손해 보는 일도 생겨!

이번에는 무시무시한 이야기가 아닌 맛있는 이야기를 해 볼게요. 그런데 계산을 잘못하면 맛있는 음식도 씁쓸할 거예요. 여러분이 피자 가게에 갔어요. 피자 가격은 당연히 피자 크기에 따라 다르지요. 반지름이 10cm인 피자와 반지름이 15cm인 피자가 있는데 가격은 15cm짜리 1판은 2만 원이고, 10cm짜리 1판은 만 원이에요. 여러분은 지금 2만 원이 있다면 어떤 크기의 피자를 살 건가요? 크기가 겨우 5cm 차이인데, 이 정도라면 15cm짜리 1개보다는 10cm짜리 2개를 사는 게 더 낫겠지요?

그러면 두 피자의 넓이를 계산해 볼게요. 원 모양 피자는 반지름 길이보다는 넓이가 중요하지요. 피자가 네모 모양이라면 '(가로 길이)×(세로 길이)'로 넓이를 쉽게 계산할 텐데 원 모양은 어떻게 넓이를 구할까요?

원은 중심을 기준으로 아주 많은 부채꼴을 잘라 붙이면 직사각형이 돼요. 그래서 가로의 길이는 '원둘레의 $\frac{1}{2}$'이 되고, 세로의 길이는 '원의 반지름'이 되지요. 초등학교 6학년 때 배우기는 하지만 원의 넓이는 '(원주율)×(반지름)×(반지름)'으로 구할 수 있어요. 앞서 설명했듯이 원주율은 원둘레를 지름으로 나눈 값이라서 '(원주율)=(원둘레)÷(지름)'으로 정리할 수 있죠. 즉 원둘레는 '(원주율)×(지름)'과 같지요. 그러면 원의 넓이는 (원둘레의 $\frac{1}{2}$)에 (원주율)×(지름)을 곱하면 되지요. 이것을 쉽게 정리하면 원의 넓이를 구하는 공식이 나와요.

(원의 넓이)=(원둘레의 $\frac{1}{2}$)×(반지름)
(원의 넓이)=(원주율)×(지름)× $\frac{1}{2}$ ×(반지름)
(원의 넓이)=(원주율)×(반지름×2)× $\frac{1}{2}$ ×(반지름)
(원의 넓이)=(원주율)×(반지름)×(반지름)

원주율은 '파이'($\pi$)라고 하며 보통 3.14로 표현합니다. 어림하여 3

이라고 하면 반지름이 10cm인 피자의 넓이는 3×10×10=300(cm²)이에요. 또 반지름이 15cm인 피자의 넓이는 3×15×15=675(cm²)이고요. 반지름이 10cm인 피자 2판은 300×2=600(cm²)이지만 반지름이 15cm인 피자 1판의 넓이가 더 넓네요. 그래서 같은 가격이면 반지름이 15cm인 피자 1판을 사는 것이 더 이득이고요. 개수가 많다고 계산하지도 않고 사면 피자 맛이 좀 씁쓸하겠지요? 그래서 물건을 살 때는 가격과 크기, 즉 넓이와 부피를 비교해 봐야 후회하지 않아요. 그래도 이 문제는 무시무시하지 않지요?《세상에서 제일 무시무시한 수학책》마지막 문제는 정말 무시무시하답니다.

여러분은 지금 문이 3개 있는 방에 와 있어요. 문에는 각각 1, 2, 3이라는 번호가 붙어 있고요. 이 중 1개의 문은 자유를 얻을 수 있지만 다른 2개는 처형장으로 가는 문이에요. 여러분은 선택해야 해요. 등에서는 식은땀이 주르르…. 공포에 질린 여러분은 있는 힘을 다해 "2번 문이요"라고 말하죠. 그러자 1번 문이 열렸어요. 1번 문은 처형장으로 가는 문이에요. 일단 안도의 한숨을 쉬지요. 그러고 나서 문을 바꿀 마지막 기회가 주어져요. 문 번호를 바꿀 수 있다면 바꾸는 것이 좋을까요. 아니면 처음 선택한 2번 문이 좋을까요? 엄마 아빠와 한번 실험해 보세요.

《세상에서 제일 무시무시한 수학책》에는 무시무시한 수학 문제와 함께 그와 관련된 '수학 실험실' 코너가 있어요. 집에서 가족들과 함께 하거나 학교에서 수학 시간에 해 보면 좋을 것 같네요. 참고로 이 선택의 문제는 '몬티 홀 문제'라는 미국 텔레비전 프로그램으로도 제작되어 1963년부터 40년간 방송되었을 만큼 유명하답니다. 실제로는 무시무시한 문제를 만나지 말아야 하겠지만 만난다 하더라도 주어진 조건을 최대한 이용하고 수학적 사고력을 충분히 발휘하여 살아남길 바랄게요. 그러기 전에 우선 《세상에서 제일 무시무시한 수학책》을 보면서 연습해 보세요!

Math

numbers

# 4부

# 수학을 왜 배워야 할까?

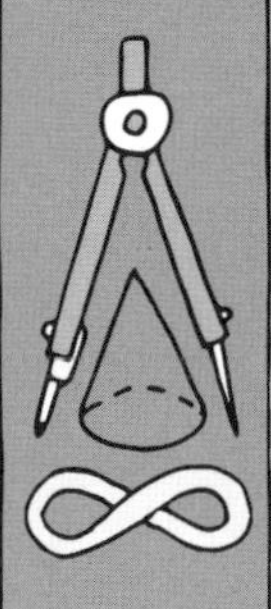

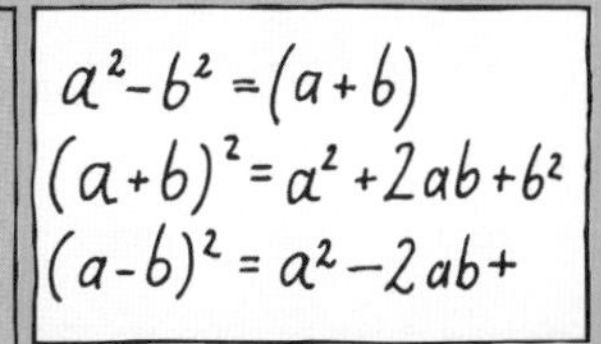


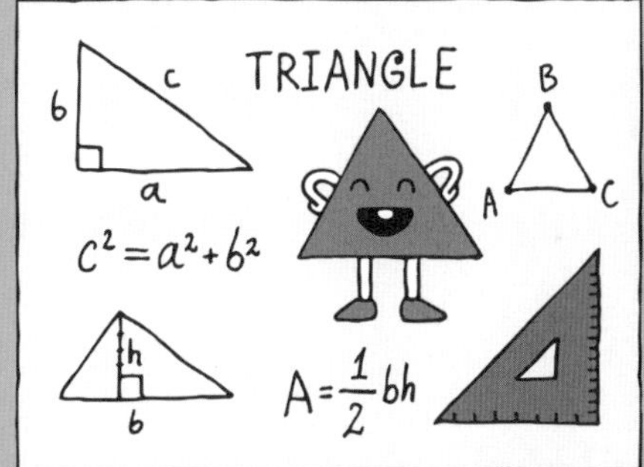


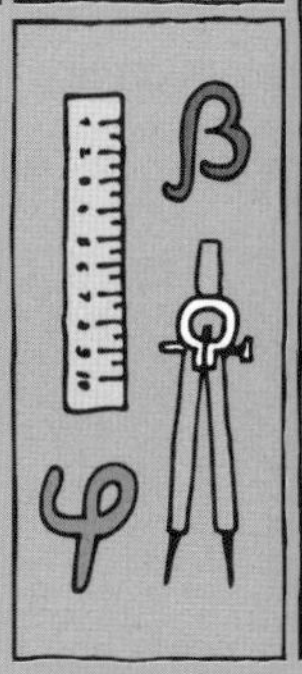

➕➖✖➗ Mathematics book 34

## 수학적 사고력을 갖춘 융합형 인재란?

# 《이어령의 교과서 넘나들기 - 수학 편》

이광연 | 살림(2012)

### 수학에 필요한 소질도 있다?!

수학을 즐겁게 공부하면서 잘하고 싶지 않나요? 수학뿐만 아니라 학생이라면 모든 과목을 다 잘하고 싶지요. 그렇다면 수학을 잘할 수 있는 비결을 알려 줄까요? 그리 어렵지 않답니다. 수학에는 어떤 소질이 필요할까요?

첫째, 신발장에 자신의 신발을 바르게 넣을 수 있는가?
둘째, 요리책의 설명대로 간단한 요리를 만들 수 있는가?
셋째, 사전에서 단어를 찾을 수 있는가?

넷째, 간단한 약도를 그릴 수 있는가?

수학이라는 어려운 과목에 필요한 소질이 이게 다라고요? 미국에서 수학자와 심리학자들이 모여 논의한 결과, 일반인의 예상을 깨고 이 네 가지가 수학에 필요한 소질로 정해졌대요. 읽어 보면 뭐 별거 아니지요? 여러분도 이것들을 잘해 내는지 한번 생각해 보세요.

항목별로 소개하자면 우선 첫 번째는 수학의 기본 원리인 '일대일대응'을 이해하고 있다는 것을 의미한대요. 일대일대응 원리를 알면 물건의 개수를 정확히 셀 수 있고 함수와 같은 복잡한 내용까지 확장하여 생각할 수 있다는 것이지요. 신발의 좌우를 살펴 가지런히 놓을 수 있다면 일대일대응 개념을 알고 있다고 볼 수 있어요. 두 번째는 문제 해결의 순서와 단계를 이해할 수 있다는 것을 의미해요. 이런 능력이 있다면 올바른 과정에 따라 문제를 풀 수 있다는 것이지요.

세 번째는 대소 관계와 순서를 이해하여 가능한 조합들을 알고 있다는 것을 의미한대요. 예를 들어 28개의 자음과 모음이 순서대로 나열된 국어사전에서 단어를 찾으려면 자음과 모음의 순서와 조합을 이해하고 있어야 하지요. 수학에서는 이러한 능력이 집합과 통계 영역으로 연결된답니다. 네 번째는 눈에 보이는 대상을 머릿속에 추상화하며 다시 표현할 수 있다는 것을 의미한다고 합니다. 약도는 3차원 공간에 있는 것을 2차원 종이 위에 나타낸 거니까요. 공간을 축소해서 위치를 도식화하여 나타낼 수 있다면 추상적 능력을 충분히 갖춘 것으로 볼 수 있지요.

이 이야기는《이어령의 교과서 넘나들기 - 수학 편》에 나옵니다. 이 책은 우리나라 최고의 '콘텐츠 크리에이터'인 이어령 교수님과 대학에서 과학교육을 전공하고 20년간 교단에 선 손영운 선생님이 기획하고, 앞서 소개한《어린이를 위한 수학의 역사》의 지은이인 이광연 교수님이 쓴 책이에요. 여기에 만화가 남기영 작가님이 참여하여 쉽고 재미있는 만화로 탈바꿈했답니다.

이어령 교수님은 1988년 서울 올림픽의 개회식과 폐회식을 총괄 기획하며 개막식에 '굴렁쇠 소년'을 등장시켜 전 세계에 한국의 인상을 새롭게 바꾸는 데 큰 역할을 한 것으로 유명하지요. 이후 문학가, 평론가, 언론인, 학자 등 다양한 방면에서 끊임없는 창의성을 발휘했답니다. 이 책 역시 우리 어린이들이 미래를 위해 무엇을 준비하고 공부해야 하는지 생각할 수 있게 기획했다고 해요. '21세기 지식의 융합으로 통하라!'라는 주제로 출간된《이어령의 교과서 넘나들기》 시리즈는 2010년 디지털 편을 시작으로 총 20권이 출간되었어요. 수학 편은 그중 14번째 책이죠. 관심 가는 대로 골라 보면 좋을 것 같네요.

### 어렵지만 조금씩 올라가면 되는 수학

《이어령의 교과서 넘나들기 - 수학 편》의 지은이인 이광연 교수님은 어린이와 청소년들에게 수학의 즐거움과 중요성을 알리기 위해 책을 많이 써 왔어요. 교수님은 학생들을 가르치면서 왜 학생들이 수학을 어렵고 지겨운 과목이라고 생각하는지 고민했다고 해요. 그래서 이 책에서는 '수학에 필요한 소질이 무엇인가'를 이야기하면서 '수학을 잘할 수 있는 비결'을 알려 주고 있지요.

수학을 잘할 수 있는 비결은 이해력이라고 해요. 여기에 더해 이 책에서는 독서를 강조하고 있답니다. 독서야말로 수학에 필요한 소질을 한꺼번에 얻을 수 있는 가장 좋은 방법이라는 것이지요. 앞서 간단히 이야기했지만 초등학교 때 수학을 잘했다가 점점 어려워하는 큰 이유는 초등학교 수학은 구체적인 것을 대상으로 하지만 중학교 이후의 수학은 추상적인 문자와 기호가 등장하기 때문이라고 해요. 예를 들어 초등학교 수학은 '사과가 5개 있는데 몇 개가 있다면 8개가 될까?'와 같이 나타내지만 중학교 수학은 $5+x=8$처럼 문자가 등장합니다. 물론 이 예는 아주 쉬운 편입니다. 초등학교에서도 5+□=8처럼 $x$ 대신 □를 쓰지요. 하지만 $y=2x+1$과 같은 식을 그래프로 그리는 문제는 처음부터 주어진 문제를 이해하고 그에 해당하는 그래프를 그리는 연습을 하지 않으면 무척 어려워요.

수학을 어려워하는 또 다른 이유는 각 단원이 계단식으로 이루어져 있기 때문이래요. 수학은 하나씩 지식을 쌓아 올리는 학문이어서 도중에 한 부분이 빠지면 나중에 막히는 부분이 생기게 되지요. 국어, 영어, 사회와 같은 과목은 순서를 바꾸어 학습해도 별 무리가 없어요. 하지만 수학은 차례가 있어요. 덧셈도 못 하는데 곱셈을 할 수 없잖아요? 나눗셈을 하기 위해서는 먼저 곱셈 구구를 알아야 하고, 이차방정식을 풀려면 일차방정식을 풀 수 있어야 하는 것과 같지요.

## 공부를 잘하려면 어떻게 해야 할까?

《이어령의 교과서 넘나들기 – 수학 편》에서는 '수학에 관련된 책을 읽고 수학적 원리를 이해한다면 수학은 가장 흥미로운 과목이 될 것'이라고 말하고 있어요. 한국교육개발원에서 발표한 내용을 보면 우리나라 고등학교 1~2학년생 중 공부를 잘하는 아이들은 다음과 같은 특징이 있다고 합니다.

1. 어려서부터 독서를 좋아했다.
2. 공부는 알아서 자기주도적으로 한다.
3. 학원 의존율이 낮고 도서관이나 집에서 혼자 공부한다.
4. 공부를 즐거워한다.
5. 소설이나 신문 등 무엇이든 읽기를 좋아한다.

다섯 가지 모두 읽기와 관련되어 있네요. 한마디로 공부를 잘하려면 독서를 좋아하고 특히 잘 읽어야 한다는 것이에요. 이광연 교수님은 독서에서 가장 중요한 것이 '차례'라고 생각해요. 책을 읽을 때 차례부터 보면 앞으로 이야기가 어떤 방향으로 진행될지 가늠할 수 있으니까요. 수학책도 이와 마찬가지로 차례에 나온 수학 개념만 정확히 이해한다면 90% 이상 정복한 것이나 다름없다고 해요.

또 순서를 지켜서 공부하라고 강조합니다. 곱셈을 못 한다면 덧셈에 대해 이해가 부족한 것이니 되돌아가서 공부해야 하지요. 돌아간다고 창피해하거나 늦었다고 생각하면 안 돼요. 모르고 넘어가는 것보다 늦게 가는 것이 더 좋아요.

이광연 교수님이 이 책을 통해 강조하고 있는 또 하나의 조언을 마저 소개할게요. 수학은 소질이 있으면 좋겠지만 꼭 있어야 하는 것은 아니라고 해요. 수학에 관심이 있고 좋아할 수 있다면 충분하다면서요. 음악, 미술, 체육은 소질이 많이 좌우하는 분야이지요. 하지만 수학은 국어를 제대로 할 정도라면 누구나 가능하다고 합니다. 여기에 앞서 얘기한 네 가지 소질만 있으면 충분하다고 해요.

그런데도 수학을 잘 못 하거나 싫어하는 이유는 무엇일까요? 이광연 교수님은 수학 성적 때문이라고 말해요. 축구를 좋아하려 해도 시합에서 실수만 한다면 결국은 싫어지겠지요? 이럴 때는 좀 더 쉬운 것부터 시작해야 합니다. 좋아하면 잘하게 되고 잘하게 되면 더욱 좋아하게 되는 '순환 고리'를 만드는 게 중요하지요.

《이어령의 교과서 넘나들기 – 수학 편》은 수학을 잘하는 비결만 담겨 있지 않아요. 수학을 배워야 하는 이유, 수학의 시작, 재미있는 숫자 이야기, 수학자 이야기까지 읽을거리가 아주 많지요. 더 좋은 점은 만화로 되어 있다는 거예요. 만화만 본다고 엄마 아빠가 뭐라고 할 수도 있지만 이 책처럼 학습에 도움이 되는 만화도 많지요.

《이어령의 교과서 넘나들기》 시리즈는 이어령 교수님이 어린이들에게 마지막으로 준 선물과도 같아요. 수학에서는 순서에 맞게 공부하는 것이 중요하지만 이 시리즈는 관심 있는 분야를 먼저 봐도 괜찮답니다. 이 책을 읽고 교과서를 넘나드는 융합형 인재가 되도록 힘써 보세요.

Mathematics book 35

5-1 자연수의 혼합계산

# 이제는 수직적 사고가 아닌 수평적 사고로!

# 《청소년을 위한 이야기 수학》

아드리안 파엔사 | 해나무(2023)

## 수학인 듯, 수학이 아닌 듯!

다음 문제를 한번 풀어 볼까요?

|   | □ | □ |
|---|---|---|
| × |   | □ |
|   | □ | □ |
| + | □ | □ |
|   | □ | □ |

이 문제는 제가 도서관에서 읽어 볼 만한 수학책을 찾다가 발견한 흥미로운 문제랍니다. 이 문제는 □ 안에 1부터 9까지 서로 다른 수를 넣어야 해요. 언뜻 보기에 1부터 9까지 겹치지 않게 넣어야 하는 재미있는 문제 같았는데, 막상 풀려고 하니 뭔가 이상했어요. 곱셈의 세로셈을 할 때 우리는 흔히 먼저 일의 자릿수끼리 곱해서 셋째 줄에 쓰지요. 그러니까 이 곱셈은 일의 자리끼리 곱하면 두 자릿수가 되어야 해요. 그리고 십의 자릿수와 일의 자릿수를 곱하면 되는데 넷째 줄의 □□ 위치가 이상하지요? 이 문제는 잘못된 거예요. 혹시나 하고 이 문제를 대학생인 아들에게 풀어 보라고 했지요. 그랬더니 별생각 없이 문제를 금세 풀고 자신 있게 내밀었어요. 답은 아래와 같았지요.

|   | 1 | 7 |
|---|---|---|
| × |   | 4 |
|   | 6 | 8 |
| + | 2 | 5 |
|   | 9 | 3 |

순간적으로 '아! 이런 문제였어?' 하고 놀랐지요. 1부터 9까지의 수가 겹치지 않고 완전하게 배열되었어요. 하지만 이것도 잘못된 거예요. 그 책에서도 이것이 정답이라고 하더군요. 여러분은 왜 잘못되었는지 알고 있나요? 이 곱셈의 세로셈을 가로셈으로 고쳐 보면 다음과 같아요.

$17\times4=68+25=93$

어때요? 언뜻 보면 잘못된 것이 없어 보이지요? 하지만 $17\times4$가 93은 아니지요? 그래서 그 책은 더 읽지 않기로 했어요. 그럼 또 다른 책에 있는 문제를 내 볼게요.

$10=4+6$은 $2\times5=2\times2+2\times3$으로 바꿔 쓸 수 있습니다. 이는 다시 $2\times5=2\times(2+3)$으로 바꿀 수 있지요. 양변을 2로 나누면 $5=2+3$이 되어 별문제 없이 식이 성립하지요? 그러면 이 식을 문자로 바꾸어 $a\times b=a\times c$로 써 볼게요. 양변을 a로 나누면 항상 $b=c$가 될까요? 예를 들어 $0\times2=0\times3$은 $0\times2$도 0이고 $0\times3$도 0이니 식은 성립하겠지요? 그럼 양변을 0으로 나누면 $2=3$이 되네요. '$2=3$'이라니 말이 되나요? 무엇이 잘못된 거지요? 그래요. $0\times2=0\times3$에서 양변을 0으로 나눈 것이 잘못된 거예요. 앞서 설명했듯이 어떤 수도 0으로 나눌 수 없어요. 다만 0은 어떤 수로 나눌 수 있지만요.

수학은 이렇게 언뜻 보면 문제없어 보이지만 달리 생각하다 보면 잘못된 점이 눈에 들어오지요. 앞에 이야기한 문제는 다른 책의 이야기이고, 뒤에 이야기한 문제는 《청소년을 위한 이야기 수학》에 나옵니다. 《청소년을 위한 이야기 수학》은 아르헨티나 부에노스아이레스 대학교 수학과의 아드리안 파엔사 교수님이 쓴 책을 우리말로 옮긴 것이지요.

아드리안 파엔사 교수님은 우리나라와 인연이 있어요. 《위대한 수학자의 수학의 즐거움》에서 소개했듯이 4년에 한 번씩 전 세계 수학자와 수학교육자들이 참가하는 세계수학자대회가 열리죠. 세계수학자대회에는 필즈상 외에도 릴라바티상, 네반리나상, 가우스상, 천상 등을 수여합니다. 2014년 이 대회가 서울에서 열렸을 때 아드리안 파엔사 교수님이 릴라바티상을 받았답니다.

다시 《청소년을 위한 이야기 수학》 이야기로 돌아와 보죠. 《청소년을 위한 이야기 수학》의 시작 부분에는 '기획자의 말'이 있어요. 디에고 골롬벡이라는 과학자인데 궁금해서 조사해 보니 2007년 이그노벨상 수상자더라고요. 앞서 소개했듯이 이그노벨상은 '사람들을 웃기고 나서 생각하게 하는' 연구에 주어지는 상이에요. 물론 노벨상을 빗대어 만들었지요.

우리나라는 아직 과학 분야에서 노벨상을 받은 사람이 없지만 이그노벨상은 5명이 받았지요. 이 책의 기획자인 디에고 골롬벡 교수님은 비아그라가 햄스터의 시차 극복을 도와준다는 연구로 항공역학상을 수상했답니다.

이그노벨상은 사람들에게 재미를 주어야 해요. 그러다 보니 이그노벨상 수상자인 골롬벡 교수님이 이 책을 기획했다고 해서 더욱 읽어보고 싶어졌지요. 그런데 기획자의 말에서 아주 눈에 띄는 글을 보았어요. 여기에 그대로 옮겨 볼게요.

하루 종일 사로잡는 책이 있다. 좋은 책이다. 1년 내내 기억나는 책이 있다. 더 좋은 책이다. 여러 해가 지나도 떠오르는 책이 있다. 아주 좋은 책이다. 마지막으로 인생을 살아가는 내내 곱씹게 되는 책도 있다. 반드시 옆에 쥐고 있어야하는 책이다. 이 책이 바로 그런 책이다.

이보다 더 큰 칭찬이 있을까요? 얼마나 대단한 책이기에 이런 칭찬을 했을까요? 이런 생각으로 책을 읽다가 재미있는 사실을 발견했답니다. '78의 37%와 37의 78% 중 어느 것이 더 클까요?'라는 문제인데요. 여러분도 맞혀 보세요. 많은 사람이 78의 37%가 크다고 생각할 거예요. 우선 계산해 보면 78의 37%는 78×37÷100이에요. 37의 78%는 37×78÷100이고요. 곱셈은 서로 바꾸어도 결과는 같지요? 결국은 둘 다 값은 똑같답니다.

이 책을 계속 읽다 보면 흥미로운 문제가 여럿 보여요. 아드리안 파엔사 교수님은 이런 문제가 '수평적 사고'를 키우는 데 도움이 된다고 말하지요. 수평적 사고란 기존 방식에 따라 생각하는 것이 아니라 상식을 깨고 다르게 생각하는 거예요. 즉 창의적 사고라는 말과 비슷하지요. 수평적 사고와 반대인 수직적 사고를 이용한 재미있는 질문을 내 볼게요. 닭장에는 누가 살까요? '닭'이지요. 외양간에는 누가 살까요? '소'지요. 개집에는 누가 살까요? '개'지요. 그러면 모기장에는 누가 살까요? '모기'지요. 헉! 모기라고요? 모기장에는 사람이 살지요. 이것이 수직적 사고랍니다.

그렇다면 수평적 사고가 필요한 문제를 3개 내 볼게요. 순서대로 맞혀 보세요.

**첫 번째 문제** 테니스 경기에 128명이 참가했다. 경기는 한 번 지면 탈락하는 토너먼트 방식이다. 우승자를 결정하려면 모두 몇 경기를 해야 할까?

**두 번째 문제** 세 사람이 식당에서 식사를 했고 음식 값으로 25,000원이 나왔다. 각자 10,000원짜리 지폐를 꺼내 30,000원을 종업원에게 주었고 종업원은 거스름돈 5,000원을 1,000원짜리 지폐 5장으로 가져왔다. 세 사람은 종업원에게 수고비로 2,000원을 주고 1,000원씩 나누어 가졌다. 그러면 각자 9,000원씩 낸 셈인데 3명이 9,000원씩 냈으니 27,000원이고 종업원에게 준 2,000원을 더하면 29,000원이다. 나머지 1,000원은 어디로 갔을까?

**세 번째 문제** 천장에 전구만 있는 빈 방이 있다. 방 밖에 똑같이 생긴 스위치 3개가 있는데 그중 단 하나만 방 안에 불을 켤 수 있다. 방문은 닫혀 있고 창문이나 빈틈을 통해 불이 켜져 있는지 알 수 없다. 방 안에 단 한 번만 들어갔다 나올 수 있다면 어떤 스위치가 불을 켜는 스위치인지 알 수 있을까?

자, 문제를 잘 풀었나요? 답을 알려 줄 테니 여러분이 푼 답과 비교해 보세요. 먼저 첫 번째 문제의 답이에요. 모든 참가자가 둘씩 짝지어 첫 번째 경기를 해요. 그러면 64명이 탈락하겠지요? 또 64명이 두 번째 경기를 하면 32명이 탈락하겠지요? 세 번째 경기를 하면 16명이 탈락하지요. 이렇게 해서 1명의 우승자가 나올 때까지 경기를 한 다음 모든 경기 수를 더하면 돼요. 이런 방식이 수직적 사고예요.

다른 방식으로 생각해 볼까요? 1명이 탈락하려면 1경기를 해야 해요. 2명이 탈락하려면 2경기를 해야 하고요. 그러면 128명 중 127명이 탈락하고 1명이 남으려면 127경기를 하면 되겠지요? 어때요? 64+32+16+8+4+2+1=127처럼 계산하는 것은 수직적 사고랍니다. 128명 정도는 이렇게 계산한다 해도 1,024명이 참가한 대회라면 계산기가 있어도 시간이 오래 걸리고 귀찮겠지요? 수평적 사고를 하면 1,023경기라는 것을 금방 알 수 있지요.

두 번째 문제의 답이에요. 3명이 낸 돈 27,000원과 종업원에게 준 2,000원을 더해 음식 값으로 29,000원을 냈다고 생각하면 안 돼요. 세 사람이 낸 음식 값은 25,000원과 종업원에게 준 수고비 2,000원을 더해 27,000원이에요. 여기에 각자 1,000원씩 가지고 있으니 돈은 총 30,000원이 맞지요.

세 번째 문제의 답이에요. 이 문제가 수평적 사고의 아주 중요한 예랍니다. 다른 방식으로 문제를 풀려면 전구가 켜지고 어느 정도 시간이 지나면 뜨거워진다고 먼저 생각해야 해요. 3개 스위치 중 아무거나 하나를 켜요. 그리고 약 10분 후에 스위치를 끄고 다른 둘 중 하나의 스위치를 켠 다음 방으로 들어가요. 불이 켜져 있다면 나중에 누른 스위치가 불이 켜질 거라고 쉽게 알겠지요? 반대로 불이 꺼져 있다면 전구가 뜨거운지 만져 보면 돼요. 뜨겁다면 처음 켠 스위치가 불이 켜지는 스위치이고 뜨겁지 않다면 한 번도 켜지 않은 스위치가 불이 켜지는 스위치가 되지요. 문제를 처음 읽을 때는 좀 막연하지만 생각하다 보면 답이 보인답니다.

이 책을 통해 수평적 사고와 수학의 재미를 느껴 보세요. 초등학생에게는 좀 어려운 부분도 있어요. 하지만 수학을 계속 공부하려면 이 정도는 읽어 보는 것이 좋아요. 수학 공부는 무엇보다도 꾸준한 관심이 중요하니까요.

**Mathematics book 36**

3-1 분수와 소수 5-1 약수와 배수

## 수학은 우주의 비밀을 푸는 열쇠?!

## 《피타고라스 생각 수업》

이광연 | 유노라이프(2023)

### 수학을 잘하면 일어나는 일

《피타고라스 생각 수업》은 수학적 사고력에 대해 흥미로운 예를 들어 설명하고 있어요. 수학의 원리를 알고 수학적 사고력을 발휘하면 어려워 보이는 문제도 쉽게 해결할 수 있답니다.

수학적 사고력의 중요성을 깨닫게 하는 기막힌 이야기를 소개할게요. 어느 마을에 가난한 농부와 예쁜 딸이 살고 있었어요. 그런데 가뭄이 들어 농사를 망치고 말았죠. 어쩔 수 없이 농부는 부자에게 가서 돈을 빌려달라고 했어요. 착한 사람은 아니었지만 부자는 돈을 빌려주었지요. 이듬해도 가뭄이 계속되어 농사를 망친 농부는 하는 수 없이 또 부자를 찾아가 사정했어요. 부자는 지난해에 빌린 돈도 갚지 않았는데 더는 돈을 빌려줄 수 없다고 했지요. 농부가 계속 사정하자 부자는 내기를 하자고 해요. 내기에서 농부가 이기면 빌려간 돈을 갚을 필요 없이 다시 돈을 빌려주고, 부자가 이기면 빌려간 돈을 당장 갚고 딸도 종으로 보내라는 거였죠. 농부는 어쩔 수 없이 내기를 해야 하는 처지가 되었어요.

부자가 낸 문제는 흰 돌 1개와 검은 돌 1개를 속이 보이지 않는 주머니에 넣고 흰 돌을 꺼내면 농부가 이기고, 검은 돌을 꺼내면 부자가 이긴다는 거였어요. 다만 돌은 딸이 꺼내야 한다는 규칙을 내세웠죠. 그러고 나서 부자는 농부 몰래 주머니에 검은 돌만 2개 넣었답니다. 그렇게 되면 딸이 둘 중 무엇을 꺼내도 검은 돌이 나올 테니까 농부는 돈도 갚아야 하고 딸도 빼앗길 위기에 처하게 된 거예요.

그런데 현명한 딸은 부자에게 이렇게 말했어요. "주머니에 손을 넣는 것이 무서우니 주머니 밖에서 돌 하나를 선택하겠어요." 그리고 돌 하나를 잡은 채 주머니를 뒤집었지요. 그랬더니 검은 돌이 떨어지는 거예요. 그럴 수밖에 없지요? 딸은 "검은 돌이 떨어졌으니 내가 잡고 있는 돌은 흰 돌이 확실하지요?"라고 말했답니다. 부자는 말 한마디도 못하고 돈을 빌려주었지요. 물론 지난해 빌려준 돈은 받지 않았고요. 어때요? 딸의 이러한 생각이 바로 수학적 사고력이랍니다. 아주 기막힌 사고력이지요? 여러분이라면 이런 위기를 어떻게 이겨 낼 수 있을까요? 이것이 수학을 공부해야 하는 이유랍니다.

또 다른 이야기도 소개할게요. 도둑 3명이 은행을 털었어요. 훔친 돈을 세어 보니 무려 13,588,365,492원이나 되었지요. 도둑들은 셋이서 똑같이 나누어 가지려고 했지만 이 큰 수가 3으로 나누어떨어지는지 아닌지 몰라서 티격태격하다가 경찰에 붙잡히고 말았어요. 여러분은 이 수가 3으로 나누어떨어지는지 쉽게 알 수 있나요? 그냥 3으로 나누어 보면 안다고요? 계산기 없이 나눗셈을 하려면 시간도 오래 걸리고 긴 종이도 필요할 거예요. 한 군데만 틀려도 다시 나누어야 하지요.

수를 보고 3으로 나누어떨어지는지 바로 아는 방법이 있답니다. 《수학 바보》라는 책 소개에서도 이야기했지만 3으로 나누어떨어지는 수는 3의 배수여야 해요. 3의 배수는 3, 6, 9, 12, 15, 18, 21, 24, 27, …이지요. 이 수들을 보면 공통점이 있어요. 각 자리의 수를 더해 보면 12는 3(1+2), 15는 6(1+5), 18은 9(1+8), 21은 3(2+1), 24는 6(2+4), 27은 9(2+7)가 되지요. 즉 3, 6, 9가 반복되고 있어요. 그러니까 어떤 수가 3으로 나누어떨어지거나 3의 배수가 되는지 알고 싶으면 한 자릿수가 될 때까지 각 자릿수를 더해 보면 돼요. 더한 결과 3, 6, 9 중 하나가 되면 3의 배수이죠.

그렇다면 도둑들이 훔친 13,588,365,492원은 어떨까요? 각 자릿수를 더해 볼게요. 1+3+5+8+8+3+6+5+4+9+2=54가 돼요. 54는 5+4=9이므로 이 수는 3의 배수이며 3으로 나누어떨어지는 수예요. 또 이 수는 6, 9, 18, 27, 36으로 모두 각각 나누어떨어지지요. 그건 또 어떻게 아냐고요? 6은 3×2잖아요. 그러니까 3의 배수 중 짝수(2를 곱했으니까)인 수는 6의 배수가 되지요. 또 9의 배수는 9, 18, 27, 36, 45,

54, 63, 72, 81, …처럼 각 자릿수를 더하면 모두 9가 돼요. 도둑들이 훔친 돈의 액수가 짝수이고, 각 자릿수를 더했을 때 9가 되었잖아요? 그러니까 6과 9의 배수가 되는 거예요. 또 이 수는 3×6인 18의 배수이기도 하고, 3×9인 27의 배수이기도 하고, 6×6인 36과 6×9인 54의 배수이기도 하지요. 수학의 기초만 알고 있었더라도 도둑들은 훔친 돈을 빨리 3으로 나누어 가지고 도망쳤겠죠?

이렇게 이야기로 들으니 수학이 그렇게 어렵지 않지요? 수학은 기초를 알면 그리 어렵지 않답니다. 이런 개념을 알면 살면서 접하는 수들이 어떤 수의 배수인지 알아보면서 재미를 느낄 수 있지요. 앞서 이야기한 대로 자동차 번호가 3으로 나누어떨어지는지 따져 보기도 하고, 사칙연산을 하면서 특별한 수가 아닌지 생각해 보게 되지요.

## 생각하는 방법과 우주의 비밀을 풀어 주는 학문

살다 보면 주변에서 너무나 많은 수와 숫자를 보게 되지요. 물건의 수량, 주민등록번호, 전화번호, 아파트 층수와 호수, 도로 번호 등 셀 수 없을 정도예요. 수에 둘러싸여 있다고 수학을 잘해야 하는 것은 아니지만 수학에 관심을 가지고 수학적으로 사고하려고 하면 재미있는 일이나 유익한 일이 많이 생겨요. 이런 일들 역시 《피타고라스 생각 수업》에 등장하는 중요한 주제랍니다.

잡지와 책 만드는 일을 하면서 어느 수학교육학자를 만난 적이 있어요. 전화번호를 받고 나서 직감적으로 특별한 수임을 알았지요. 010을 뺀 여덟 자리가 모두 소수였거든요. 앞서 말했듯이 소수란 1과

자기 자신만을 약수로 가지는 수예요. 그 교수님에게 "역시 수학교육자이다 보니 전화번호도 특별하게 소수를 썼군요"라고 했더니 깜짝 놀라더라고요. 본인도 정작 소수인 줄 몰랐다는 것이지요. 또 수학 잡지 편집장을 하는 후배의 전화번호를 보고 둘 다 소수로 되어 있어서 역시 남다르다고 했더니 알려 줘서 고맙다고 하더라고요. 이렇게 어떤 수나 번호를 보면 특별한 수가 아닐까 생각해 보는 습관도 수학적 사고력에 도움이 되는 것 같아요.

학교에 다니는 학생들은 공부해서 기왕이면 좋은 성적을 얻어야 하지요. 그래도 꼭 좋은 대학에 가기 위해서 공부한다기보다는 생각하는 힘을 기르기 위해 공부한다고 생각하면 좋아요. 그러기 위해서는 과목별로 어떤 영역이 재미있는지 찾아볼 필요가 있죠. 수학에서도 어떤 게 재미있는지 한번 찾아보세요. 즐기면서 공부할수록 생각하는 방법을 얻고 세상의 비밀에 좀 더 다가가게 된답니다. 2006년 필즈상을 수상한 그리고리 페럴만이 상금 100만 달러를 거부하며 했던 말처럼 말이죠. "우주의 비밀을 쫓고 있는데 어찌 100만 달러에 연연하겠습니까?"

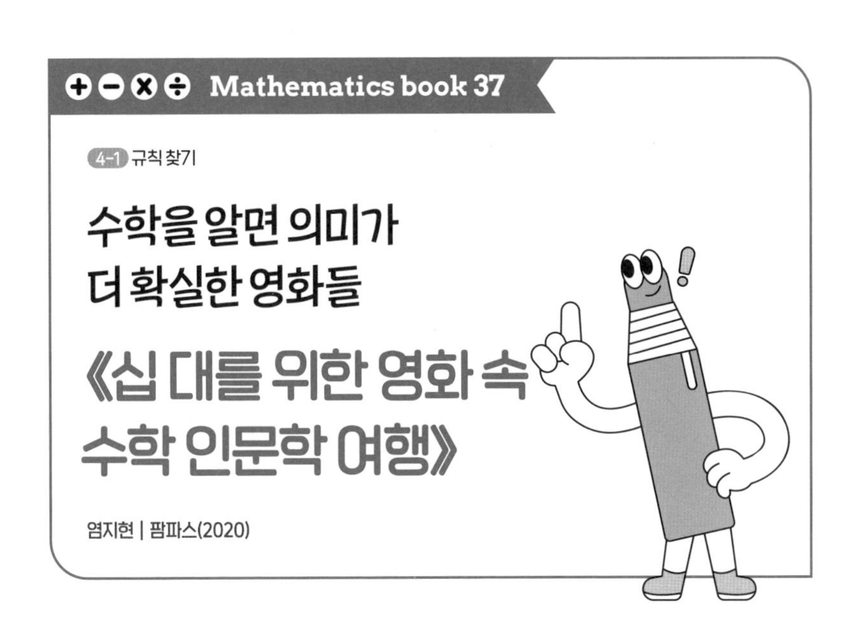


## 수학 소설이나 수학 영화는 왜 생소할까?

《십 대를 위한 영화 속 수학 인문학 여행》을 쓴 염지현 작가님은 제가 〈수학동아〉 편집장일 때 기자로 입사했어요. 대학교에서 수학을 전공했는데 제 기억으로는 당시에 인문학에도 관심이 많았답니다. 특히 영화를 보면서 수학을 찾는 것을 좋아하더니 이런 책을 쓰게 되었네요. 수학과 과학 잡지를 만들려면 여러 가지 분야에 관심을 가져야 해요. 특히 어린이들이 좋아하는 애니메이션, 영화, 소설, 게임 속에 숨어 있는 수학과 과학은 좋은 기삿거리가 된답니다. 같은 영화를 보더라도 수학 기자는 수학의 눈으로, 과학 기자는 과학의 눈으로 보지요.

그런 면에서 《십 대를 위한 영화 속 수학 인문학 여행》은 수학 전문 기자의 눈으로 본 영화 속 수학 이야기라고 할 수 있어요.

SF 소설이나 SF 영화에서 SF는 'Science Fiction'의 줄임말로 과학 소설 또는 과학 영화라고도 하지요. 그러고 보니 수학 소설이나 수학 영화라는 말은 생소하네요. 아마도 SF라는 장르에 수학도 포함되기 때문이겠지요. 그런데 이 책을 보니 수학을 다루는 영화도 꽤 많고, 영화를 통해 수학을 배울 수 있다는 것을 알게 되었어요. 그럼 이제부터 수학 영화 여행을 떠나 볼까요?

###  영화 속에 숨어 있는 수학은?

먼저 가볍게 퀴즈 하나 풀고 시작해 볼까요? 문제는 다음과 같아요.

> 'ㅇ-ㅇ-ㅅ-ㅅ-ㅇ-ㅇ-□-□-□-ㅅ'에서 □ 안에 들어갈 한글 초성은 각각 무엇일까?

이 문제는 예전부터 흔히 알려져 있었어요. 수학에는 이런 문제들이 특히 많은데 어떤 수들이 나열되어 있을 때 어떤 규칙이 있는지 찾는 것도 수학의 한 영역이기 때문이에요. 1, 1, 2, 3, 5, 8, 13, 21, ⋯. 이렇게 나열된 수들을 '피보나치수열'이라고 하잖아요? 이 수열의 규칙은 앞의 두 수를 더한 값이 그다음에 나온다는 거예요. 이 수들만 보면 딱히 특별하지 않은 것 같죠? 하지만 이 수열은 한 쌍의 토끼가 자라 새끼를 낳을 때 시간에 따라 토끼가 얼마큼 늘어났는지 계산하는 경우나 식물 줄기에 잎이 달리는 방식 또는 해바라기 꽃에 씨앗이 배열되는 방식 등 자연의 비밀을 밝혀 주는 중요한 수열이랍니다.

이 책에 소개된 〈페르마의 밀실〉이라는 영화는 밀실에 갇힌 네 사람이 주어진 시간 안에 문제를 풀어야 하는 내용이에요. 문제를 풀지 못하거나 시간이 지나면 밀실이 점점 작아져 결국 죽을 수 있지요. 밀실에 갇힌 사람들은 '5-4-2-9-8-6-7-3-1'이 어떤 규칙인지 맞혀서 페르마의 밀실에 초대되었어요. 이 영화가 스페인에서 만들어졌기 때문에 우리나라에 맞게 문제를 바꾸면 '4-5-2-3-9-8-6-7-1'이 되는데, 그럼 여기에는 어떤 규칙이 있을까요?

책을 잠깐 덮고 생각해 보세요. 1부터 9까지 수들을 읽어 보면 '하나-둘-셋-넷-다섯-여섯-일곱-여덟-아홉'이지요. 그러면 우리나라에 맞게 바꾼 배열인 4-5-2-3-9-8-6-7-1을 읽어 볼까요? '넷-다섯-둘-셋-아홉-여덟-여섯-일곱-하나'가 됩니다. 즉 영화 속 문제는 국어사전에 나오는 순서대로 수를 배열한 거예요. 영화에 나오는 수들은 스페인어 사전의 순서에 따라 '5(cinco, 싱코), 4(cuatro, 쿠아트로), 2(dos, 도스), 9(nueve, 누에베), 8(ocho, 오초), 6(seis, 세이스), 7(siete, 시에테), 3(tres, 트레스), 1(uno, 우노)'로 배열되어 있답니다. 그렇다면 앞서 낸 퀴즈에서 □ 안의 한글 초성도 맞힐 수 있겠지요? '일-이-삼-사-오-육-칠-팔-구-십'으로 □ 안에 들어갈 초성은 각각 'ㅊ, ㅍ, ㄱ'이지요.

《십 대를 위한 영화 속 수학 인문학 여행》은 〈페르마의 밀실〉처럼 수학과 수학자에 관한 영화 26편을 소개하고 있어요. 1부는 수학자에 관한 영화, 2부는 수학으로 사건을 해결하는 영화, 3부는 재난과 위기를 수학으로 해결하는 영화, 4부는 인문학과 수학의 관계를 주제로 하는 영화, 5부는 수학으로 만들어 낸 가상 현상을 다루는 영화예요.

책에서 처음 소개하는 영화는 〈이미테이션 게임〉이에요. 현대 컴퓨터의 초기 구조를 마련한 영국의 수학자 앨런 튜링의 일대기를 담은 영화이지요. 1939년 제2차 세계 대전이 일어났을 때 영국, 프랑스, 미국, 러시아(당시 소련)의 연합군이 독일과 맞서고 있었어요. 그런데 전쟁은 군인들만 하지 않았답니다. 수학자들은 암호를 만들고 해독하는 일로 맞서고 있었지요. 앨런 튜링은 독일군에서 만든 암호 제조기인 '에니그마'의 암호를 푸는 기계를 만들어 1분에 3명씩 죽어가던 사상 최악의 전쟁에서 1,400만 명의 목숨을 구했지요.

또 다른 이야기를 해 볼게요. 여러분이 친한 친구와 어떤 잘못을 해서 선생님에게 걸렸다고 해 보죠. 선생님은 둘을 따로 불러 둘 다 잘못을 인정하면 2주일 화장실 청소, 둘 다 인정하지 않으면 1주일 화장실 청소, 한 사람만 인정하면 인정한 사람은 용서하고 인정하지 않은 사람은 4주일 화장실 청소를 시키겠다고 해요. 여러분이라면 어떻게 하는 것이 유리할까요? 이것은 미국의 수학자 존 내시(1928~2015년)의 젊은 시절을 다룬 영화 〈뷰티풀 마인드〉에 나오는 '죄수의 딜레마'를 살짝 바꾼 거예요. 존 내시는 이런 경우엔 둘 다 인정하는 게 가장 바람직하다고 증명했어요. 자세한 증명 내용은 책에서 직접 확인해 보세요.

## 이순신 장군의 학익진은 수학의 부채꼴

1952년에는 일본이 조선을 침략한 임진왜란이 일어났죠. 육지에서 승승장구하던 일본군은 옥포해전에서 이순신 장군에게 패하면서 주춤했답니다. 옥포해전은 조선 해군이 일본 군함을 포위해 26척을 모두 물리치고 승리한 전투인데 임진왜란 중 첫 승리였지요. 이 전투에서 승리할 수 있었던 것은 이순신 장군의 '학익진' 전술이었어요. 학이 날개를 펼친 모양인데 수학에서 말하는 부채꼴의 '호' 모양이지요.

이순신 장군은 적의 군함까지의 거리를 정확하게 계산하기 위해 산학자의 도움을 받았다고 해요. 앞서 소개했듯이 산학자는 지금으로 치면 수학자이지요. 당시 산학자들은 직각삼각형의 닮음비(닮은꼴 관계에 있는 도형에서 대응하는 두 선분의 비)를 이용해 정확한 거리를 구해서 대포와 화살이 명중할 수 있게 도왔답니다.

영화 〈명량〉은 임진왜란이 일어난 지 5년쯤 지난 1597년에 명량해전에서 조선 해군이 승리한 이야기를 다루고 있지요. 단 12척의 배로 일본군 전함 330척(어떤 문서에서는 133척이라고도 해요)을 물리친 전투였죠. 명량해전에서 이순신 장군은 일자진(일자로 좌우로 길게 뻗은 모양)과 날개 접은 학익진 전술을 효율적으로 이용했습니다. 명량은 물살이 빠르고 소리가 요란해 바닷목이 우는 것 같다고 해서 '울돌목'이라고도 불렀어요. 울돌목을 한자로 쓰면 명량이 되지요. 이순신 장군은 진법뿐 아니라 지형을 이용해서 수학적·과학적으로 전투에서 이긴 것이랍니다.

## <백설공주>에는 왜 일곱 난쟁이가 나올까?

이 책을 읽다 보니 예전에는 생각하지 못했던 이야기가 눈에 띄었어요. 〈백설공주〉에 대한 것이랍니다. 1812년 그림 동화에 53번째 이야기로 처음 수록된 〈백설공주〉는 2012년 백설공주 탄생 200주년에 맞추어 영화 〈백설공주〉로 재탄생했습니다. 지금 소개하는 이야기는 이 영화 〈백설공주〉에 나오는 이야기로, 난쟁이가 7명인 이유를 수학적으로 설명하고 있어요.

7은 6이나 8과 같이 절반으로 나눌 수 없는 홀수예요. 두 의견을 다수결로 정할 때 6명이나 8명은 같은 수가 나올 수 있지만 7명은 기권하지 않는 한 한쪽으로 결정할 수 있지요. 또 7은 1+2+2+2, 1+3+3, 2+3+2와 같이 분할수로 표현하는 방법이 무려 15가지나 되지요. 일곱 난쟁이가 단체 생활을 하는 '산적'임을 생각하면 6이나 8보다는 7이 적지도 많지도 않고 딱 맞아요. 난쟁이들은 외모 때문에 인적이 드문 산속에 집을 짓고 살면서 오가는 사람들에게 '산적질'을 하며 생계를 유지해요. 이때 7명은 '둘-셋-둘'로 조를 짜서 팀워크를 발휘하지요. 처음 2명이 자신들의 존재를 알리고, 3명이 본격적인 임무를 완수하고, 나머지 2명이 마무리하는 방식이지요.

한편 영화에는 실제 배우가 등장하기도 하지만 현실에서는 존재할 수 없는 가상 캐릭터도 많이 나오지요. 〈캐리비안 해적〉에 나오는 오징어 얼굴 '데비존스', 〈아바타〉에 나오는 '나비족', 〈반지의 제왕〉에 나오는 '골룸', 〈혹성탈출〉에 나오는 '시저' 등은 모두 컴퓨터 그래픽으로 만든 등장인물이에요. 애니메이션의 캐릭터들도 컴퓨터가 없으면 만들 수 없어요. 컴퓨터 그래픽은 캐릭터의 외모를 묘사하는 것은 물론이고 움직이게 해 주지요. 애니메이션 제작자들이 가장 어려워한다는 눈, 물, 털, 연기 등을 구현하는 데는 수학의 한 분야인 '미분'이 필요하다고 해요. 미분은 초등학생뿐만 아니라 중학생에게도 아직 어려운 개념이에요. 여기서는 영화에 수학이 이렇듯 중요한 역할을 한다는 것 정도만 알아 두면 됩니다.

➕➖✖➗ Mathematics book 38

5-1 다각형의 둘레와 넓이

# 수학으로 여는 미래는 어떨까?

## 《미래가 온다 - 수학》

김성화, 권수진 | 와이즈만북스(2023)

### 물질의 세계에는 원소, 수의 세계에는 소수

인간의 원초적인 호기심 중 하나는 '물질은 무엇으로 이루어져 있을까?'예요. 어떻게 해야 물질이 무엇으로 이루어져 있는지 알 수 있을까요? 그래요. 잘라 보면 돼요. 사과 속이 궁금하면 잘라 보는 것처럼 말이지요. 물질을 계속 자르면 분자가 되고 분자를 또 자르면 원자가 됩니다. 그래서 고대 그리스의 철학자이자 과학자인 데모크리토스는 물질을 계속해서 자르면 더 이상 자를 수 없는 '원자'가 된다고 생각했어요.

원자를 '아톰'(atom)이라고 하는데 'a-'는 '~할 수 없는'을 뜻하고,

'tom'은 '자르다'는 뜻이지요. 영국의 과학자 존 돌턴도 물질은 원자로 되어 있다는 '원자론'을 주장했고요. 물론 그 후에 원자도 원자핵과 전자로 나누어진다는 것이 밝혀졌지만 물질이 원자로 이루어진 것은 틀림없는 사실이지요. 원자는 물질을 이루는 개개의 입자를 말해요. 예를 들어 '물'이라는 물질은 물 분자로 이루어져 있고, 물 분자 1개는 수소 원자 2개와 산소 원자 1개로 이루어져 있지요. 여기서 수소와 산소 같은 원자의 종류를 원소라고 합니다. 그러니까 물 분자 1개는 수소 원자 2개와 산소 원자 1개로 이루어져 있어 원자의 개수는 3개지만 원소의 개수는 2개랍니다.

그런데 여러분 그거 아나요? 수도 쪼갤수록 원소와 같이 나누어진다는 것을요. 바로 소수입니다. 소수의 특징은 앞서 소개해서 잘 알고 있을 거예요. 소수란 '근본이 되는 수'라는 뜻이지요.

물 분자 1개가 수소 원자 2개와 산소 원자 1개로 되어 있다고 했지요? 예를 들어 12라는 수는 $2\times2\times3$으로 쓸 수 있어요. 여기서 2와 3은 소수예요. 그러니까 12라는 수를 소수의 곱으로 나타낼 수 있지요. 즉 모든 수를 근본이 되는 수로 나타낼 수 있다는 거예요. 소수란 1과 자기 자신만을 약수로 갖는 수인데 약수는 나누어떨어지게 하는 수를 말하지요. 이 소수가 얼마나 중요한지는 《미래가 온다 – 수학》 시리즈의 두 번째 책인 '거대 소수로 암호를 만들어!'에 잘 나와 있답니다. 근본이 되는 수로 암호를 만든다는 이야기입니다.

우리는 살면서 많은 암호를 쓰고 있어요. 스마트폰이나 컴퓨터가 없으면 아주 불편하지요? 이렇듯 생활을 편리하게 해 주는 기기뿐 아니라 맛있는 치킨이나 피자를 주문해서 먹는 것도 암호가 있어서 가능하답니다. 책을 읽어 보며 소수를 찾는 방법을 알아가면 도움이 될 것 같아요. 《미래가 온다 – 수학》은 수학자들이 이룩한 수학의 개념과 원리를 익히면서 수학적 사고가 미래를 어떻게 바꾸어 놓을지 소개하고 있어요. 《미래가 온다 – 과학》 시리즈에 이어서 수학 시리즈도 꾸준히 출간되고 있답니다.

### 수학을 할 줄 알아야 외계인도 만날 수 있다?!

《미래가 온다 – 수학》 시리즈의 첫 번째 주제는 '외계인도 수학을 할까?'입니다. 이 책에서는 외계인을 만난다면 분명 그 외계인은 수학을 잘할 거라고 이야기하지요. 수학을 할 줄 알아야 지구까지 전자기파를 보낼 수 있고 우주선도 만들 수 있겠지요? 그리고 언어는 통하지 않겠지만 우주 공통의 언어인 수학만큼은 통할 거예요. 이것만 봐도 수학이 얼마나 중요한지 알 수 있죠.

이 시리즈의 네 번째 책인 '삼각형은 힘이 세다!'를 보니 고대 철학자이자 수학자인 플라톤에 관한 재미있는 일화가 있네요. 플라톤은 기하학을 몹시 사랑해서 아테네에 유명한 학교를 세우고 문 앞에 이렇게 적어 놓았대요. '기하학을 모르는 자, 이 문으로 들어오지 말라!' 사람들은 플라톤이 얼마나 똑똑한지는 몰라도 거만한 선생이라고 생각했지요. 그런데 플라톤은 기하학을 할 줄 아는 극소수의 사람만 학교에 들어오라고 문 앞에 이런 문구를 적어 놓은 게 아니라고 해요. 어느 날 플라톤이 친구의 집에 놀러 갔대요. 그 집에는 하인이 있었는데 교육은커녕 학교 문 앞에도 가 본 적이 없었죠. 플라톤은 그 하인에게 기하학 문제를 냈어요. 막대로 모래 위에 정사각형을 그려 보라고 한 거죠. 하인은 모래 위에 막대를 대고 가로와 세로의 길이가 똑같은 정사각형을 그렸답니다. 이 정도는 누구든 할 수 있겠지요?

플라톤은 잘했다고 칭찬하며 이번에는 그 정사각형보다 딱 2배 넓은 정사각형을 그리라고 했어요. 하인은 가로와 세로를 2배로 늘려 정사각형을 그렸지요. 그런데 넓이가 2배가 될 줄 알았는데 4배가 된 거예요. 그때 플라톤이 '본래 정사각형의 반을 가지고 해 보라'고 조언해 주었어요. 하인은 뭔가 깨달은 듯 무릎을 '탁' 치며 넓이가 2배 되는 정사각형을 그렸어요. 어떻게 그렸을까요? 여러분도 잠시 책을 덮고 직접 그려 보세요. 정답은 다음과 같답니다.

이 일화를 통해 플라톤은 누구든지 기하학을 할 수 있다는 것을 보여 주었답니다. 다시 말해 플라톤은 기하학을 모르는 사람은 학교에 들어오지 말라고 하면서도 기하학을 배우고자 하는 의지만 있다면 누구든지 가능하다는 것을 강조한 것 같아요.

## 쉽고도 어려운 1+1=2

《미래가 온다 - 수학》 시리즈의 첫 번째 책 주제가 '외계인도 수학을 할까?'라고 했지요? 여기에는 수학이 무엇인지 소개하면서 초등학교에서는 배우지 않는 음수를 설명해요. 초등학생이라면 벌써 음수를 배울 필요는 없어요. 하지만 이 책을 읽어 보면 자연스럽게 자연수, 0, 음수 그리고 분수의 개념에 대해 알게 되지요.

또 아주 가슴에 와닿는 말이 있어요. "신은 자연수를 만들고 나머지는 인간이 만들었다"는 말이에요. 자연수는 1부터 1씩 더하며 얻는 수인데, 인간이 만들지 않고 자연에서 볼 수 있는 수이기 때문에 자연수라고 하지요. 하지만 0을 포함한 나머지 수는 필요에 따라 인간이 만들었지요.

수학 공부를 시작할 때 가장 먼저 만나는 수식이 '1+1=2'일 거예요. 너무나 쉽고 당연한 덧셈식에 불과하지요. 발명왕 토머스 에디슨은 선생님이 1+1=2라고 하자 밖에 나가 흙덩이 2개를 들고 와서 합친 다음 1+1=1이라고 주장했다고 합니다. 아마도 선생님은 무척 난감했을 거예요. 에디슨 같은 학생에게 1+1=2라는 것을 이해시키는 것은 쉽지 않았죠. 에디슨은 결국 학교를 그만두고 어머니에게 교육을 받았다고 합니다.

그런데 1+1=2는 세계적으로 유명한 철학자들도 깊이 생각한 문제예요. 버트런드 러셀은 스승인 알프레드 화이트헤드(1861~1947년)와 함께 《수학의 원리》라는 아주 두꺼운 책을 썼어요. 이 책에 1+1=2인 것을 증명하는 내용이 나오는데 무려 362쪽이나 된다고 해요. 1+1=2

가 그렇게 많은 부분을 할애하여 증명해야 하는 문제일까요?

더 재미있는 것은《수학의 원리》책이 나왔을 때 처음부터 끝까지 읽은 사람은 딱 세 명이었다는 이야기가 있어요. 화이트헤드, 러셀 그리고 미국의 천재 수학자인 쿠르트 괴델(1906~1978년)이에요. 괴델은《수학의 원리》를 읽고 수학으로는 모든 수학을 증명할 수 없다는 것을 증명해서 수학자들을 혼란에 빠트리기도 했답니다.

《미래가 온다》시리즈의 가장 큰 장점은 읽기 편하다는 거예요. 글이 많지 않고 그림이 재미있거든요. 또한 학습에 도움이 될 내용만 담겨 있으면서 상상력을 풍부하게 키워 주지요. 한 번 읽고 책장에 꽂아 두지 말고 몇 번 꺼내 읽어도 좋겠어요. 수학 공부를 더 쉽게 더 많이 더 오래 할 수 있도록 도와줄 거예요.

Mathematics book 39

3-1 곱셈 6-2 소수의 나눗셈

## 써먹을 데가 없어도 배워야 하는 수학

# 《수학을 배워서 어디에 써먹지?》

루돌프 타슈너 | 아날로그(2021)

### 수학을 배우지 않으면 생기는 일

약 500년 전인 1522년에 오스트리아 남부의 작은 마을인 트라텐바흐에 어떤 농부가 살고 있었어요. 어느 날 헛간에 수확한 밀을 자루에 담아 쌓고 있는데 딸이 와서 밀을 얼마나 수확했는지 물어보았죠. "아주 많단다." 농부는 자랑스럽게 말했지요. 세어 보니 XVII자루예요. 당시 오스트리아는 로마 숫자를 쓰고 있었거든요. 딸이 궁금해서 물었어요. "밀 한 자루의 무게가 얼마나 되나요?" 농부는 저울에 올려 밀을 달아 보았어요. 똑같이 XXIII파운드였어요. 딸이 다시 물었어요. "그러면 헛간에 있는 밀의 총 무게는 얼마예요?"

농부는 진땀을 흘렸어요. XVII에 XXIII을 곱해야 하는데, 이렇게 어려운 계산은 할 수 없었거든요. 그래서 일요일에 교회에 가서 목사에게 계산을 부탁했어요. 목사는 종교 문제는 정통했지만 수학 문제는 해결해 주지 못했어요. 하지만 대도시인 빈에 가면 계산 전문가가 있다고 알려 주었죠.

농부는 빈에 가서 계산 전문가에게 물었어요. "XVII에 XXIII을 곱하면 얼마입니까?" 계산 전문가는 바로 대답했어요. "2길더요." 농부는 또 물었지요. "2길더라니 무슨 뜻입니까?" 계산 전문가는 "대답을 듣고 싶으면 2길더를 내라는 뜻이요"라고 말했죠. 농부는 큰돈이지만 어쩔 수 없이 2길더를 냈지요. 한참 기다리니 계산 전문가는 XVII에 XXIII을 곱하면 CCCLXXXXI이라고 알려 주었어요. 농부는 2길더라는 큰돈을 냈지만 그게 무엇을 뜻하는지 알 수 없었지요.

이 일이 있은 지 얼마 후 독일의 계산 전문가 아담 리스는《선과 깃털에 대한 계산》이라는 책을 출간했지요. 1, 2, 3, 4, 5, 6, 7, 8, 9라는 인도-아라비아 숫자를 가지고 덧셈, 뺄셈, 곱셈, 나눗셈하는 방법을 알려 주는 책이었죠. 이 책에서 설명하는 곱셈 방법으로 농부의 밀 무게를 계산해 보면 17×23=391임을 금방 알 수 있었어요. 여러분이 농부라면 2길더라는 거금을 주고 계산 전문가에게 부탁할 건가요? 아니면 이 책을 사서 계산 방법을 익힐 건가요?

당연히 책을 사서 계산 방법을 익히면 다른 것들도 쉽게 계산할 수 있겠지요? 이 이야기는《수학은 배워서 어디에 써먹지?》라는 책에 나옵니다. 실제로 아담 리스의 책이 나오기 전에는 계산하기 위해 비싼

돈을 내야 했지요. 그런데 이 책이 나오면서 계산 전문가라는 직업이 사라졌다고 해요.

여러분도 XVII에 XXIII을 곱한다는 것이 쉽게 와닿지 않을 거예요. 로마 숫자 XVII는 17이고 XXIII은 23이에요. 로마 숫자는 손가락 하나를 펴면 I(1), 2개를 펴면 II(2), 3개를 펴면 III(3), 4개를 펴면 IIII(4)이지요. 여기에 엄지손가락까지 펴면 IIIII(5)가 되는데 언뜻 보아서는 IIII와 IIIII를 구별하기 어려워서 IIIII를 4개의 손가락을 합치고 엄지손가락은 편 V 모양으로 만들어 썼지요. 10은 V와 ∧(거꾸로 된 V)를 합쳐 X로 만들었고요. 여기까지는 농부도 알고 있었지만 XVII에 XXIII을 곱하는 것은 계산 전문가만 할 수 있었어요. 사실 좀 똑똑한 농부였다면 XVII과 XXIII을 각각 XX(20)으로 어림하면 XX에 XX을 곱해서 CCCC(400)이 된다는 것을 알았을 거예요. CCCC은 계산 전문가에게 돈 들여 계산한 CCCLXXXXI(391)과 9밖에 차이 나지 않아요. 여기서 C는 100이고 L은 50이에요.

### 언젠가는 직접 계산할 일이 생겨!

이렇듯 우리가 수학을 공부해야 하는 이유 중 하나는 계산을 잘하기 위해서예요. 아담 리스의 《선과 깃털에 대한 계산》은 작가가 살아 있는 동안에도 100쇄 넘게 팔렸다고 해요. 사람들이 계산하고자 했던 이유는 계산이 흥미롭고 재미있어서가 아니었대요. 자기 재산이나 물건 가격을 정확히 알기 위해 계산 전문가에게 돈을 내지 않아도 되었기 때문이죠. 이처럼 수학은 살아가는 데 꼭 필요하답니다.

초등학교에 입학하면 수학 시간에 수와 연산부터 배우지요. 수와 연산은 6학년 2학기에 나오는 '분수의 나눗셈'과 '소수의 나눗셈'까지 이어져요. 그런데 많은 사람은 계산기나 컴퓨터가 다 계산해 주는데 왜 계산을 배워야 할까 하고 생각할 거예요. 이에 대해《수학은 배워서 어디에 써먹지?》에서는 다음과 같이 이야기하고 있어요. 우리의 현실에 맞추어 살짝 바꾸어 소개할게요.

여러분이 마트의 점원이 되었다고 해 보죠. 고객이 담아 온 물건을 계산대에 올려놓았어요. 물건의 바코드를 모두 찍으니 56,730원이네요. 여러분은 물건 값을 일일이 계산하지 않아도 돼요. 단말기가 알아서 계산해 주니까요. 고객이 지갑에서 5만 원짜리 지폐 1장, 만 원짜리 지폐 1장을 주자 여러분은 단말기에 60,000원을 입력해요. 거스름돈도 단말기에서 척척 계산해 주니까요. 단말기가 알려 주는 거스름돈은 3,270원이네요. 이때 고객이 "잠시만요. 730원 드릴게요"라고 말해요. 점원인 여러분은 당황스럽지요. '그냥 거스름돈 3,270원을 주면 되는데, 고객이 730원을 내면 내가 얼마를 주어야 하지?' 단말기에 의존해 온 여러분은 머릿속으로 직접 계산해야 하지요. 이처럼 아무리 계산기나 컴퓨터가 계산해 줘도 한 번쯤은 직접 계산해야 할 때가 온답니다. 그래서 수학에 계산만 있는 것은 아니지만 수학 공부를 해야 하는 거예요.

## 계산을 쉽게 하는 여러 가지 방법

《수학은 배워서 어디에 써먹지?》의 부제는 '계산기가 있어도 수학을 알아야 하는 이유'예요. 앞에서 로마 숫자의 곱셈에 관해 이야기했지요? 17에 23을 곱할 때 계산기를 꺼낸다고 누구도 뭐라고 하지 않겠지만 이 정도는 계산기를 들기 전에 '어림하기'를 할 줄 알아야 해요. 17은 20으로 올리고 23은 20으로 내려서 20×20=400이 된다는 것을 알면 여러 가지 편리한 점이 있어요. 실제 계산한 391과 9밖에 차이 나지 않으니까요.

나눗셈도 생각해 보면 쉽게 할 수 있지요. 314.2를 27.13으로 나눈다고 해 볼게요. 이를 암산으로 하는 사람은 많지 않지요. 하지만 우선 내림하여 암산해 보세요. 314.2는 300으로 27.13은 25로 내림하는 거예요. 300÷25를 할 때는 300을 100으로 나누고 4를 곱하면 되지요. 그러면 3×4와 같아 12가 되겠지요? 정확한 계산은 아니지만요. 이번에는 올림으로 암산해 보세요. 314.2는 330으로 27.13은 30으로 올려 계산해요. 그러면 330÷30이니 11이 되지요. 계산기로 314.2÷27.13을 해서 소수점 두 자리까지 나타내면 11.58이에요. 즉 어림하여 암산한 11과 12 사이에 있는 값이지요. 이 정도면 어림하기도 꽤 쓸 만하지요? 수학은 정확한 계산이 중요하지만 가끔은 어림하기도 필요하답니다.

수학을 공부하다 보면 계산할 수 있어도 어떤 의미인지 이해하기 어려운 경우도 많아요. 그중 하나가 음수이죠. 초등학교 때는 아직 배우지 않지만 여기서 간단히 소개해 볼게요. 우리가 흔히 쓰는 수는 1, 2, 3, 4, 5, …와 같은 수잖아요? 이런 수를 자연수라고 해요. 음수는 0보다 작은 수를 말합니다. 그래서 1, 2, 3, 4, 5, …를 '양수'라고도 하지요. 음수는 숫자 앞에 '-(마이너스)'를 붙여 -1, -2, -3, -4, -5, …라고 써요. 아래와 같이 수평선에 숫자를 써 보면 쉽게 알 수 있어요. 이러한 표시는 온도계에서도 볼 수 있죠.

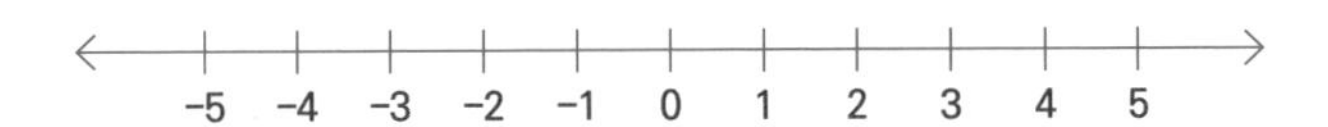


이런 수평선을 가지고 덧셈, 뺄셈, 곱셈, 나눗셈하는 방법이 이 책에 나와 있는데 아주 흥미로워서 여기서도 소개해 볼게요. 먼저 1+2=3을 수평선에 표시해 보죠.

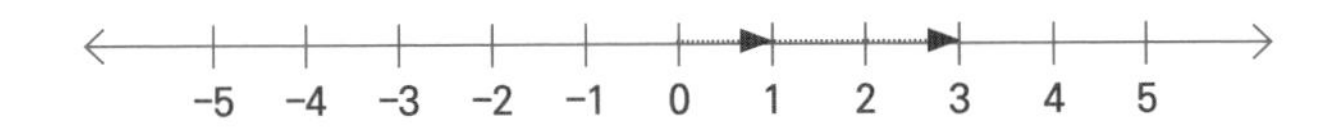


그런데 곱셈이나 나눗셈도 이런 식으로 계산할 수 있다고 해요. 우선 2×3이 어떻게 6이 되는지 그림으로 표시해 볼게요. 곱셈과 나눗셈은 수평선과 수직선이 필요해요.

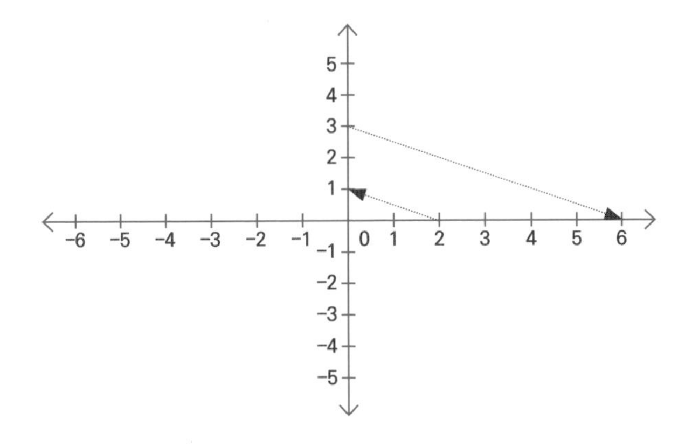

수평선에서 첫 번째 수인 2를 찾아 수직선 위의 1과 연결해요. 그다음 수직선에서 두 번째 수인 3을 찾아 그어 놓은 선에 평행하도록 선을 그어요. 그러면 6을 지나게 되는데 이것이 $2\times3=6$이 됩니다. 같은 방법으로 $2\times(-3)=-6$과 $(-2)\times3=-6$도 그림으로 표시해 볼게요.

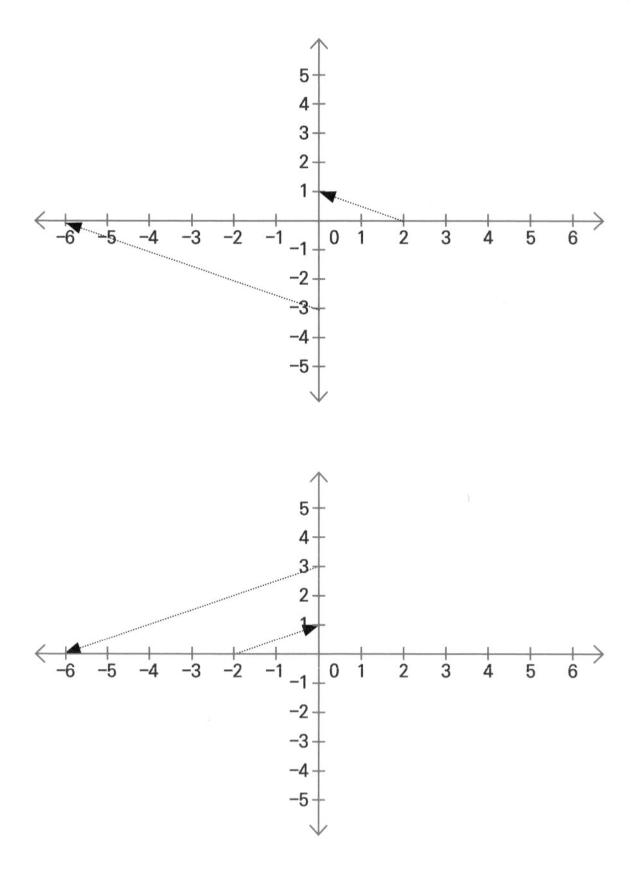


좀 특이한 방법이지만 양수와 음수의 곱셈도 쉽게 할 수 있지요. 그러면 이제 (음수)×(음수)를 해 볼게요. $(-2)\times(-3)$은 얼마일까요?

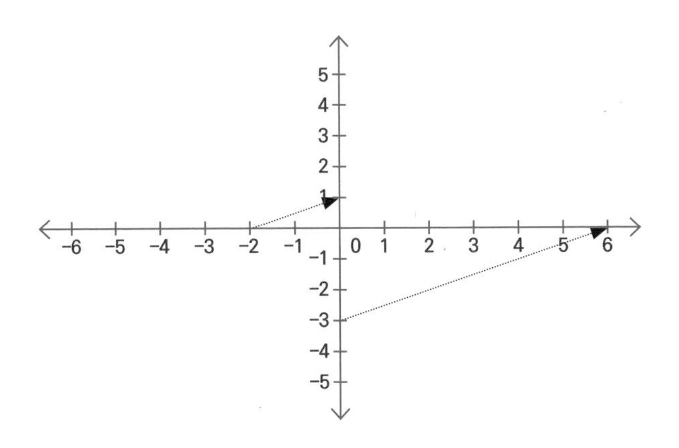


수평선에서 시작하면 수직선으로, 수직선에서 시작하면 수평선으로 평행하게 그으면 되지요. 그래서 (음수)×(음수)=(양수)가 됩니다.

그러면 수평선과 수직선을 이용한 나눗셈은 어떻게 할까요? 6÷3=2를 표시해 볼게요. 수평선의 6에서 수직선의 3으로 직선을 그어요. 그다음 수직선의 1에서 이미 그어 놓은 선과 평행하게 직선을 그으면 2와 만나지요. 이것이 6÷3의 몫이 됩니다.

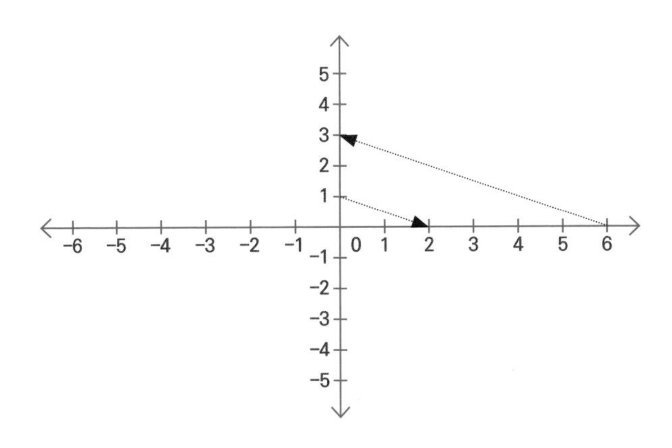


나눗셈을 이런 방식으로 하면 어떤 수를 왜 0으로 나눌 수 없는지

도 알 수 있어요. 예를 들어 5÷0을 그림으로 풀어 볼게요.

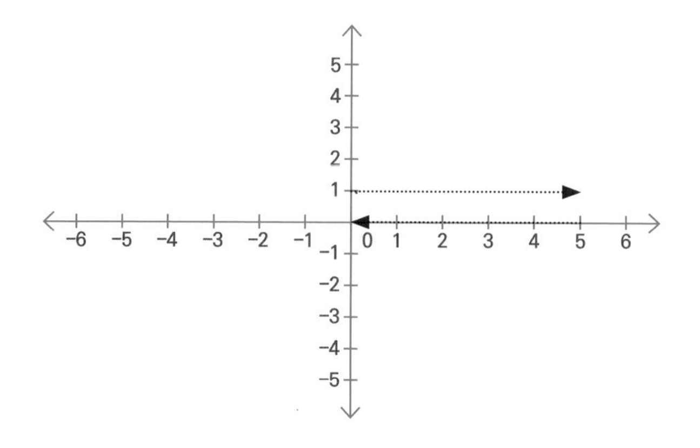


5에서 0을 연결하는 직선을 그어요. 0이 수평선 위에 있으므로 이 선은 수평선이 되지요. 다음에 수직선에서 1을 찾아 이미 그어 놓은 선과 평행하게 직선을 그어요. 이 선도 수평선이 되어 어떤 수와도 만나지 않아요. 그러니까 어떤 수도 0으로 나눌 수 없죠.

'수학은 배워서 어디에 써먹지?' 이 질문은 누구나 할 수 있지만 쉽게 답하기 어려워요. 하지만 잘 생각해 보면 우리는 한순간도 수학과 동떨어져 살 수 없어요. 만약 지금이 오후 3시인데 1시간 30분짜리 영화를 보고 나서 엄마와 만나기로 했다고 해 보죠. 엄마와 만나는 시각은 몇 시 몇 분인가요? 이렇듯 우리는 알게 모르게 수학을 하고 있답니다.

**Mathematics book 40**

5-1 분수의 덧셈과 뺄셈

# 수학을 잘하는 비법은 문해력! 《달라도 너무 다른 수학책》

알렉스 프리스 외 | 내인생의책(2015)

## 단계와 난이도가 중요한 수학

언젠가 초등학교 수학 교과서와 과학 교과서를 가만히 살펴보았어요. 수학 교과서는 1학년부터 있고 과학 교과서는 3학년부터 있어요. 물론 1학년과 2학년에도 과학 관련 내용이 있지요. 봄·여름·가을·겨울 교과서에 과학 내용이 일부 담겨 있거든요.

과학 교과서는 크게 물질, 에너지, 생명과학, 지구과학 등으로 구성되어 있어요. 수학 교과서는 수와 연산, 도형, 측정, 규칙성, 자료와 가능성으로 되어 있답니다. 초등학교 수학은 1학년부터 6학년까지 이 다섯 가지 영역을 배우는데 학년이 올라갈수록 점점 더 어려워질 뿐이에요. 중학교에 가서도 마찬가지죠.

과학은 어느 면에서 계속 이어지지는 않아요. 식물의 한살이 단원이 고학년에서 다시 나오지는 않지요. 하지만 수학은 덧셈과 뺄셈이라는 단원이 몇 번에 걸쳐 나와요. 따라서 초등학교 때 어떤 단계를 잘 이해하지 못하고 지나가면 다음 단계로 넘어갈 때 어렵게 느껴집니다. 특히 수학은 기초가 중요해서 기본이 부족할수록 공부하기 더욱 힘들죠. 따라서 교과서 외에 수학의 재미를 느낄 수 있게 해 주는 수학책을 많이 볼수록 좋아요.

《달라도 너무 다른 수학책》은 수학의 다섯 가지 영역을 모두 다루면서 수학에 좀 더 쉽게 다가갈 수 있게 도와줍니다. 다섯 가지 영역이 1장부터 5장까지 나오고 마지막 6장에 '수학이 걸어온 길'에 대해 정리해 주고 있죠.

첫 장을 열어 보니 '수학은 무엇일까요?'라는 내용이 나와요. 여기서는 다음과 같은 문제가 등장합니다.

1년 열두 달 중에 28일을 가진 달은 몇 개나 있을까?

많은 사람이 자신 있게 정답을 1개라고 말할 거예요. 여러분은 정답을 뭐라고 했나요? 12개라고 답했다면 수학뿐 아니라 문해력이나 수학적 사고력도 뛰어나다고 할 수 있습니다. 자세히 살펴볼까요? 모든 달은 28일을 가지고 있지요. 2월도 28일 또는 29일이니 28일을 가지고 있어요. 그래서 28일은 열두 달 모두 가지고 있으니 정답은 12개랍니다. 다들 2월이 28일까지밖에 없는 해가 있으니 순간적으로 그것만 생각하다가 정답을 틀리는 거예요.

이 책에서는 이 문제를 소개하며 수학 문제를 풀 때 수 자체가 아니라 문장의 뜻을 잘못 이해할 수도 있다는 것을 이야기하고 있어요. 그리고 수학을 잘하는 비법은 별다른 게 아니라 '문제를 주의 깊게 읽는 것'이라고 강조하지요. 아주 중요한 비법이랍니다.

## 수학 뭐, 별거 아니네!

앞서 소개했지만 많은 초등학생이 1~2학년 때는 수학을 줄곧 잘하다가 3학년 때 나눗셈에 이어 분수와 소수를 배우면서 수학 공부에 어려움을 겪는다고 해요. 분수는 우리가 흔히 보거나 쓰는 수가 아니기 때문이지요. 처음 수학을 배우면서 0부터 9까지의 수로 모든 수를 표현할 수 있다는 것을 알게 되지요. 그래서 학년이 올라가면서 0, 2, 4, 6이라는 4개의 수로 만들 수 있는 가장 큰 네 자리 수와 가장 작은 네 자리 수의 차는 얼마인가?'라는 문제도 풀 수 있는 거예요. 한번 풀어 볼까요? 가장 큰 네 자리 수는 6,420이고, 가장 작은 네 자리 수는 2,046이지요. 그러니 6,420-2,046=4,374가 되어 답은 4,374랍니다.

하지만 세상에는 자연수처럼 1씩 더해서 만들어지는 수만 있지 않답니다. 둘이서 사과 2개를 똑같이 나누어 먹는다면 각자 1개씩 먹으면 되지요. 그런데 사과가 1개밖에 없다면 각자 1개씩 먹을 수 없겠죠? 이때 분수가 등장하여 각자 2분의 1개씩 먹는 거예요. 그러니까 2분의 1은 0보다 크고 1보다는 작은 수가 되는 것이지요. 이것을 소수로 나타내면 사과를 똑같이 10조각으로 쪼개고 각자 5조각씩 가질 수 있으므로 2분의 1은 10분의 5와 같고 이것은 0.5가 되지요.

소수도 소수점 아래의 수는 0보다 크고 1보다 작은 수예요. 분수 자체도 어려운데 분수의 덧셈, 뺄셈에 이어 곱셈, 나눗셈까지 하라고 하면 이때부터 수포자가 나오기 시작하지요. 분수의 곱셈을 할 때는 분모는 분모끼리 곱하고 분자는 분자끼리 곱해도 되지만 분수의 덧셈과 뺄셈은 그렇게 하면 안 되잖아요?

여러 번 설명했지만 분수의 덧셈과 뺄셈을 할 때는 분모를 같게 해 주는 통분을 해야 해요. 이 책에서는 분수를 소개하면서 하나의 분수를 다른 여러 분수로 나타낼 수 있으니 $\frac{50}{100}$, $\frac{10}{20}$, $\frac{1}{2}$은 모두 절반을 나타내는 같은 수임을 알려 주고 있어요. 그러니까 $\frac{10}{20}+\frac{1}{2}=\frac{10}{20}+\frac{10}{20}=\frac{20}{20}=1$ 임을 알 수 있지요. 이렇게 분수의 덧셈에서 분모를 모두 20으로 바꿔 주는 것이 통분이에요. 또 분수는 되도록 간단하게 나타내는 것이 좋은데 그렇지 않은 경우도 있다는 것을 알려 주지요. 예를 들어 30명으로 이루어진 합창단에서 몇 명이 왼손잡이인지 보려면 $\frac{1}{6}$보다는 $\frac{5}{30}$가 잘 와닿습니다. $\frac{5}{30}$라고 하면 30명 중 5명이라는 것을 금방 알 수 있지만 $\frac{1}{6}$이라고 하면 전체가 6명인지 30명인지 알 수 없으니까요.

한편 이 책은 거듭제곱, 음수, 제곱근 등 아직 초등학교 수학에서 배우지 않는 수학 개념도 다루고 있어요. 앞서 설명하긴 했지만《달라도 너무 다른 수학책》을 통해 한번 알아 두면 좋을 것 같네요.

책 마지막에 있는 '시대별로 보는 수학'에서는 약 4,500년 전 고대 바빌로니아 사람들이 수학 문제를 점토에 새긴 석판 유물부터 시작해서 고대 이집트의 수학, 피라미드의 높이를 구한 탈레스, 유클리드의 기하학과 원주율의 발견, '0'의 최초 사용, 사칙연산의 시작 등 수학이 걸어온 길을 한눈에 볼 수 있게 정리해 놓았어요. 이렇듯 수학을 전체적으로 살펴보며 재미를 찾다 보면 '수학 뭐, 별거 아니네!'라는 자신감이 들 거예요.

**Mathematics book 41**

5-2 합동과 대칭 6-2 공간과 입체

# 화가가 되려면 수학 공부를 하라!

# 《수학이 숨어 있는 명화》

이명옥, 김흥규 | 시공아트주니어(2007)

## 사랑을 표현하는 뫼비우스의 띠

엄마나 아빠의 생일날 특별한 선물을 준비해 보면 어떨까요? 먼저 색종이 2장을 준비하고 각각 길게 4등분이 되도록 접었다 편 다음 가위로 한가운데 선을 따라 잘라요. 그러면 각각 2개씩 총 4개의 띠가 나오겠지요? 이제 4개의 띠를 같은 색깔끼리 길게 이은 다음 긴 띠의 중간에 길게 선을 그어요. 나중에 가위로 선을 따라 오릴 거예요. 2개의 긴 띠를 서로 직각이 되도록 놓고 풀로 붙여요. 십자 모양이 되게요. 그다음 2개의 띠를 서로 반대 방향으로 한 번 꼬은 후에 양쪽을 이어 붙여요. 그러면 뫼비우스의 띠 2개가 직각으로 붙어 있겠지요?

자, 이제 그어 놓은 선을 따라 가위로 오려요. 아, 잠깐! 오리기 전에 엄마 아빠에게 어떻게 될 것 같은지 먼저 물어 보세요. '고리가 더 길어진다', '고리가 떨어진다'와 같은 이야기가 나오겠지요. 그런 다음 가위로 오려 보세요. 어떻게 되었나요?

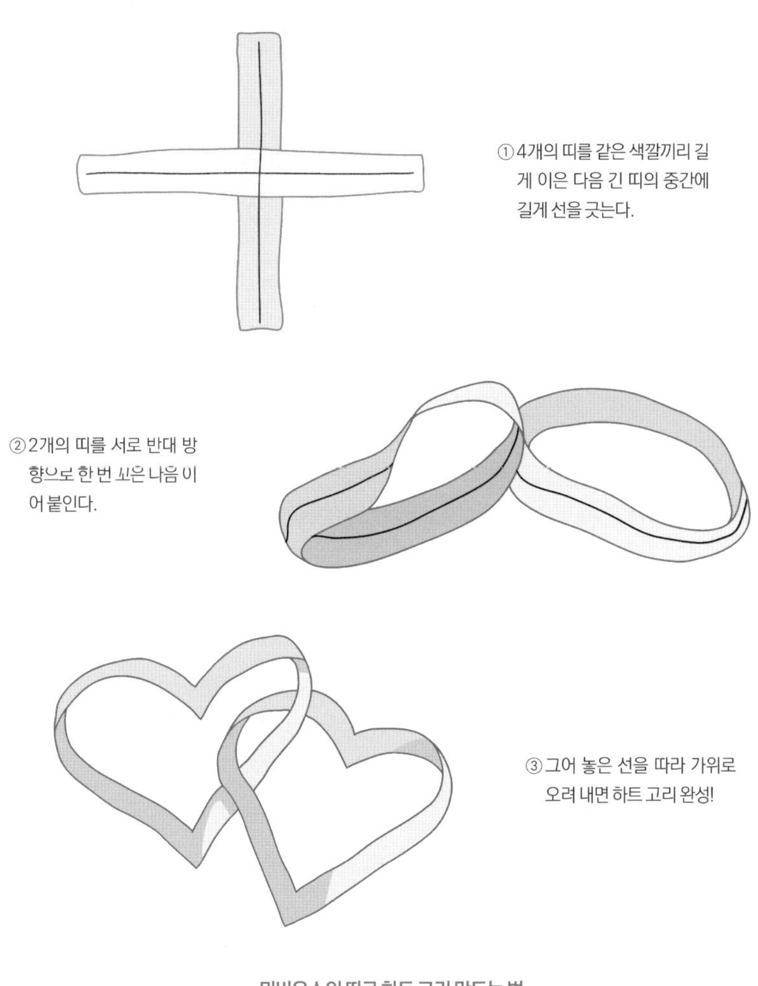


뫼비우스의 띠로 하트 고리 만드는 법

붙어 있던 뫼비우스의 띠 2개가 예쁘고 사랑스러운 하트 고리가 되어 있을 거예요. 생일 축하 인사와 함께 이 선물을 주면 엄마 아빠가 무척 감동하겠죠? 이것이 바로 수학의 힘입니다. 이 하트 고리는《수학이 숨어 있는 명화》에 나오는 것으로, 여기서 살짝 이야기를 만들어 본 거예요.《수학이 숨어 있는 명화》에서는 마우리츠 코르넬리스 에셔(1898~1972년)의 〈뫼비우스의 띠〉(1963년)라는 작품에 숨어 있는 수학을 설명하면서 등장하지요.

네덜란드의 세계적인 판화가인 에셔의 〈뫼비우스의 띠〉라는 작품 속에서 아홉 마리의 붉은 개미는 열심히 기어가고 있지만 늘 제자리로 돌아오고 있지요. 뫼비우스의 띠가 안쪽과 바깥쪽의 구별이 없는 독특한 띠이기 때문에 그런 거예요. 에셔는 기하학 원리와 수학 개념을 토대로 2차원 평면 위에 3차원 공간을 잘 표현한 것으로 유명해요. 하지만 고등학교까지는 수학 실력이 형편없었다고 해요. 대학에 들어가 판화를 공부하면서 수학에 대해 생각하게 되었다고 합니다. 이후 자연 현상의 법칙, 질서, 규칙성, 주기적 반복 등 수학 원리에 눈을 뜨기 시작했어요. 수학의 중요성을 깨달은 에셔는 작품 속에 수학을 녹여내기도 했는데 그중 하나가 〈뫼비우스의 띠〉이죠.

### 예술 작품과 도형의 아름다움

《수학이 숨어 있는 명화》는 국민대학교 미술학부의 이명옥 교수님과 고등학교에서 수학을 가르치고 있는 김홍규 선생님이 함께 쓴 책이에요. 하나의 명화에 대해 예술적인 설명은 이명옥 교수님이 하고 그 속에 숨어 있는 수학은 김흥규 선생님이 찾아 주는 방식이지요.

맨 처음 소개하는 명화는 〈세상을 지으시는 하나님〉이에요. 이 그림은 13세기 프랑스 궁정에서 주문한 그림인데 누구의 작품인지는 모른다고 해요. 이 책을 볼 수 없다면 인터넷에서 '컴퍼스를 들고 우주를 창조하는 하나님'이라는 제목으로도 검색하여 한번 찾아보세요. 그림을 보면 맨발인 남자가 진지한 표정으로 오른손에 컴퍼스를 들고 원을 그리고 있어요. 이 장면은 신이 지금 세상을 창조하는 중이라고 해요. 왼손으로 둥근 물체를 잡고 컴퍼스의 한쪽 다리는 지구의 중심에 대고 있지요. 갓 태어난 하늘에는 해, 달, 별들이 하나둘씩 생기고 있네요. 왜 하필 신은 컴퍼스로 원을 그리고 있을까요?

화가는 신이 그리고 있는 원이야말로 완전하고 영원한 모양이라고 생각한 거예요. 가장 완전한 도형은 원이고 이를 그릴 수 있는 것이 컴퍼스라는 것이지요. 영국의 시인이자 화가인 윌리엄 블레이크의 〈영원〉(1827년)이라는 작품에도 컴퍼스로 세상을 측량하는 창조주가 그려져 있답니다. 태초의 우주가 기하학 원리로 창조되었다는 생각을 컴퍼스로 보여 주고 있죠. 이 책에 따르면 컴퍼스에는 이등변삼각형이 숨어 있다고 해요. 이등변삼각형은 두 변의 길이가 같은 삼각형이지요. 그럼 세 변의 길이가 모두 같으면 삼등변삼각형일까요? 조선 시대에는 그렇게 불렀지만 지금은 정삼각형이라고 하지요. 정삼각형도 이등변삼각형이라는 건 다 알지요?

일반적으로 미술은 화가의 감정, 생각, 정서를 표현한 것이지요. 이것이 수학과 무슨 상관일까요? 화가의 마음속에 있는 것을 표현할 때도 형식이 필요해요. 대부분 내용과 형식이 완벽하게 조화를 이루는 작품을 미술이라고 합니다. 그리고 미술의 주요 형식에는 조화와 통일, 균형과 비례, 반복과 대칭 등이 있는데 이것이 바로 수학이죠. 이 책에서는 자유로운 상상력과 아름다움을 추구하는 것이 미술과 수학의 공통점이라고 설명합니다. 미술은 그림을 통해 상상력과 아름다움을 추구하고, 수학은 도형과 수식을 통해 아름다움을 추구하는 학문이라는 뜻이죠.

한편 이 책에서는 '물에 미친 신기한 그림자'라는 제목으로 살바도르 달리(1904~1989년)의 〈코끼리를 비추는 백조〉(1937년)라는 작품도 소개해요. 그림 속 맑고 고요한 호수의 물 표면이 거울처럼 사물을 반사하지요. 달리의 그림은 참 특이한데, 주로 꿈속에서 본 장면을 그렸기 때문이에요. 그래서 달리를 초현실주의 화가라고 하지요.

〈코끼리를 비추는 백조〉를 언뜻 보면 백조 3마리가 보일 거예요. 전체적으로는 호수와 산이 보이고요. 그렇다면 코끼리는 어디에 있을까요? 자세히 보면 물 표면에 반사된 백조가 코끼리랍니다. 백조의 긴 목이 코끼리의 긴 코가 되었고, 나무가 코끼리의 다리가 되었고, 백조의 가슴이 코끼리의 커다란 귀로 변한 것이죠.

물에 비친 반사 이미지도 수학적으로 보면 대칭과 반복이지요. 수학에서 대칭은 아주 중요한 개념이랍니다. 초등학교 5학년이 되면 '규칙과 대응'과 '합동과 대칭' 단원을 공부하게 되는데 〈코끼리를 비추는 백조〉는 대칭의 개념과 연결되어 있어요.

## 해바라기도 수학으로 씨앗을 배열한다?!

이 책에서 일곱 번째로 소개하는 미술 작품은 빈센트 반 고흐(1853~1890년)의 〈해바라기〉(1888년)예요. 강렬한 노란색과 균형 있게 배치된 꽃송이들 그리고 화폭을 가득 채우면서 조화를 이루는 여백이 눈길을 사로잡는 작품이지요. 15개의 꽃송이도 이제 막 피기 시작한 것, 반쯤 핀 것, 활짝 핀 것 등 다양하답니다. 고흐는 이 책에 소개된 작품을 포함해 총 4점의 〈해바라기〉 그림을 그렸어요. 그중에는 12송이의 해바라기를 그린 작품도 있지요. 그런데 어떤 그림이든 고흐는 해바라기 씨앗이 수학적으로 배열되어 있다는 것을 알았던 것 같아요.

해바라기는 국화과에 속하는 한해살이풀이에요. 2미터 넘게 자라는 것도 있지만 겨울이면 말라 죽는 풀이랍니다. 국화과 식물의 꽃은 두상화라고 해서 머리 모양으로 펴요. 꽃은 가장자리에 있는 혀 모양 꽃과 가운데에 있는 통 모양 꽃이 여러 개 모여 한 송이처럼 보이지요. 꽃이 지고 나면 그 자리에 씨앗이 꽃송이 수만큼 아주 빼곡하게 맺힌답니다. 특이하게도 중심을 향해 나선 모양으로 배열되어 있지요.

나선의 수를 세어 보면 시계 반대 방향으로 34개, 시계 방향으로 55개이지요. 1, 1, 2, 3, 5, 8, 13, 21, 34, 55, 89, …. 이렇게 말이죠. 앞서 소개했듯이 이 수열은 이탈리아의 유명한 수학자 레오나르도 피보나치가 발견한 피보나치수열이랍니다. 앞의 두 수를 더한 것이 그다음 수가 되는 규칙이지요.

피보나치수열은 해바라기 꽃의 씨앗 배열뿐 아니라 솔방울의 씨앗 배열이나 줄기에서 잎이 달리는 방식과도 관련이 있어요. 이렇게 배열되어 있으면 식물의 씨앗이나 잎이 서로 방해받지 않고 효율적으로 햇빛을 받을 수 있다고 하네요. 자연은 참 신비롭네요!

《수학이 숨어 있는 명화》는 초등학생도 쉽게 읽을 수 있도록 글자 크기를 키우고 여우 '단비'와 강아지 '누리'라는 동물 캐릭터를 등장시켜 재미있게 구성했답니다. '명화로 배우는 즐거움' 시리즈에는《수학이 숨어 있는 명화》 외에《과학이 숨어 있는 명화》도 있으니 함께 읽어 보는 것을 추천해요.

Mathematics book 42

3-2 분수 4-1 규칙 찾기

## 아이들과 함께하는 기발한 수학 수업 《쓸모 있는 수학만 하겠습니다》

에드바르트 판 더 펜델 외 | 위즈덤하우스(2023)

### 요리와 수학의 공통점은?

김치볶음밥과 라면을 끓인다고 해 볼까요? 먼저 김치볶음밥에 들어갈 재료인 소시지, 감자, 김치를 잘게 썰어서 준비하지요. 이후 프라이팬을 달군 다음 식용유를 두르고 준비한 소시지와 감자를 넣고 볶다가 김치를 넣어 조금 볶은 다음 밥을 넣고 잘 섞어요. 그러면 김치볶음밥은 완성되는데 달걀 반숙을 올리려면 또 다른 프라이팬에서 달걀 반숙을 해야 하지요. 아, 라면은 언제 끓이지요? 부랴부랴 물 끓여서 면과 수프를 넣고 달걀 깨서 넣다 보면 김치볶음밥은 식어 버리고 수저 찾아서 놓으랴, 다른 반찬 꺼내랴 정신이 없지요.

이처럼 평상시에도 순서가 잘못되면 일을 망치거나 다시 해야 하지요. 그런데 우리는 이것이 수학이고 수학적 사고력이라는 것을 모르는 것 같아요. 수학은 그저 따분하고 어렵다고 지레짐작하지요. 그러니 많은 학생이 수학을 배워서 어디에 쓰는지, 어른이 되어서도 왜 수학을 해야 하는지 모르는 거예요.

《쓸모 있는 수학만 하겠습니다》라는 책도 수학을 왜 공부해야 하는지 모르는 초등학교 5학년의 한 반의 이야기랍니다. 22명의 학생뿐만 아니라 2명의 담임선생님도 수학을 싫어하지요. 어느 날 수학 수업을 하기 싫어하는 학생들이 선생님들에게 이렇게 이야기해요. "우리 인생과 수학 문제가 무슨 관련이 있나요? 우리가 배우는 건 중요한 것들이잖아요. 지금이든 나중이든 쓸모 있어야 하지 않나요?"

아주 중요한 말이지요. 유클리드도 이렇게 질문하는 사람에게 동전 하나를 던지며 이렇게 말했대요. "배운 것으로 꼭 이득을 보려는 사람이군." 수학이 반드시 이익만 추구하는 것이 아니라 그 자체로도 가치 있다는 의미랍니다. 선생님들은 수학 교과서의 절반을 수업하지 않는 대신 22명의 학생이 일주일에 한 명씩 돌아가며 수학 관련 질문을 만들어 오자고 제안해요. 그러니까 22주 동안 학생들의 질문을 통해 수학 수업을 하면서 수학이 생활에 어떤 관련이 있는지 깨달아 가게 하려는 것이죠. 이렇게 해서 '쓸모 있는 수학 수업'이 시작되었답니다.

### 게임에서 이기는 것도 수학!

첫 번째 수업은 이 책의 주인공 격인 마노의 질문으로 시작해요. 질문은 '모든 게임에서 이기는 방법'이에요. 속임수 말고 수학으로 이기는 방법이요. 하지만 선생님은 모든 게임에서 이길 수 있는 수학적인 방법은 없다고 해요. 그래도 수학을 잘 알면 이기는 방법이 있대요. 그러면서 초콜릿 20개와 방울양배추 1개를 두고 마노와 선생님 둘이서 번갈아 가져가 먹는 게임을 진행합니다. 한 번에 1개에서 3개까지 가져갈 수 있지요. 마지막 남는 걸 가져가는 사람이 지는 거예요.

선생님이 먼저 시작하면서 초콜릿 3개를 가져갔어요. 그다음에는 마노가 초콜릿 3개를 가져갔죠. 방울양배추를 포함해 15개가 남은 상태에서 선생님은 초콜릿 2개를 가져갔고 마노는 3개를 가져갔어요. 이제 10개 남았네요. 선생님이 초콜릿 1개를 가져가자 마노도 1개를 가져갔어요. 이후 선생님이 초콜릿 3개를 가져가자 초콜릿 4개와 방울양배추 1개가 남았죠. 이제 마노가 몇 개를 가져가든 선생님은 마지막 1개를 남길 수 있어요. 선생님이 이긴 것이지요.

그러면 이 게임에서 이기려면 어떻게 하면 될까요? 초콜릿과 방울양배추를 포함한 개수를 숫자로 나타내 볼게요.

1, 2, 3, $\underline{4}$, 5, 6, 7, $\underline{8}$, 9, 10, 11, $\underline{12}$, 13, 14, 15, $\underline{16}$, 17, 18, 19, $\underline{20}$, 21

상대방에게 마지막으로 21을 넘겨주려면 나는 20을 가져와야 해요. 20을 가져오려면 16을 가져와야 하고 계속 거꾸로 가 보면 12, 8, 4를 가져오면 되지요. 밑줄 친 수를 가져오면 반드시 이길 수 있어요.

그런데 이 규칙을 알면 먼저 하는 사람이 지게 되어 있어요. 최대 3

개, 최소 1개를 가져와야 하는데 먼저 하면 4를 가져올 수 없으니까요. 하지만 상대가 이런 규칙을 모르면 매번 이길 수 있어요. 4를 가져온 다음 상대가 가져가는 수와 내가 가져오는 수를 더해 항상 4가 되게 하면 20을 가져올 수 있으니까요.

이 게임은 마지막 수나 개수를 바꿔서 얼마든지 다르게 만들 수 있어요. 중요한 것은 게임을 시작하기 전에 순서를 거꾸로 생각해서 마지막에 얼마큼 가져와야 하는지 따져 보는 거예요. 이런 방식으로 쓸모 있는 수학 수업에서는 학생들이 생활하면서 부딪히는 문제나 해결하고 싶은 것 그리고 궁금한 것들을 질문하면 2명의 선생님이 수학적으로 설명해 준답니다.

## 샤워할 때 오줌을 누면 어떤 일이?

《쓸모 있는 수학만 하겠습니다》를 읽다 보니 황당한 질문도 있네요. 여러분은 샤워할 때 오줌을 누나요? 약간 지저분한 질문 같지요? 하지만 샤워할 때 오줌을 누면 따로 오줌을 누고 변기의 물을 내리는 것보다 물을 절약할 수 있지 않을까요? 브라질에서는 샤워 중에 오줌을 누면 열대우림에 어떤 도움이 되는지를 보여 주는 공익 광고를 한 적이 있대요. 영국의 학생들은 물을 아끼기 위해 샤워 중에 오줌을 누자는 캠페인을 펼치기도 했고요. 그럼 샤워 중에 오줌을 누면 물을 얼마나 아낄 수 있는지 계산해 볼게요.

샤워를 한 번 할 때 평균 7분이 걸리고 1분마다 약 8리터의 물을 쓴대요. 즉 샤워 한 번에 56리터의 물을 쓰는 셈이죠. 그리고 오줌을 누고 변기를 내리면 6리터의 물을 사용한다고 해요. 하루 평균 6번 정도 오줌을 누면 36리터의 물을 쓰는 거예요. 그러면 하루에 한 번 샤워를 할 때 오줌을 누면 6리터를 절약할 수 있겠지요? 샤워하면서 오줌을 누는 것이 싫다면 샤워를 좀 짧게 해도 물을 아낄 수 있어요. 오줌을 누고 내리는 변기의 물 6리터를 아끼려면 샤워 시간을 얼마나 줄여야 하는지 계산해 볼게요. 샤워할 때 1분마다 물 8리터를 쓴다고 했지요?

그러면 6리터를 8리터로 나누면 $\frac{6}{8}$이 되고 이것은 곧 $\frac{3}{4}$이지요. 1분은 60초이니 60초의 $\frac{3}{4}$은 $60 \times \frac{3}{4}$으로 45(초)가 되네요. 그러니까 하루 한 번 샤워할 때 45초 짧게 하면 오줌을 한 번 누고 내리는 변기의 물 6리터를 아낄 수 있어요.

##  사랑을 가득 담은 수학 마술

이번에 소개할 학생의 질문은 '마술을 잘하고 싶은데 이것도 수학과 관련 있나요?'라는 거예요. 선생님의 설명을 들어볼까요? 여러분도 가족이나 친구들에게 해 볼 수 있답니다. 먼저 '사랑'이라고 쓴 종이를 엄마에게 줘요. 글자가 보이지 않게 접어서요. 그리고 아빠에게 세 자리 수를 말해 달라고 해요. 서로 다른 수이고 백의 자리와 일의 자리는 최소 2 이상 차이 나는 수로 말이지요. 만약 782를 말했다면 이 수를 뒤집으면 287이 되지요. 그다음 큰 수에서 작은 수를 빼라고 해요. 즉 782-287=495가 되지요. 이번에는 이 수를 뒤집어 서로 더해요. 그러면 495+594=1,089가 되지요.

그다음에는 아빠에게 미리 준비한 책의 108쪽 9번째 단어를 읽어 달라고 하면서 엄마에게는 종이를 펼쳐 보라고 하면 돼요. 둘 다 '사랑'이 되겠지요? 꼭 사랑이 아니더라도 108쪽 9번째에 그럴듯한 단어가 있는 책을 찾아야 해요. 어떤 수로 하더라도 결국에는 1,089가 나와요. 1,089는 참 특이한 수거든요.

1×1,089=1,089

2×1,089=2,178

3×1,089=3,267

4×1,089=4,356

5×1,089=5,445

6×1,089=6,534

7×1,089=7,623

8×1,089=8,712

9×1,089=9,801

결과를 보면 1부터 9까지 또는 9부터 1까지 수들이 자릿수마다 차례대로 나오지요? 이처럼 수학에는 특이한 수와 연산이 많답니다. 이와 관련된 유명한 복면산 문제를 풀어 보세요. 복면산은 수가 지워지거나 문자로 바뀌어 있는 것을 말해요. 문제는 바로 'ABCD×9=DCBA'예요. 즉 어떤 네 자리 수에 9를 곱하니 네 자리 수의 순서가 바뀐 것이지요. A, B, C, D는 0부터 9까지의 한 자리의 수예요. 방금 소개한 특이한 곱셈을 참고하여 직접 풀어 보세요. 곱셈의 성질을 잘 알 수 있는 문제랍니다.

### 스스로 만들어 가는 수학 수업

《쓸모 있는 수학만 하겠습니다》는 수학 공부를 왜 해야 하는지 모르는 학생들을 위한 독특하고 기발한 수업 방식이에요. 실제로 초등학교에서 선생님들이 활용해도 좋을 것 같아요. 이 책은 수학의 중요성을 알려 주는 다른 책들과 달리 동화 형식이면서 독특한 발상으로 감동적인 이야기를 담고 있어요. 학생들이 수학 문제를 만드는 과정에서 아주 다양한 일상 문제가 자연스럽게 나오거든요. 예를 들면 서로 짝사랑하는 삼각관계라든지, 이혼한 엄마 아빠와의 갈등이라든지, 종교 문제 등도 나오는데 그 속에서도 수학이 왜 필요하고 공부해야 하는지 이야기하고 있답니다.

그래서인지 이 책은 2022년에 '실버 펜슬상'(네덜란드 최고의 어린이 책 글 부문)과 '브론즈 브러시상'(네덜란드 최고의 어린이 책 그림 부문)을 동시에 수상했어요. 이 책에는 '수학을 싫어하는 아이들의 생활 밀착 수학 수업 프로젝트'라는 부제가 붙어 있는데 읽어 보면 전혀 과장이 아님을 알 수 있답니다.

Mathematics book 43

5-1 약수와 배수 6-2 원의 넓이

# 지루한 수학 감옥에서 탈출하자!

# 《수상한 수학 감옥 아이들》

류승재 | 한경키즈(2022)

## 1부터 100까지 중에 약수가 홀수인 수는?

《수상한 수학 감옥 아이들》의 지은이인 류승재 선생님은 많은 학생이 수학을 어렵고 지루하게 생각하는 이유가 대학 입시 때문이라고 말해요. 수학이 대학 입시에 큰 비중을 차지하는 것은 알고 있지만 평소 어려워하는 과목에 많은 시간을 들여 공부해야 하니 더욱 지루하고 딱딱하게 느낄 수밖에 없다는 것이죠. 또한 학생들이 공부하는 수학은 진짜 수학이 아니라 시험을 잘 보기 위한 수학이라고 말합니다. 그래서 재미가 없다는 것이고요.

하지만 류승재 선생님은 수학은 본래 호기심을 해결하는 학문이라

재미없을 수가 없대요. 궁금한 것을 알아가는 과목이니까요. 《수상한 수학 감옥 아이들》은 수학의 재미를 찾을 수 있게 돕는 사고력 동화입니다. 제목에서 짐작할 수 있듯이 이 책은 초등학생 주인공들이 수학이라는 감옥에 갇혔다가 서로 도와 수학 문제를 슬기롭게 해결해 가는 과정을 담았어요. 주인공들은 어떤 이유로 수학 감옥에 갇히게 되었을까요? 여기서는 문제를 해결하는 과정에 나오는 재미있는 수학 개념들을 소개할게요.

주인공들이 갇히게 된 수학 감옥에는 수학을 못 해서 끌려온 100명의 아이가 있어요. 이곳은 골치초등학교이고 교장은 아수라이죠. 100명의 아이는 등에 1부터 100까지의 숫자 중 하나가 적힌 옷을 입고 의자에 앉아 있어요. 문제는 다음과 같답니다.

자기 번호의 약수 개수만큼 일어났다 앉았다를 반복하는데 마지막에 일어서 있는 학생의 수는 몇 명일까요?

앞서 설명했지만 약수에 대해 다시 한번 짚고 넘어가도록 하죠. 약수란 어떤 수를 나누어떨어지게 하는 수예요. 예를 들어 10은 1, 2, 5, 10으로 나누면 나머지가 없이 떨어지지요. 이때 1, 2, 5, 10을 10의 약수라고 해요. 그럼 10번 학생은 약수 개수인 4번만큼 일어났다 앉았다 해야 하니까 결국 앉아 있겠네요? 4의 약수는 1, 2, 4니까 4번 학생은 일어나 있어야 하고요. 하지만 모두 처음엔 의자에 앉아 있었다고 했죠? 즉 일어서 있으려면 일어났다 앉았다를 홀수 번 해야 해요.

그러니까 약수가 홀수인 사람만 일어서 있겠지요? 그러면 1부터 100까지의 수 중 약수가 홀수인 수를 일일이 다 세어 봐야 할까요? 1부터 10까지 약수를 계산해 보면 금방 알 수 있답니다.

1의 약수: 1 (홀수)

2의 약수: 1, 2 (짝수)

3의 약수: 1, 3 (짝수)

4의 약수: 1, 2, 4 (홀수)

5의 약수: 1, 5 (짝수)

6의 약수: 1, 2, 3, 6 (짝수)

7의 약수: 1, 7 (짝수)

8의 약수: 1, 2, 4, 8 (짝수)

9의 약수: 1, 3, 9 (홀수)

10의 약수: 1, 2, 5, 10 (짝수)

1부터 10까지의 수에서 1, 4, 9만 약수가 홀수 개이고 나머지는 모두 2개나 4개로 짝수예요. 1, 4, 9의 특징은 같은 두 수를 곱한 수라는 거예요. $1=1\times1$, $4=2\times2$, $9=3\times3$처럼 말이지요. 그렇다면 $4\times4=16$도 약수가 홀수 개겠지요? 25($5\times5$), 36($6\times6$), 49($7\times7$), 64($8\times8$), 81($9\times9$), 100($10\times10$)이 약수가 홀수 개인 수들이에요. 따라서 1, 4, 9, 16, 25, 36, 49, 64, 81, 100번 학생들은 마지막에 서 있는 학생들이 되지요. 모두 10명이네요.

수학이란 언뜻 매우 어려워 보이지만 호기심을 가지고 조금 더 깊이 생각해 보면 배우지 않은 것이라도 알 수 있지요. 약수에 대해 추가로 문제를 내 볼게요.

2부터 100까지 번호 중 가장 적게 일어났다 앉았다 하는 학생은 몇 명일까요?

이것도 조금 생각해 보면 어렵지 않아요. 1은 한 번 일어서면 그만이고, 2는 약수가 2개밖에 없으므로 일어났다 앉으면 그만이지요. 그러니까 가장 적게 일어났다 앉았다 하는 학생은 약수의 개수가 2개인 학생들이에요.

약수가 2개인 수는 1과 자기 자신만을 약수로 가지는 수지요. 2를 제외한 모든 짝수는 2로 나누어떨어지니 약수가 3개 이상이지요. 3이나 5 또는 7로 나누어떨어지는 수 중에 3, 5, 7을 제외한 수도 약수가 3개 이상이에요. 그러면 2부터 100까지 수 중 약수가 2개인 수를 한 번 생각해 볼까요? 2, 3, 5, 7, 11, 13, 17, 19, 23, 29, 31, 37, 41, 43, 47, 53, 59, 61, 67, 73, 89, 97이에요. 22명의 학생이 일어났다 앉으면 그만이네요.

## 원의 넓이도 직사각형 넓이 구하는 방법으로

한편 《수상한 수학 감옥 아이들》 주인공들은 수학 감옥을 탈출하기 위해 원의 넓이를 구해야 해요. 직각이 4개인 사각형의 넓이는 쉽게 구할 수 있지요. (가로의 길이)×(세로의 길이)를 하면 넓이가 되니까요. 네 변이 모두 같고 네 각도 모두 직각인 정사각형은 한 변의 길이를 2번 곱하면 되니 더욱 쉽지요. 이 사실로부터 평행사변형, 사다리, 삼각형의 넓이까지 모두 구할 수 있답니다. 이것이 수학의 특징인 '확장'이에요. 하나를 알면 다른 것도 알 수 있다는 뜻입니다. 다시 말해 이런 다각형들은 변이 모두 곧은 선, 즉 선분으로 되어 있어서 생각을 확장하여 넓이를 계산할 수 있지요.

그렇다면 굽은 선으로 된 원의 넓이도 직사각형 넓이 구하듯이 구할 수 있을까요? 가능합니다. 원을 중심에서부터 반지름 길이로 잘게 자르는 거예요. 잘린 조각을 엇갈려 이어 붙이면 평행사변형처럼 되는데, 더욱 잘게 자를수록 직사각형에 가까워진답니다. 이렇게 직사각형처럼 만들면 가로 길이는 원둘레의 절반이 되고, 세로 길이는 원의 반지름이 되지요. 원둘레는 원의 지름에 원주율을 곱한 거잖아요? 앞서 설명했듯이 원주율은 3.14 정도로 계산하지요. 그러면 원의 넓이를 구하는 식을 만들 수 있어요.

가로 길이는 원둘레의 절반이니까 (원주율×지름×$\frac{1}{2}$)이고, 세로 길이는 (반지름)이지요. 이것을 곱하면 (원의 넓이)=(원주율×지름×$\frac{1}{2}$)×(반지름)이지요. 그런데 지름은 (반지름×2)잖아요? 그러니까 (원의 넓이)=(원주율×반지름×2×$\frac{1}{2}$)×(반지름)이 되고 2×$\frac{1}{2}$은 1이 되지요. 그래서 결국 (원의 넓이)=(반지름×반지름×원주율)이 된답니다. 어때요? 직사각형의 넓이를 통해 원의 넓이를 구할 수 있는 공식을 만들 수 있지요? 이렇게 보면 수학이 그렇게 어려운 과목은 아닌 것 같아요. 그때그때 배우게 되는 단원의 핵심 개념을 잘 익히고 계속 관심을 가진다면 뭐 해 볼 만하지 않겠어요?

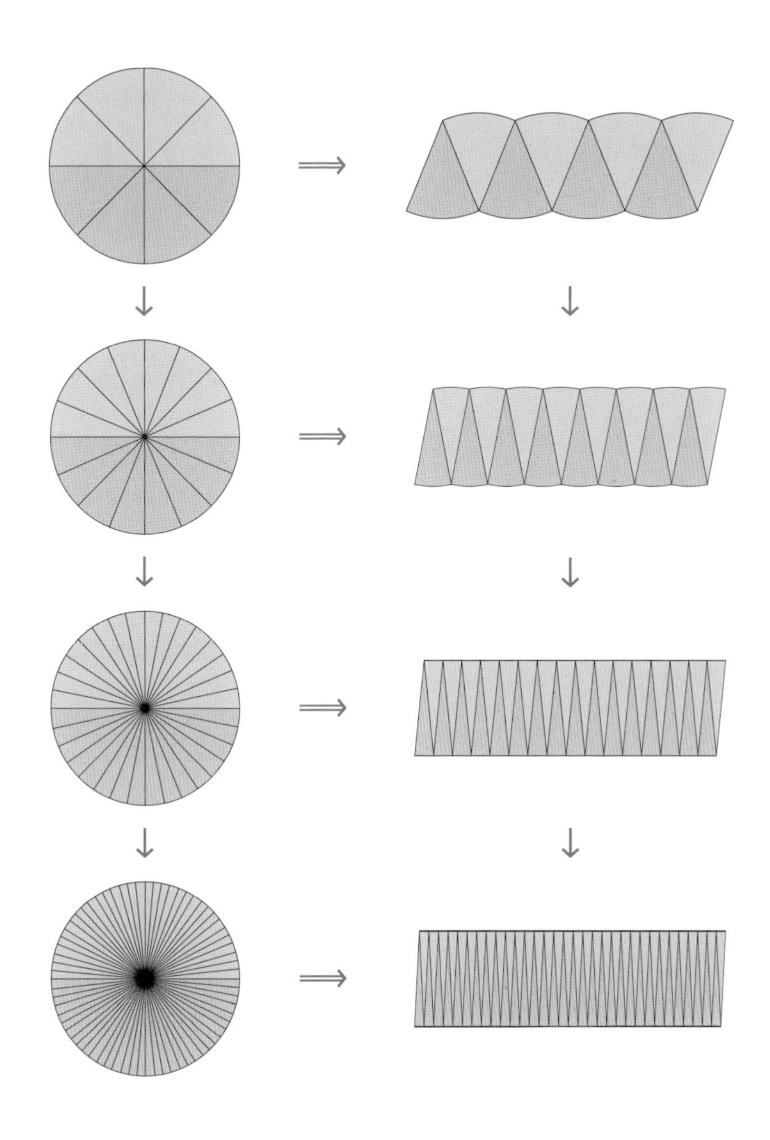

원을 반지름 길이로 잘게 잘라 이어 붙이면 직사각형의 넓이처럼 원의 넓이를 구할 수 있어요.

수학에서 호기심은 무척 중요합니다. 고대 그리스의 수학자이자 과학자인 아르키메데스는 목욕탕 속에서 물이 넘치는 것을 보고 '부력의 원리'를 발견하여 왕의 금관에 은이 섞여 있다는 것을 밝혀냈지요. 처음부터 쉽게 발견한 것이 아니라 며칠 동안 생각에 꼬리를 물어서 어느 순간 알아낸 거였죠. 이런 것을 '세렌디피티적 사고'라고 해요. 우연히 발견한 것 같지만 사실은 호기심이 있었기 때문에 결정적인 발전으로 이어졌다는 뜻입니다.

또한 아르키메데스는 원주율을 좀 더 정확하게 알아내기 위해 정구십육각형을 만들어 원주율이 $\frac{223}{71}$ 보다 크고 $\frac{22}{7}$ 보다 작다는 것을 알아냈지요. 이것을 소수로 나타내면 원주율은 3.14084…와 3.142857… 사이에 있는 수가 돼요. 여러분도 아르키메데스처럼은 아니더라도 호기심이 생기면 어떻게 해결할 수 있을지 깊이 생각해 보세요. 《수상한 수학 감옥 아이들》에 나온 수학 문제를 해결하면서 생각해 보는 것도 좋을 것 같아요.

## 재능+수학=신기록?!

스포츠(sports)의 어원은 '물건을 운반하다'라는 뜻을 가진 라틴어 'portare'가 변형된 것이라고 해요. 이것이 프랑스어로 '흥겹게 놀다'(disport)라는 뜻의 'de(s) port'로 바뀐 다음 영어로는 sporte로 바뀌었지요. 스포츠는 '힘든 노동에서 잠시 벗어나 기분을 전환한다'라는 뜻으로 쓰이다가 점차 발전하여 어떤 규칙 아래에서 뛰고, 헤엄치고, 공을 다루고, 힘을 겨루는 종목을 뜻하게 되었답니다.

올림픽 경기는 크게 육상 경기, 구기 종목, 격투기, 수영, 체조, 양궁, 사격 등으로 나뉘는데 가만히 보면 누가 더 빨리 달리고, 빨리 헤엄치고, 공을 정확히 이동시키고, 상대를 더 큰 힘으로 제압하고, 정확하게 과녁을 맞히는지를 대결하는 것이에요.

그런데 모든 스포츠는 규칙이 있고 시간과 점수를 겨루기 때문에 수학과 아주 밀접한 관련이 있지요. 《일상적이지만 절대적인 스포츠 속 수학 지식 100》은 스포츠와 관련된 수학 지식 100개를 골라 소개하고 있답니다. 이 책은 케임브리지대학교의 수리과학 교수이자 밀레니엄 수학 프로젝트 책임자인 존 배로 교수가 썼는데 스포츠와 관련된 수학 이야기라서 스포츠 규칙을 모르면 다소 이해하기 어려울 수도 있어요. 하지만 모르는 규칙이라고 해도 글을 읽다 보면 규칙보다는 그 속에 담겨 있는 수학이 더 중요하다는 것을 알게 된답니다.

100미터 달리기를 비롯한 육상의 트랙 경기는 정해진 거리를 누가 더 빨리 달리는지로 승부를 내지요. 2009년 베를린 세계 육상 선수권 대회에서 자메이카의 우사인 볼트가 기록한 9초 58(정확하게는 9초 578)이 지금도 깨지지 않고 있는 100미터 세계 신기록이에요. 우사인 볼트는 키가 195cm로, 육상 전문가들조차 이렇게 체구가 큰 사람이 100미터 선수가 될 수 있었는지 의문을 품었답니다.

우사인 볼트는 어쩌다 신기록을 달성한 것이 아니에요. 2008년 5월에는 아사파 파월의 9초 74 기록을 9초 72로 깨고, 그해 베이징 올림픽에서는 9초 69로 줄였지요. 그리고 2009년 세계 신기록인 9초 58을 기록했어요. 200미터 기록은 더 놀라워요. 베이징 올림픽 때 마이클 존슨의 기록인 19초 32를 19초 30으로 줄이고, 베를린 세계 육상 선수권 대회에서는 19초 19로 크게 줄였지요. 그래서 지금은 은퇴

했지만 한때 많은 사람이 우사인 볼트가 100미터와 200미터 기록을 갱신할지, 또 누군가 우사인 볼트의 기록을 깰지 관심을 가졌답니다. 즉 인간의 한계가 어디인지 궁금했던 것이죠.

그런데 이 책을 쓴 배로 교수는 우사인 볼트가 별다른 노력 없이 세계 기록을 깰 수 있는 두 가지 방법이 있다고 해요. 100미터 달리기의 기록은 출발 신호에 반응하는 데 걸리는 시간과 100미터 거리를 달리는 데 걸리는 시간을 합하는 거예요. 그런데 출발 신호음 이후 0초 10 이전에 출발하면 부정 출발이 된대요. 우사인 볼트는 반응 시간이 늦은 편이어서 베이징 올림픽에서 9초 69를 기록할 때 0초 165였는데 이것은 8명의 선수 중 7위에 해당해요. 가장 빠른 선수가 0초 133이었지요.

배로 교수는 우사인 볼트가 반응 시간을 0초 13으로 줄이면 100미터 세계 신기록을 9초 58에서 9초 56으로 갱신할 수 있다고 주장했죠. 그리고 반응 시간을 0초 12까지 줄인다면 9초 55까지, 더 나아가 허용 한도인 0초 10까지 줄인다면 9초 53까지도 가능하다고 보았어요. 이것이 배로 교수의 첫 번째 생각입니다.

배로 교수의 두 번째 생각은 바람과 관련되어 있어요. 저지대에서 초당 2미터의 순풍은 0초 11, 초당 0.9미터의 순풍은 0초 06의 효과가 있다고 계산할 수 있대요. 그러니까 반응 시간인 0초 10을 초당 0.9미터 순풍의 영향으로 0초 06까지 줄인다면 우사인 볼트는 베를린 세계 육상 선수권 대회의 기록을 9초 47까지 줄일 수 있지요. 만약 멕시코시티와 같은 고지대에서 달린다면 0초 07을 더 줄일 수 있어 9

초 40까지 바라볼 수 있다고 배로 교수는 주장한답니다.

##  수학으로 보는 축구의 승부차기

또 하나 재미있는 이야기가 있어 소개할게요. 축구의 페널티킥과 승부차기에 관한 이야기예요. 승부차기는 키커(공을 차는 사람)가 더 유리해 보이지만 실패에 대한 불안감이 작용해 키커의 실수가 나오기도 해서 예측하기 힘들지요. 그래서 더 흥미로운 것이고요.

그런데 페널티킥이나 승부차기도 골키퍼와 키커들을 수학적으로 자세히 분석해 보면 공격 또는 방어 전략을 생각해 낼 수 있다고 해요. 골키퍼와 키커들은 오른손잡이냐 왼손잡이냐에 따라 강한 쪽과 약한 쪽이 있을 수 있대요. 키 큰 골키퍼는 자세를 낮추어 낮은 슛을 막는 데 약하고, 공을 높이 걷어내는 데 익숙한 수비수 키커는 공을 크로스바 위로 넘겨 버리기 쉽다는 것이지요. 여러 가지 상황을 고려하여 1,417건의 페널티킥을 연구한 결과 골키퍼는 왼쪽보다는 오른쪽으로 몸을 더 많이 날렸다고 해요. 인류의 90% 정도가 오른손잡이기 때문이지요.

또한 둘이서 게임을 할 때 최적의 전략을 추론하는 수학 이론이 있대요. 이것은 미국의 수학자 존 내시 교수가 만들었어요. 페널티킥에서 키커 대 골키퍼의 경쟁에 대한 존 내시의 이론은 키커가 슛의 37%는 왼쪽으로, 29%는 가운데로, 34%는 오른쪽으로 찬 경우예요. 이때 골키퍼는 44%는 왼쪽으로, 13%는 가운데로, 43%는 오른쪽으로 몸을 날리는 것이 최적의 전략이라는 것이지요. 만약 키커와 골키퍼가 둘 다 최적의 전략을 채택한다면 페널티킥의 80% 정도로 골이 들어간대요. 따라서 승부차기 같은 경우에는 각 팀이 5번씩 공격과 방어를 한다면 2골 정도는 들어가지 않을까 예측할 수 있지요.

## 수로 승부를 겨루는 스포츠

스포츠에서 수는 아주 중요하지요. 달리기도 그렇고 구기 종목이든 양궁이나 사격이든 수로 승부를 겨루니까요. 그런데 테니스는 앞서 소개했듯이 점수를 따지는 것이 특이해요. 0점은 러브, 1점은 피프틴, 2점은 서티, 3점은 포티라고 하지요.

테니스는 포인트, 게임, 세트, 매치의 4단계로 이루어져 있고 포인트가 0, 15, 30, 40으로 늘어나지요. 중세 프랑스에서 테니스가 시작되었을 때 경기장 시계를 보고 15분 단위로 점수를 표시한 데서 유래한 것으로 추측돼요. 승자는 자기 점수가 시곗바늘 15분 점, 30분 점, 45분 점, 60분 점에 도달했을 때 승리를 알린 것이죠. 45가 40으로 바뀐 것은 아마도 듀스, 어드밴티지, 듀스어게인에서 40분 점, 50분 점, 60분 점으로 오르락내리락하는 것을 나타내기 위해서였을 거예요. 45보다는 40이 부르기도 쉽고요.

테니스에서 40 대 40이면 '듀스'(deuce)가 되고 이후에는 2포인트(점수) 앞서야 게임을 이기게 되지요. 듀스라는 용어도 프랑스어 'deux'에서 온 것인데 2를 의미합니다. 또한 0점을 뜻하는 러브는 0의 상징인 '알'을 뜻하는 프랑스어 'oeuf'에서 유래되었다고 해요. 테니스는 탁구나 배구처럼 한 세트가 11점 또는 21점 등으로 끝나지 않아요. 포인트를 쌓는 방식으로 게임이 이루어지는데 6게임을 먼저 이기면 1세트를 이기는 것이지요. 4포인트씩 얻는 1게임을 져도 그다음 게임은 동등하게 다시 시작한다는 의미가 담겨 있습니다. 그 덕분에 훨씬 오랫동안 선수의 집중력과 관중의 흥미를 유지시키지요. 배구 경기에서 19 대 1로 이기고 있다면 흥미는 그만큼 덜하겠지요?

'일상적이지만 절대적인 수학 지식 100' 시리즈에는《일상적이지만 절대적인 스포츠 속 수학 지식 100》뿐 아니라《일상적이지만 절대적인 생활 속 수학 지식 100》과《일상적이지만 절대적인 예술 속 수학 지식 100》이 있어요. 세 책에는 아직 초등학생이라면 이해하기 어려운 수학 개념도 담겨 있답니다. 예를 들면 확률 같은 것이죠. 하지만 어려우면 나중에 읽어도 된다는 가벼운 마음으로 훑어봐도 수학의 관심을 높이는 데 도움이 될 거예요. 흥미로운 부분만 골라 읽어도 된답니다.

➕➖✖️➗ Mathematics book 45

3-2 자료의 정리 5-2 합동과 대칭

## 숨어 있는 수학을 찾는 재미!

# 《별별 이야기 속에 숨은 수학을 찾아라》

서지원 | 찰리북(2017)

### 잃어버린 소도 수학으로 찾는다!

많은 초등학생이 학교에서 태극기를 그릴 때 많이 어려워할 거예요. 아무리 원을 컴퍼스로 그리고 위치를 정확히 잡는다 해도 자세히 보면 사람마다 태극 문양과 4개 괘가 살짝 다르기도 하죠.

그런데 《별별 이야기 속에 숨은 수학을 찾아라》라는 책을 보니 태극기의 정확한 규격이 나와 있네요. 가로의 길이를 3이라고 하면 세로의 길이는 2예요. 그러니까 가로 길이는 세로 길이의 $\frac{2}{3}$가 되네요. 그리고 원의 지름은 세로 길이의 $\frac{1}{2}$, 괘의 가로 길이는 원의 지름의 $\frac{1}{2}$, 괘의 너비는 원의 지름의 $\frac{1}{3}$ 등등이죠. 태극기에 분수가 이렇게 많이 있다니 참 신기하네요.

《별별 이야기 속에 숨은 수학을 찾아라》의 지은이인 서지원 작가님은 수학을 꼭 배워야 하는 이유를 한마디로 '현명하게 세상을 살아가기 위해서'라고 이야기합니다. 그러려면 수학이 우리가 사는 세상과 어떻게 연결되어 있는지 찾을 수 있어야겠지요?

하지만 스스로 수학을 찾는 게 쉬운 일은 아니에요. 수학에 관심이 없는데 어떻게 수학을 찾겠어요? 수학에 관심이 없고 싫어하는 것은 부끄러운 일은 아니에요. 모든 어른이 수학을 즐거워하지는 않지요. 아예 싫어하는 사람도 있고요. 서지원 작가님은 지금까지 잘못된 수학 교육이 원인이라고 생각해요.

그런데 최근 들어 수학 교육이 점점 달라지고 있어요. 2013년부터 개정된 교과서의 수학 교육 선진화 방안은 '융합형 인재 개발'을 목표로 하고 있죠. 융합형 인재에게 꼭 필요한 것이 창의력이에요. 그래서 수학 교육은 새로운 생각을 하는 능력을 기르고 실생활에 수학을 응용하는 능력을 기르는 방향으로 변하고 있답니다.

이 책을 쓴 이유도 수학을 과학, 기술, 예술, 공학 등 다양한 분야와 연결해 수학의 개념과 원리를 이해했으면 하는 바람 때문이라고 해요. 책을 읽어 보면 초등 수학 교과서를 영역별로 나누고 생활 속에 숨어 있는 수학을 길지 않게 설명해 주고 있죠. 그래서 수학에 관심 없거나 흥미를 느끼지 못한 사람이라면 이 책을 읽으면서 생각을 바꿔 보면 좋겠어요.

언젠가 충남 천안의 어느 도심 삼거리 공원에 커다란 황소 두 마리가 나타났다는 기사를 보았어요. 외양간에 있어야 할 소가 도심 한복판을 어슬렁거리는 것을 본 사람들은 깜짝 놀라 119를 불렀고 소는 곧 붙잡혔지요. 그런데 소의 주인이 누구인지 알 수 없었대요. 그러던 중 구조대원이 귀에 달린 바코드를 발견했어요. 이후 시청을 통해 바코드 번호를 조회해 소의 주인을 금방 찾았다고 합니다. 외국에서 사온 소를 한우로 둔갑시키는 것을 막기 위해 '소고기 이력 추적제'에 따라 우리나라에서 태어난 소라면 12자리로 된 바코드를 의무적으로 귀에 달아야 한대요. 사람의 주민등록번호와 비슷한 것이지요.

바코드는 정말 자주 보지요? 지금 읽고 있는 책에도 있고, 즐겨 먹는 과자에도 있지요. 바코드에는 어느 나라, 어느 회사에 만들었는지 정보가 담겨 있답니다. 이것이 수학의 힘이에요. 수학에 관심이 없다고 해도 우리는 이미 수학 속에서 살고 있어요. 옛날이라면 외양간을 탈출한 소를 얼굴 보고 찾았겠지만 지금은 바코드로 찾는 것처럼요.

### 원의 성질을 알고 있으면?

혹시 소가죽으로 나라를 만든 이야기를 알고 있나요? 지금으로부터 약 2,800년 전, 페니키아에 디도라는 아름다운 공주가 살고 있었대요. 공주는 엄청난 부자와 결혼해서 행복하게 살고 있었지요.

그런데 디도 공주의 오빠가 여동생의 재산을 탐냈어요. 그래서 오빠는 공주의 남편을 죽이고 재산을 몽땅 빼앗았죠. 공주는 시종들과 함께 도망쳤고요. 한밤중에 배를 타고 몰래 도망치는 바람에 가진 거라고는 소가죽으로 만든 양탄자와 몸에 지니고 있던 보석 몇 개가 전부였어요. 그리고 디도 공주가 탄 배는 바다를 떠돌 수밖에 없었대요. 오빠가 이웃 나라에 공주를 받아 주지 말라고 협박했기 때문이지요.

그렇게 며칠을 헤매던 디도 공주는 간신히 지금의 북아프리카 튀니지라는 땅에 도착했어요. 공주는 더는 떠돌 수는 없다고 생각하고 육지로 올라왔지요. 그곳에는 이미 많은 원주민이 살고 있었고요. 디도 공주는 족장을 만나 땅을 사고 싶다고 했어요. 그러면서 "이 소가죽으로 덮을 만큼의 땅만 파세요"라고 말했지요. 그리고 가지고 온 보석을 모두 주었어요. 족장은 겨우 소가죽 한 장 크기의 땅값으로 보석을 많이 받게 되니 기분 좋게 땅을 팔았지요.

그런데 디도 공주는 소가죽을 넓게 펼치고 날카로운 칼로 실처럼 가느다랗게 자른 다음, 그 조각을 펼쳐서 아주 넓은 원을 만들었지요. "자, 이 원의 넓이만큼이 제 땅이에요." 디도 공주는 둘레의 길이가 같을 때 가장 넓은 도형이 원이라는 것을 알고 있었던 거예요. 공주는 나라 이름을 '카르타고'라고 짓고 뱃사람들에게 필요한 물건을 만들어 팔았어요. 그 후 장사가 잘되고 수많은 상인이 찾는 나라가 되었지요. 처음에는 마을 크기의 나라였지만 디도 공주의 수학적 사고력으로 나중에는 로마와 맞설 정도로 강력한 나라가 되었다고 해요. 어때요? 수학의 힘이 참 대단하지요?

### 수학을 알면 몸이 편안하다?!

인류 역사에서 최초의 수학자라고 하면 보통 그리스의 철학자이자 수학자인 탈레스를 꼽아요. 당시 사람들은 탈레스를 초능력자라고 믿고 있었대요. 태양이 사라지는 일식이 언제 일어날지도 알아맞히고, 돌끼리 서로 찰싹 달라붙게 하기도 하고, 막대 하나로 누구도 밝혀내지 못한 이집트 피라미드의 높이도 알아냈으니 그럴 만도 하지요. 사람들은 '탈레스가 신의 목소리를 듣는 게 아닐까?' 하고 생각하기도 했답니다. 당시에는 하늘에서 일어나는 일은 신만 알 수 있다고 생각했거든요.

어느 날 탈레스의 소문을 들은 왕이 탈레스를 불렀어요. 그러고선 멀리 떨어져 있는 바다 위 섬까지의 거리를 구하라고 명령했지요. 탈레스에게 초능력이 있는지 시험해 보려고 그랬겠지요? 탈레스는 왕 주위를 한 바퀴 돌더니 뭔가 계산하듯 손가락을 꼼지락거렸어요. 그러더니 "섬까지 거리는 4,532걸음입니다"라고 말했어요. 왕은 신하에게 아주 긴 줄을 묶고 섬까지 가면서 거리를 재어 보게 했지요. 거리는 탈레스가 말한 대로였답니다.

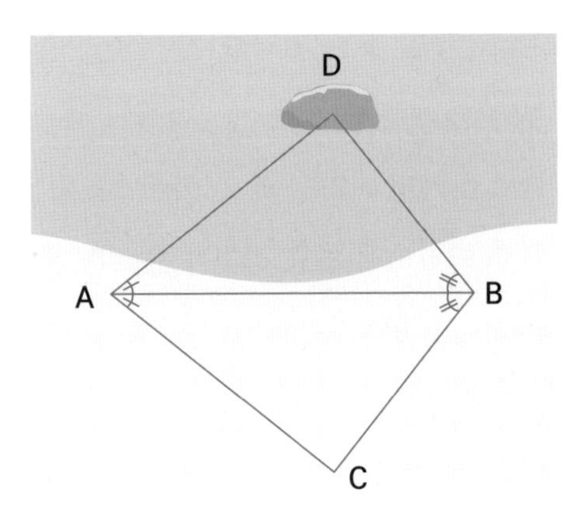


삼각형의 합동 원리를 이용해 바다 위 섬까지의 거리를 구하는 방법

탈레스는 삼각형의 합동 원리를 이용하여 거리를 알아낸 거였어요. 합동인 삼각형을 이용하면 섬까지 가지 않고도 땅에 삼각형을 그려서 변의 길이를 구할 수 있죠. 즉 바다를 건너지 않고도 땅에 똑같은 삼각형을 그린 다음 걸음걸이를 재면 바다 위 섬까지의 거리를 잴 수 있습니다. 이것은 탈레스가 신도 아니고 초능력자도 아닌 수학자였기 때문에 가능했어요. 수학을 공부하면 현명하게 살 수 있다는 말이 이해되지요?

또한 탈레스는 몇 년 동안의 날씨와 올리브 수확량을 비교한 자료를 모아서 큰돈을 번 것으로도 유명해요. 탈레스가 사는 지역은 올리브가 중요한 자원이었어요. 올리브 농사가 잘되면 올리브기름 짜는 기계가 많이 쓰이지요. 그런데 몇 년 동안 흉년이 들어 올리브 농사가 잘되지 않자 올리브기름 짜는 기계가 쓸모없어지고 말았어요. 이때 탈레스는 이 기계를 싸게 사들였대요. 그 후 몇 년이 지나 올리브 농사가 풍년이 되었을 때 기계를 비싸게 팔았죠. 이렇게 기상을 예측하고 자료를 정리하면 돈도 많이 벌 수 있답니다.

'자료의 정리' 단원은 초등학교 3학년 2학기에 배우지요. 탈레스의 방법은 요즘엔 '날씨 마케팅'이라고 해요. 아이스크림, 청량음료, 에어컨 등은 날씨에 아주 민감해서 자료 정리가 중요한 역할을 하지요. 그렇게 치면 날씨 마케팅의 원조는 탈레스라고 할 수 있겠네요. 여러분도《별별 이야기 속에 숨은 수학을 찾아라》를 읽고 생활에서 수학이 얼마나 필요한지 경험해 보세요.

**초등 수학 필독서 45**

**초판 1쇄 발행** 2024년 7월 29일

**지은이** 이억주
**펴낸이** 정덕식, 김재현

**책임편집** 고은희
**디자인** Design IF
**경영지원** 임효순

**펴낸곳** (주)센시오
**출판등록** 2009년 10월 14일 제300-2009-126호
**주소** 서울특별시 마포구 성암로 189, 1707-1호
**전화** 02-734-0981
**팩스** 02-333-0081
**메일** sensio@sensiobook.com

ISBN 979-11-6657-157-2 (13590)